AI 赋能软件开发技术丛书

Python

程序设计 慕课版｜第 2 版

明日科技◎策划

张慧萍 陈飞◎主编

黄开杰 郝王丽 罗改芳◎副主编

人 民 邮 电 出 版 社

北 京

图书在版编目（CIP）数据

Python 程序设计：AIGC 高效编程：慕课版 / 张慧萍，陈飞主编. -- 2 版. -- 北京：人民邮电出版社，2025. --（AI 赋能软件开发技术丛书）. -- ISBN 978-7-115-66875-2

Ⅰ. TP312.8

中国国家版本馆 CIP 数据核字第 20257GT859 号

内 容 提 要

本书作为 Python 程序设计的教材，系统全面地介绍了 Python 程序开发所涉及的各类知识。全书共17 章，内容包括 Python 简介、Python 程序基础语法、程序的控制结构、列表和元组、字典和集合、字符串及正则表达式、函数、模块、面向对象程序设计、文件与目录操作、异常处理与程序调试、Pygame游戏编程、网络爬虫、数据分析、常用 Web 框架、综合开发实例——学生信息管理系统、课程设计——玛丽冒险游戏。本书所有知识都结合具体实例进行介绍，力求详略得当，可使读者快速掌握 Python程序设计的方法。

近年来，AIGC 技术高速发展，成为各行各业高质量发展和生产效率提升的重要推动力。本书将 AIGC技术融入理论学习、实例编写、复杂系统开发等环节，帮助读者提升编程效率。

本书既可以作为高等院校"Python 程序设计"课程的教材，又可以作为从事 Python 程序设计工作的编程人员的参考用书。

◆ 策　　划　明日科技
　　主　　编　张慧萍　陈　飞
　　副 主 编　黄开杰　郝王丽　罗改芳
　　责任编辑　李　召
　　责任印制　胡　南

◆ 人民邮电出版社出版发行　　北京市丰台区成寿寺路 11 号
　　邮编　100164　　电子邮件　315@ptpress.com.cn
　　网址　https://www.ptpress.com.cn
　　三河市兴达印务有限公司印刷

◆ 开本：787×1092　1/16
　　印张：19.5　　　　　　　　2025 年 7 月第 2 版
　　字数：511 千字　　　　　　2025 年 7 月河北第 1 次印刷

定价：69.80 元

读者服务热线：(010)81055256　印装质量热线：(010)81055316
反盗版热线：(010)81055315

在人工智能技术高速发展的今天，人工智能生成内容（Artificial Intelligence Generated Content，AIGC）技术在内容生成、软件开发等领域的作用已经非常突出，正在逐渐成为一项重要的生产工具，推动内容产业的深度变革。

党的二十大报告强调，"高质量发展是全面建设社会主义现代化国家的首要任务"。发展新质生产力是推动高质量发展的内在要求和重要着力点，AIGC 技术已经成为新质生产力的重要组成部分。在 AIGC 工具的加持下，软件开发行业的生产效率和生产模式将产生质的变化。本书结合 AIGC 辅助编程，旨在帮助读者培养软件开发从业人员应当具备的职业技能，提高核心竞争力，满足软件开发行业新技术人才需求。

Python 是由荷兰人吉多·范罗苏姆发明的一种面向对象的解释型高级编程语言，可以把用其他编程语言（如 C、C++）制作的各种模块很轻松地联结在一起，因此 Python 又被称为"胶水"语言。Python 语法简洁、清晰，代码可读性强，编程模式符合人类的思维方式和习惯。全面、透彻地学习 Python 的基本理论和应用有助于读者养成良好的程序设计思维和编程习惯，为后续学习各专业课程打下基础。

本书是明日科技与院校一线教师合力打造的 Python 程序设计基础教材，旨在通过基础理论讲解和系统编程实践让读者快速且牢固地掌握 Python 程序开发技术。本书的主要特色如下。

1．基础理论结合丰富实践

（1）本书通过通俗易懂的语言和丰富的实例演示，系统介绍 Python 语言的基础知识、开发环境与开发工具。

（2）本书将 Python 语言的知识点和实际应用结合起来，满足市场需求。除综合开发实例和课程设计外，每章后面提供了习题，方便读者及时检验自己的学习效果。

（3）本书设计了多个上机实验，实验内容由浅入深，包括验证型实验和设计型实验，有助于读者提高程序设计实际应用能力。

2．融入 AIGC 技术

本书在理论学习、实例编写、复杂系统开发等环节融入了 AIGC 技术，具体做法如下。

（1）本书在第 1 章介绍主流的 AI 工具及其在 Python 开发中的引入方法，

并在部分章节讲解如何使用 AIGC 自主学习进阶理论。

（2）本书完整呈现使用 AIGC 编写实例的过程和结果，在巩固读者理论知识的同时，启发读者主动使用 AIGC 辅助编程。

（3）本书呈现使用 AIGC 分析优化项目的全过程，充分展示 AIGC 的使用思路、交互过程和结果处理，提高读者综合性、批判性使用 AIGC 的能力。

3．支持线上线下混合式学习

（1）本书是慕课版教材，依托人邮学院（www.rymooc.com）为读者提供完整慕课，课程结构严谨，读者可以根据自身的情况，自主安排学习进度。读者购买本书后，刮开粘贴在书封底上的刮刮卡，获得激活码，使用手机号码完成网站注册，即可搜索本书配套慕课并学习。

（2）本书针对重要知识点放置了二维码链接，读者扫描书中二维码即可在手机上观看相应内容的视频讲解。

4．配套丰富教辅资源

本书配有 PPT、教学大纲、教案、源代码、拓展案例、自测习题及答案等丰富的教学资源，用书教师可登录人邮教育社区（www.ryjiaoyu.com）免费获取。

本书的课堂教学建议安排 42 学时，上机指导教学建议安排 24 学时。各章主要内容和学时分配建议如下表，教师可以根据实际教学情况进行调整。

章	章名	课堂教学/学时	上机指导/学时
第 1 章	Python 简介	1	0
第 2 章	Python 程序基础语法	3	1
第 3 章	程序的控制结构	3	1
第 4 章	列表和元组	3	2
第 5 章	字典和集合	2	2
第 6 章	字符串及正则表达式	4	2
第 7 章	函数	2	2
第 8 章	模块	2	2
第 9 章	面向对象程序设计	3	2
第 10 章	文件与目录操作	3	2
第 11 章	异常处理与程序调试	2	2
第 12 章	Pygame 游戏编程	1	2
第 13 章	网络爬虫	2	2
第 14 章	数据分析	3	2
第 15 章	常用 Web 框架	2	0
第 16 章	综合开发实例——学生信息管理系统	3	0
第 17 章	课程设计——玛丽冒险游戏	3	0

由于编者水平有限，书中难免存在疏漏和不足之处，敬请广大读者批评指正，使本书得以改进和完善。

编者

2025 年 2 月

目录
Content

Python 简介

本章要点

- ❏ Python 的版本及应用领域
- ❏ 编写并运行第一个 Python 程序
- ❏ 在 Python 开发中引入 AI 工具
- ❏ 搭建 Python 开发环境
- ❏ Python 代码编写规范

Python 是一种跨平台的、开源的、免费的、解释型的高级编程语言。近几年 Python 发展迅猛，在 2024 年 2 月发布的 TIOBE 编程语言排行榜中位居榜首。另外，Python 的应用领域非常广泛，如 Web 开发、图形处理、大数据处理、网络爬虫和科学计算等。本章将先介绍 Python 的基础知识；然后重点介绍如何搭建 Python 开发环境；接着介绍如何编写并运行第一个 Python 程序，以及 Python 代码编写规范；最后讲解如何在 Python 开发中引入 AI 工具。

1.1 Python 概述

Python 的中文本义是"蟒蛇"。1989 年，由荷兰人吉多·范罗苏姆（Guido van Rossum）发明的一种面向对象的解释型高级编程语言被命名为 Python，标志如图 1-1 所示。Python 的设计理念为优雅、明确、简单。Python 有着简单、开发速度快、容易学习等特点。

Python 概述

Python 是一种扩展性强大的编程语言。它具有丰富和强大的库，能够把用其他语言（尤其是 C/C++）制作的各种模块很轻松地联结在一起。因此 Python 常被称为"胶水"语言。

图 1-1 Python 的标志

1991 年，Python 的第一个公开发行版问世。2004 年起，Python 的使用率开始呈线性增长。2020 年和 2021 年，Python 连续两年赢得 TIOBE 编程语言大奖；在 IEEE Spectrum 发布的 2024 年度编程语言排行榜中，Python 位居第 1 名，该排行榜前 10 名如图 1-2 所示。

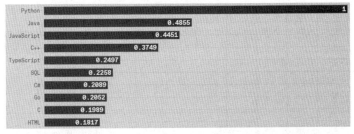

图 1-2 IEEE Spectrum 发布的 2024 年度编程语言排行榜前 10 名

1.1.1 Python 的版本

Python 自发布以来，主要经历了 3 个版本的变化，分别是 1994 年发布的 Python 1.0（已过时）、2000 年发布的 Python 2.0 和 2008 年发布的 Python 3.0。

学习 Python 前，初学者应该确定选择哪个版本。笔者建议初学者选择 Python 3.x，主要有以下几点理由。

（1）Python 3.x 是大势所趋。

官方已经于 2020 年停止了对 Python 2.x 的支持，而 Python 3.x 则保持不断更新的节奏。

（2）Python 3.x 较 Python 2.x 有很大改进。

Python 3.x 对 Python 2.x 的标准库进行了重新拆分和整合，使得它比 Python 2.x 更容易理解，特别是在字符编码方面。Python 2.x 对中文字符串的支持不够好，开发人员需要编写单独的代码对中文字符串进行处理，否则不能正确显示中文。Python 3.x 已经成功地解决了这一问题。

（3）Python 3.x 和 Python 2.x 的思想基本是共通的。

Python 3.x 和 Python 2.x 的思想基本是共通的，只有少量的语法差别。学会了 Python 3.x，只要稍微花一点时间学习 Python 2.x 的语法，就可以自由使用两种版本了。

1.1.2 Python 的应用领域

Python 作为一种功能强大并且简单易学的编程语言广受好评，那么 Python 的应用领域有哪些呢？概括起来主要有以下几个方面。

- ❑ Web 开发。
- ❑ 大数据处理。
- ❑ 人工智能。
- ❑ 自动化运维。
- ❑ 云计算。
- ❑ 网络爬虫。
- ❑ 游戏开发。
- ❑ 机器学习。

1.2 搭建 Python 开发环境

工欲善其事，必先利其器。在正式学习 Python 开发前，需要先搭建 Python 开发环境。Python 是跨平台的，所以开发人员可以在多个操作系统上进行编程，并且编写好的程序可以在不同操作系统上运行。进行 Python 开发常用的操作系统及说明如表 1-1 所示。

表 1-1　进行 Python 开发常用的操作系统及说明

操作系统	说明
Windows	推荐使用 Windows 10 或以上版本（Python 3.9 及以上版本不能在 Windows 7 上使用）
macOS	从 Mac OS X 10.3（Panther）开始支持 Python
Linux	推荐使用 Ubuntu 版本

📖 说明　在个人学习阶段推荐使用 Windows 操作系统。本书采用的就是 Windows 操作系统。

1.2.1 安装 Python

安装 Python

要进行 Python 开发，需要先安装 Python 解释器。Python 是解释型编程语言，所以需要一个 Python 解释器，这样才能运行我们写的代码。这里说的安装 Python 实际上就是安装 Python 解释器。下面将以 Windows 操作系统为例介绍如何安装 Python。

（1）下载 Python 的安装包。可以到 Python 官网下载安装包。本书使用的版本是 Python 3.12.x。

> 📖 **说明** 本书使用的版本为 Python 3.12.0，如果你的 Windows 操作系统是 32 位的，那么下载的安装包为 python-3.12.0.exe；如果是 64 位的，那么下载的安装包为 python-3.12.0-amd64.exe。

（2）笔者使用的是 64 位 Windows 操作系统，所以下载的是名为 python-3.12.0-amd64.exe 的安装包。双击该安装包，在弹出的 Python 安装向导中，选中 "Add python.exe to PATH" 复选框，让安装程序自动配置环境变量，如图 1-3 所示。

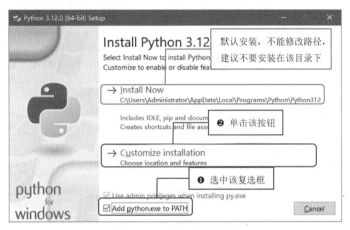

图 1-3　Python 安装向导

（3）单击 "Customize installation" 按钮，进行自定义安装（自定义安装可以修改安装路径）。在打开的 "Optional Features" 窗口中采用默认设置，然后单击 "Next" 按钮，将打开 "Advanced Options" 窗口，在该窗口中，更改 Python 的安装路径为 "G:\Python\Python312"（建议不要将 Python 的安装路径设置在安装操作系统的分区下，否则一旦操作系统崩溃，在 Python 安装路径下编写的程序将非常危险），其他采用默认设置，如图 1-4 所示。

（4）单击 "Install" 按钮，系统可能会显示 "用户账户控制" 窗口，在该窗口中确认是否允许安装程序对你的设备进行更改，然后单击 "OK" 按钮即可开始安装 Python。安装完成后将显示 "Setup was successful" 对话框。单击 "Close" 按钮即可。

（5）Python 安装完成后，需要检测 Python 是否成功安装。例如，在 Windows 10 操作系统中检测 Python 是否成功安装时，可以打开 "开始" 菜单，在桌面左下角的 "在这里输入你要搜索的内容" 文本框中输入 "cmd"，然后按〈Enter〉键，启动命令提示符窗口，在当前的命令提示符后面输入 "python"，并按〈Enter〉键，如果出现图 1-5 所示的信息，则说明 Python 安装成功，同时进入交互式 Python 解释器。

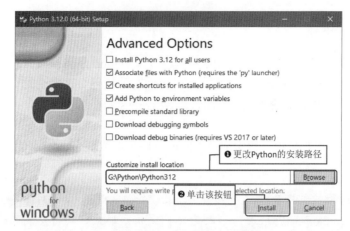

图 1-4 "Advanced Options" 窗口

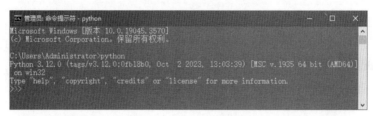

图 1-5 Python 安装成功

📖 **说明** 图 1-5 所示的信息是笔者计算机中安装的 Python 的相关信息，包括 Python 的版本、该版本发行的时间、安装包的类型等。因为选择的版本不同，这些信息可能会有所差异，只要命令提示符变为 ">>>" 就说明 Python 已经安装成功，正在等待用户输入 Python 命令。

⚠ **注意** 如果输入 "python" 并按〈Enter〉键后，没有出现图 1-5 所示的信息，而是显示 "'python' 不是内部或外部命令，也不是可运行的程序或批处理文件。"，则需要在环境变量中配置 Python，具体方法参见 1.2.2 小节。

1.2.2 解决显示 "'python'不是内部或外部命令……" 问题

在命令提示符窗口中输入 "python" 并按〈Enter〉键后，可能显示 "'python' 不是内部或外部命令，也不是可运行的程序或批处理文件。"，如图 1-6 所示。

问题是时代的声音，回答并指导解决问题是理论的根本任务。出现该问题是因为系统在当前的路径下，找不到可执行程序 python.exe，解决的方法是配置环境变量，具体方法如下。

解决显示 "'python' 不是内部或外部命令……" 问题

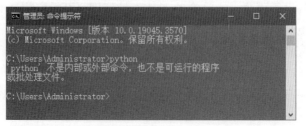

图 1-6 执行 "python" 命令后出错

（1）在"此电脑"图标上单击鼠标右键，然后在弹出的快捷菜单中选择"属性"命令，并在打开的"系统"窗口左侧单击"高级系统设置"超链接，将出现"系统属性"对话框。

（2）在"系统属性"对话框中，单击"环境变量"按钮，将弹出"环境变量"对话框，如图 1-7 所示，在"系统变量"中，选中 Path 变量，单击"编辑"按钮。

（3）在弹出的"编辑环境变量"对话框中，单击"新建"按钮，在光标所在位置输入 Python 的安装路径"G:\Python\Python312"，再单击"新建"按钮，并在光标所在位置输入"G:\Python\Python312\Scripts"（其中 G 盘为笔者的 Python 安装路径所在的盘，读者可以根据自身实际情况进行修改），如图 1-8 所示。

图 1-7 "环境变量"对话框

图 1-8 "编辑环境变量"对话框

（4）在"编辑环境变量"对话框中，单击"确定"按钮，将返回"环境变量"对话框，继续单击"确定"按钮，完成环境变量的配置。

（5）在命令提示符窗口中执行"python"命令，如果 Python 解释器可以成功运行，则说明环境变量配置成功。如果已经正确配置环境变量，仍无法成功运行 Python 解释器，建议重新安装 Python。

1.3 第一个 Python 程序

作为开发人员，学习新语言的第一步通常就是编写"Hello World"程序。学习 Python 语言也不例外，我们也将从编写"Hello World"程序开始。

第一个 Python 程序

1.3.1 在 IDLE 中编写"Hello World"程序

在 Python 中，可以通过它自带的 IDLE（Integrated Development and Learning Environment，集成开发环境）编写"Hello World"程序。这里的"Hello World"程序可以输出文字"人生苦短，我用 Python"。具体步骤如下。

（1）在 Windows 10 操作系统的文本框"在这里输入你要搜索的内容"中输入"python"，搜索 Python 开发工具，如图 1-9 所示。

（2）在列表中选择"IDLE (Python 3.12 64-bit)"即可打开 IDLE 窗口，如图 1-10 所示。

图 1-9　搜索 Python 开发工具

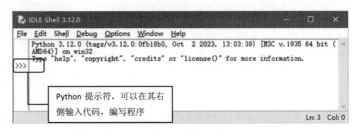

图 1-10　IDLE 窗口

（3）在当前的 Python 提示符"＞＞＞"右侧输入以下代码，并按〈Enter〉键。

```
print("人生苦短，我用 Python")
```

⚠ **注意**　如果在中文全角状态输入代码中的圆括号"（ ）"或者双引号""　""，那么将出现
"SyntaxError: invalid character in identifier"异常信息。

运行结果如图 1-11 所示。

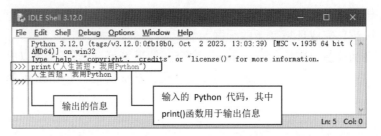

图 1-11　在 IDLE 中输出"人生苦短，我用 Python"

在 Python 提示符右侧输入代码时，每写完一行代码并按〈Enter〉键，就会执行一行代码。
而在实际开发时，通常不会只写一行代码，如果需要编写多行代码，可以单独创建一个文件保
存这些代码，并在代码全部编写完毕后一起执行。具体方法如【例 1-1】所示。

【例 1-1】　在 IDLE 中创建 Python 文件，名称为 studentsystem.py，实现输出学生信息管理
系统的功能菜单。（实例位置：资源包\MR\源码\第 1 章\1-1）

（1）在 IDLE 窗口的菜单栏上，选择 File/New File 子菜单，将打开一个新窗口，在该窗口中，
可以直接编写 Python 代码，并且输入一行代码后按〈Enter〉键将自动切换到下一行。

（2）在代码编辑区中，编写以下用于显示功能菜单的代码，这里使用 Python 的内置函数
print( )实现。

```
print('''
                    学生信息管理系统
```

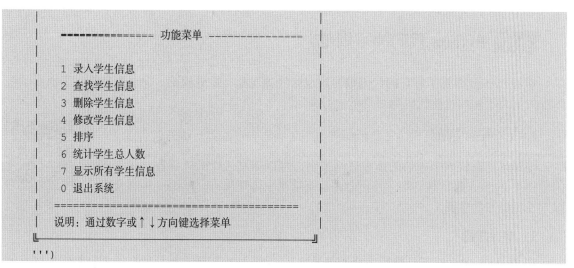

```
|                                                   |
|   ——————————— 功能菜单 ——————————    |
|                                                   |
|     1  录入学生信息                                |
|     2  查找学生信息                                |
|     3  删除学生信息                                |
|     4  修改学生信息                                |
|     5  排序                                        |
|     6  统计学生总人数                              |
|     7  显示所有学生信息                            |
|     0  退出系统                                    |
|   ==============================================  |
|   说明：通过数字或↑↓方向键选择菜单                 |
|                                                   |
''')
```

在上面的代码中，"'' ''"是三引号，用于定义字符串。通过它定义的字符串，其内容可以跨越连续的多行。

（3）按快捷键〈Ctrl+S〉保存文件，这里将其保存为 studentsystem.py。其中的.py 是 Python 文件的扩展名。编写完成的效果如图 1-12 所示。

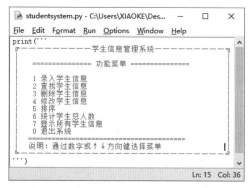

图 1-12　编写代码后的 Python 文件窗口

1.3.2　运行 Python 程序

要运行已经编写好的 Python 程序，可以在菜单栏中选择 Run/Run Module 子菜单（或按〈F5〉键）。例如，要运行【例 1-1】中编写的 Python 程序，可以直接按〈F5〉键，运行结果如图 1-13 所示。

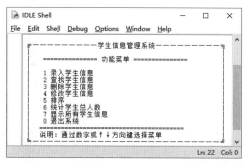

图 1-13　运行结果

1.4 Python 代码编写规范

学习 Python 需要了解它的代码编写规范如注释规范、缩进规范、命名规范等。下面对学习 Python 需要了解的这些代码编写规范进行介绍。

1.4.1 注释规范

注释是指在代码中添加的标注性的文字，可以提高代码的可读性。注释的内容将被 Python 解释器忽略，并不会在运行结果中体现出来。Python 中通常有以下 3 种类型的注释。

注释规范

1. 单行注释

在 Python 中，"#"是单行注释的符号。从"#"开始直到换行，所有的内容都作为注释的内容而被 Python 解释器忽略。

语法格式如下。

```
# 注释内容
```

单行注释可以放在要注释代码的前一行，也可以放在要注释代码的右侧。例如，下面的两种注释形式都是正确的。

第一种形式。

```
# 要求输入身高，单位为米（m），如1.70
height=float(input("请输入您的身高："))
```

第二种形式。

```
height=float(input("请输入您的身高："))            # 要求输入身高，单位为米（m），如1.70
```

📖 **说明** 在 IDLE 窗口中，可以通过选择菜单栏中的 Format/Comment Out Region 子菜单（也可直接按快捷键〈Alt+3〉），将选中的代码注释掉；也可通过选择菜单栏中的 Format/UnComment Region 子菜单（也可直接按快捷键〈Alt+4〉），取消添加的单行注释。

2. 多行注释

Python 中并没有单独的多行注释符号，多行注释内容被包含在一对三引号（'' ''或者""" """）之间，Python 解释器将忽略这些内容。由于可以分多行编写，因此这样的注释被称为多行注释。

语法格式如下。

```
'''
注释内容1
注释内容2
…
'''
```

或者

```
"""
注释内容1
注释内容2
```

```
...
"""
```

多行注释通常被用来为 Python 文件、模块、类或者函数等添加版权、功能等方面的说明信息，例如，下面的代码使用多行注释为程序添加版权所有、文件功能描述、创建人、修改日期等信息。

```
'''
@ 版权所有：吉林省明日科技有限公司©版权所有
@ 文件名：demo.py
@ 文件功能描述：根据身高、体重计算 BMI
@ 创建日期：2024 年 3 月 1 日
@ 创建人：无语
@ 修改标识：2024 年 3 月 5 日
@ 修改描述：增加根据 BMI 判断身材是否标准的功能代码
@ 修改日期：2024 年 3 月 5 日
'''
```

3．中文编码声明注释

使用 Python 编写代码的时候，如果用到指定字符编码方式的中文编码，就需要在文件开头加上中文编码声明注释，这样可以在程序中指定字符的编码方式，不至于出现代码错误。所以，中文编码声明注释很重要。Python 3.x 提供的中文编码声明注释的语法格式如下。

```
# -*- coding:编码 -*-
```

或者

```
#coding=编码
```

例如，设置字符编码方式为 UTF-8，可以使用下面的中文编码声明注释。

```
# coding=utf-8
```

📖 **说明**　对于一个优秀的开发者而言，为代码添加注释是必须要做的工作，但要确保注释内容都是重要的事情，一目了然的代码是不需要添加注释的。

1.4.2　缩进规范

Python 不像其他编程语言（如 Java 或 C）采用花括号"{ }"分隔代码块，而是采用代码缩进和冒号"："来表示代码层次。

缩进规范

📖 **说明**　缩进可以使用空格或者〈Tab〉键实现。使用空格时，通常情况下采用 4 个空格作为一个缩进量；而使用〈Tab〉键时，则按一次〈Tab〉键作为一个缩进量。通常情况下建议使用空格实现缩进。

在 Python 中，对于类定义语句、函数定义语句、流程控制语句，以及异常处理语句等，行尾的冒号和下一行的缩进表示一个代码块的开始，而缩进结束则表示一个代码块的结束。

【例 1-2】　在 IDLE 中创建 Python 文件，名称为 sudentsystem_indent.py，实现在学生信息管理系统中判断选择的是哪项功能。（实例位置：资源包\MR\源码\第 1 章\1-2）

编写 Python 代码，使用 if…elif 语句判断选择的是哪项功能。由于使用了 if…elif 语句，因此需要进行正确的缩进。具体代码如下。

```
option = input("请选择: ")          # 选择功能编号
option_int = int(option)
if option_int == 0:                 # 退出系统
    print('您已退出学生信息管理系统！')
elif option_int == 1:               # 录入学生信息
    print("您选择了录入功能")
elif option_int == 2:               # 查找学生信息
    print("您选择了查找功能")
elif option_int == 3:               # 删除学生信息
    print("您选择了删除功能")
elif option_int == 4:               # 修改学生信息
    print("您选择了修改功能")
elif option_int == 5:               # 排序
    print("您选择了排序功能")
elif option_int == 6:               # 统计学生总人数
    print("您选择了统计功能")
elif option_int == 7:               # 显示所有学生信息
    print("您选择了显示功能")
```

在上面的代码中，input( )是 Python 的内置函数，用于获取从键盘输入的内容；if…elif 是选择语句，用于进行"如果……，否则如果……"形式的判断。关于 if…elif 语句的详细介绍参见本书的 3.2 节。

📖 说明　在 IDLE 的文件窗口中，可以通过选择菜单栏中的 Format/Indent Region 子菜单（也可直接按快捷键〈Ctrl+[〉)，将选中的代码缩进（向右移动指定的缩进量）；也可通过选择菜单栏中的 Format/Dedent Region 子菜单（也可直接按快捷键〈Ctrl+]〉），对代码进行反缩进（向左移动指定的缩进量）。

1.4.3　命名规范

命名规范在代码编写中起到很重要的作用，虽然不遵循命名规范程序也可以运行，但是遵循命名规范可以更加直观地体现代码的含义。本小节将介绍 Python 中常用的一些命名规范。

命名规范

- ❏ 模块名尽量短小，并且全部使用小写字母，可以使用下画线"_"分隔多个字母。例如，game_main、game_register、bmiexponent 都是推荐使用的模块名。
- ❏ 包名尽量短小，并且全部使用小写字母，不推荐使用下画线。例如，com.mingrisoft、com.mr、com.mr.book 都是推荐使用的包名，而 com_mingrisoft 就是不推荐的。
- ❏ 类名采用单词首字母大写形式（即 Pascal 命名法）。例如，定义一个借书类，可以命名为 BorrowBook。

📖 说明　Pascal 是为了纪念法国数学家布莱兹·帕斯卡（Blaise Pascal）而命名的一种编程语言，Python 中的 Pascal 命名法就是根据该语言的特点总结出来的一种命名方法。

- ❏ 内部类采用下画线与 Pascal 命名法结合的方法命名。例如，在 BorrowBook 类中的内部类，可以命名为_BorrowBook。
- ❏ 函数、类的属性和方法的命名规范与模块的命名规范类似，也是全部采用小写字母，多个字母间用下画线分隔。

- ❏ 常量命名时全部采用大写字母，可以使用下画线。
- ❏ 以下画线开头的模块变量或者函数是受保护的，这些变量或者函数不能使用 import * from 语句从模块中导入。
- ❏ 以双下画线"__"开头的实例变量或方法是类私有的。

1.5　在 Python 开发中引入 AI 工具

随着人工智能（Artificial Intelligence，AI）技术的迅猛发展，我们正步入一个全新的学习和工作时代——利用 AI 技术高效学习和工作的时代。例如，在学习程序开发的道路上，可以将 AI 工具引入开发工具，让 AI 成为我们的编程助手。1.3.1 小节介绍了 Python 自带的开发工具 IDLE，但在实际开发中，使用集成开发工具开发 Python 程序是一种更好的选择，比如最常用的 Python 开发工具之一 PyCharm。本节介绍如何在 PyCharm 中引入 AI 工具。

1.5.1　AI 编程助手 Baidu Comate

Baidu Comate 即文心快码，它是基于 AI 的智能代码生成工具，可以让我们的编程更快、更好、更简单！Baidu Comate 由 ERNIE-code 提供支持，ERNIE-code 是一个经过百度多年积累的非敏感代码数据和 GitHub 顶级公开代码数据训练的模型。它自动生成完整的、更聚焦于场景的代码行或代码块，可以帮助开发人员更轻松地完成开发任务。

在 PyCharm 中，选择 File/Settings/Plugins 子菜单，选择"Marketplace"，在"搜索"文本框中输入"Baidu Comate"并按<Enter>键，在搜索结果中找到 Baidu Comate，然后单击"Install"按钮安装即可。

1.5.2　AI 编程助手 Fitten Code

Fitten Code 是由 Fitten Tech 开发的大规模代码模型驱动的 AI 编程助手。它支持多种语言，包括 Python、JavaScript、TypeScript、Java、C 和 C++等。使用 Fitten Code 可以自动生成代码、生成注释、编辑代码、解释代码、生成测试、查找错误等。Fitten Code 旨在使开发人员的编程过程更加愉快和高效。

在 PyCharm 中，选择 File/Settings/Plugins 子菜单，选择"Marketplace"，在"搜索"文本框中输入"Fitten Code"并按<Enter>键，在搜索结果中找到 Fitten Code，然后单击"Install"按钮安装即可。

安装完成后，可以在代码编辑器中单击鼠标右键，在弹出的快捷菜单中选择"Fitten Code"，使用代码生成、编辑等功能。

1.5.3　AI 编程助手 CodeMoss

CodeMoss 是一款强大的 PyCharm 插件，集成了多种先进的 AI 模型，支持代码编写、智能对话、文档生成等。首先确保 PyCharm 版本为 2022.2.5 或以上，然后在 PyCharm 中，选择 File/Settings/Plugins 子菜单，选择"Marketplace"，在"搜索"文本框中输入"CodeMoss"并按<Enter>键，在搜索结果中找到 CodeMoss，最后单击"Install"按钮安装即可。

安装完成后，可以通过自然语言提问获取代码片段或解决方案、进行代码优化与解释等。

小结

本章首先对 Python 进行了简要的介绍；然后介绍了如何搭建 Python 的开发环境，包括 Python 的下载和安装；接下来编写了一个 Python 程序，以此来讲解 Python 自带的开发工具 IDLE 的基本应用；随后介绍了 Python 代码编写规范，这里主要介绍了 Python 中的注释规范、缩进规范，以及命名规范等；最后介绍了如何在 Python 开发中引入 AI 工具。读者应重点学习如何搭建好自己的 Python 开发环境，并用它来编写和运行 Python 程序，对 Python 概述和代码编写规范了解即可。

习题

1-1　Python 官网地址是什么？

1-2　提示"'python'不是内部或外部命令……"错误时怎样解决？

1-3　Python 程序通常包括哪几种类型的注释？

1-4　在 IDLE 中，进行注释和缩进的快捷键分别是什么？

1-5　简述 Python 中常用的命名规范。

第2章 Python 程序基础语法

本章要点

- ❑ 输出函数与输入函数的使用
- ❑ 在 Python 中使用变量
- ❑ Python 的运算符及其优先级
- ❑ Python 中的保留字与标识符
- ❑ Python 的 3 种基本数据类型
- ❑ 借助 AI 快速学习

2.1 输出与输入

从第 1 章的 "Hello World" 程序开始，我们一直在使用 print( )函数输出一些字符，这就是 Python 的基本输出函数。除了 print( )函数，Python 还提供了一个用于进行标准输入的函数 input( )，该函数用于接收用户从键盘输入的内容。下面对这两个函数进行详细介绍。

2.1.1 使用 print( )函数输出

默认情况下，在 Python 中，使用内置的 print( )函数可以将结果输出到 IDLE 或标准控制台。其基本语法格式如下。

使用 print()函数
输出

```
print(输出内容)
```

其中，输出内容可以是数字或字符串（使用引号标识），此类内容将被直接输出；也可以是包含运算符的表达式，此类内容将输出计算结果，如下所示。

```
x = 10                          # 变量x，值为10
y = 365                         # 变量y，值为365
print(6)                        # 输出数字6
print(x*y)                      # 输出表达式x*y的计算结果3650
print("愿你的青春不负梦想！")        # 输出字符串"愿你的青春不负梦想！"
```

📖 **说明** 在 Python 中，默认情况下，一条 print( )语句输出后会自动换行，如果想要一次输出多个内容，而且不换行，可以将要输出的内容使用英文半角逗号 "," 分隔。例如，下面的代码将在一行内输出变量 x 和 y 的值。

```
print(x,y)                      # 输出变量x和y的值，结果为10 365
```

在输出结果时，也可以把结果输出到指定文件。例如，将一个字符串 "命运给予我们的不是失望之酒，而是机会之杯。" 输出到 E:\mot.txt 中，代码如下。

```
fp = open(r'E:\mot.txt','a+')                    # 打开文件
print("命运给予我们的不是失望之酒，而是机会之杯。",file=fp)  # 输出到文件中
fp.close()                                       # 关闭文件
```

> 📖 **说明**　上面的代码应用了打开文件和关闭文件等文件操作方法，对这类操作的详细介绍参见本书第 10 章。

执行上面的代码后，将在 E:\目录下生成一个名为 mot.txt 的文件，该文件的内容为文字"命运给予我们的不是失望之酒，而是机会之杯。"，如图 2-1 所示。

图 2-1　mot.txt 文件的内容

2.1.2　使用 input( )函数输入

在 Python 中，使用内置函数 input( )可以接收用户从键盘输入的内容。input( ) 函数的基本语法格式如下。

使用 input()函数
输入

```
variable = input("提示文字")
```

其中，variable 为保存输入内容的变量，双引号内的提示文字是用于提示要输入的内容的。例如，想要接收用户输入的内容，并保存到变量 tip 中，可以使用下面的代码。

```
tip = input("请输入文字: ")
```

在 Python 中，无论输入的是数字还是其他字符，都将被作为字符串读取。如果想要接收数字，则需要对接收的字符串进行类型转换。例如，想要接收整数并保存到变量 age 中，可以使用下面的代码。

```
age = int(input("请输入数字: "))
```

【例 2-1】　在 IDLE 中创建 Python 文件，名称为 sudentsystem_input.py，实现在学生信息管理系统中获取输入的功能编号。(实例位置：资源包\MR\源码\第 2 章\2-1)

编写 Python 代码，使用 input( )函数获取输入的功能编号。具体代码如下。

```
option = input("请选择: ") # 选择功能编号
print("您选择的功能编号是【", option, "】")
```

运行结果如图 2-2 所示。

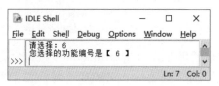

图 2-2　获取输入的功能编号

2.2　保留字与标识符

保留字与标识符

2.2.1　保留字

保留字是 Python 中已经被赋予特定意义的一些单词，开发程序时，不可以把这些保留字作为变量、函数、类、模块和其他对象的名称来使用，例如，if 和 and 就是保留字。Python 中的保留字如表 2-1 所示。

表 2-1　Python 中的保留字

and	as	assert	break	class	continue
def	del	elif	else	except	finally
for	from	False	global	if	import
in	is	lambda	nonlocal	not	None
or	pass	raise	return	try	True
while	with	yield	async		

⚠ **注意**　Python 中的所有保留字都是区分字母大小写的，例如，if 是保留字，但是 IF 就不是保留字，如图 2-3 所示。

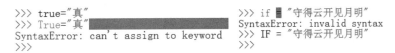

图 2-3　Python 中的保留字区分字母大小写

在 IDLE 中，Python 中的保留字可以通过输入以下两行代码查看。

```
import keyword
keyword.kwlist
```

运行结果如图 2-4 所示。

假设在开发程序时，使用了 Python 中的保留字作为模块、类、函数或者变量等的名称，例如，下面的代码使用了 Python 中的保留字 if 作为变量的名称。

```
if = "坚持下去不是因为我很坚强，而是因为我别无选择"
print(if)
```

运行时则会出现图 2-5 所示的异常信息。

图 2-4　查看 Python 中的保留字

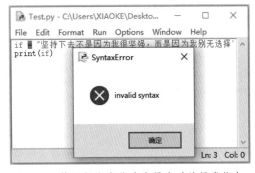

图 2-5　使用保留字作为变量名时的异常信息

2.2.2　标识符

标识符可以被简单地理解为一个名字，比如每个人都有自己的名字，它主要用来标识变量、函数、类、模块和其他对象。

Python 标识符命名规范如下。

（1）由字母、下画线和数字组成，并且第一个字符不能是数字。目前 Python 标识符只允许使用 ISO-8859-1 字符集中的字符 A～Z 和 a～z。

（2）不能使用 Python 中的保留字。

例如，下面是合法的标识符。

```
USERID
name
model2
user_age
```

下面是非法的标识符。

```
4word          # 以数字开头
try            # Python 中的保留字
$money         # 特殊字符$
```

⚠ 注意　Python 的标识符不能包含空格、@、%和$等特殊字符。

（3）区分字母大小写。在 Python 中，标识符中的字母是严格区分大小写的，两个同样的单词，如果大小写不一样，所代表的意义是完全不同的。例如，下面 3 个变量是完全独立、毫无关系的，就像 3 个长得比较像的人，每一个都是独立的个体。

```
number = 0     # 全部小写
Number = 1     # 部分大写
NUMBER = 2     # 全部大写
```

（4）Python 中以下画线开头的标识符有特殊意义，一般应避免使用这样的标识符。

以下画线开头的标识符（如_width）表示不能直接访问的类属性，另外也不能通过"from ××× import *"将其导入。

以双下画线开头的标识符（如__add）表示类的私有成员。

以双下画线开头和结尾的标识符是 Python 里专用的标识符，例如，__init__()表示构造函数。

📖 说明　在 Python 中允许使用汉字作为标识符，如"我的名字="明日科技""，程序运行时并不会出现错误（见图 2-6），但建议读者尽量不使用汉字作为标识符。

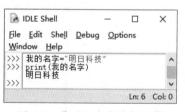

图 2-6　使用汉字作为标识符

2.3　变量

2.3.1　理解 Python 中的变量

在 Python 中，严格意义上应该称变量为"名字"，也可以将其理解为标签。当把一个值赋给一个名字时，如把值"学会 Python 还可以飞"赋给 python 时，

变量

python 就称为变量。在大多数编程语言中，这个赋值过程被称为"把值存储在变量中"。在计算机内存中的某个位置，字符串序列"学会 Python 还可以飞"已经存在，你不需要准确地知道它到底在哪里，只需要告诉 Python 这个字符串序列的名字是 python，然后就可以通过这个名字来引用这个字符串序列了。

你的快递存放在货架上，上面附着写有你名字的标签。你来取快递时，并不需要知道它们存放在货架的哪个位置，只需要提供你的名字，工作人员就会把你的快递交给你。实际上，此时你的快递可能并不在原先所存放的位置，不过工作人员会为你记录快递的位置，要取回你的快递，只需要提供你的名字。变量也一样，你不需要准确地知道信息存储在内存中的哪个位置，只需要记住存储信息时所用的变量，就可以使用这个变量引用信息了。

2.3.2 变量的定义与使用

在 Python 中，不需要先声明变量名及其类型，直接赋值即可创建各种类型的变量。需要注意的是，对变量的命名并不是任意的，应遵循以下几条规则。

❑ 变量名必须是一个有效的标识符。
❑ 变量名不能使用 Python 中的保留字。
❑ 变量名慎用小写字母 l 和大写字母 O。
❑ 应选择有意义的单词作为变量名。

为变量赋值可以通过基本赋值运算符"="来实现。语法格式如下。

```
变量名 = value
```

例如，创建一个整型变量，并赋值为 365，可以使用下面的语句。

```
number = 365        # 创建变量 number 并赋值为 365，该变量为整型
```

这样创建的变量就是整型的变量。

如果直接为变量赋值一个字符串，那么该变量即为字符串类型，如下面的语句。

```
myname = "无语"     # 字符串类型的变量
```

另外，Python 是一种动态类型的语言，也就是说，变量的类型可以随时变化。例如，在 IDLE 中，创建变量 myname，并赋值为字符串"无语"，然后输出该变量的类型，可以看到该变量为字符串类型，再将该变量赋值为数字 365，并输出该变量的类型，可以看到该变量为整型。执行过程如下。

```
>>> myname = "无语"     # 字符串类型的变量
>>> print(type(myname))
<class 'str'>
>>> myname = 365        # 整型的变量
>>> print(type(myname))
<class 'int'>
```

📖 **说明** 在 Python 中，使用内置函数 type( ) 可以返回变量类型。

在 Python 中，允许多个变量指向同一个值。例如，将两个变量都赋值为数字 2048，再分别应用内置函数 id( ) 获取变量的内存地址，将得到相同的结果。执行过程如下。

```
>>> no = 2048
>>> id(no)
49364880
>>> number = 2048
>>> id(number)
49364880
```

⚠ **注意** 常量就是程序运行过程中值不能改变的量，比如现实生活中的居民身份证号码、数学运算中的 π 值等，这些都是不会发生改变的，它们都可以定义为常量。Python 并没有提供定义常量的保留字，不过 PEP 8（Python Enhancement Proposal 8，Python 增强提案 8）中规定常量的名称由大写字母和下画线组成。在实际项目中，常量首次赋值后，还是可以被其他代码修改的。

2.4 基本数据类型

在内存中存储的数据可以有多种类型。例如，一个人的姓名可以使用字符串类型存储，年龄可以使用数字类型存储，而婚否可以使用布尔类型存储。这些都是 Python 提供的基本数据类型。下面对这些基本数据类型进行详细介绍。

2.4.1 数字类型

程序中经常使用数值记录游戏的得分、网站的销售数据和网站的访问量等信息。Python 提供了数字类型用于保存这些数值，并且这种类型是不可改变的。修改数字类型变量的值需要先把该值存放到内存中，然后修改变量让其指向新的内存地址。

数字类型

在 Python 中，数字类型主要包括整数类型、浮点数类型和复数类型。下面分别进行介绍。

1．整数类型

整数类型用来表示整数数值，即没有小数部分的数值。在 Python 中，整数包括正整数、负整数和 0，并且它的位数是任意的（当超过计算机自身的计算范畴时，Python 会自动转用高精度计算），如果要指定一个非常大的整数，只需要写出其所有位上的数字。

整数包括十进制整数、八进制整数、十六进制整数和二进制整数。整数类型简称为整型。下面分别进行介绍。

（1）十进制整数：十进制整数的表现形式读者应该很熟悉，例如，下面的数值都是有效的十进制整数。

```
3141592653589793238462 6
66666666666666666666666666666666666666666666666666666666666666666666
-2024
0
```

在 IDLE 中输出上述十进制整数的结果如图 2-7 所示。

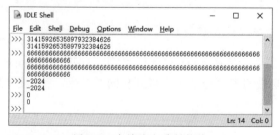

图 2-7　有效的十进制整数

⚠ **注意** 不能以 0 作为十进制整数（0 除外）的开头。

（2）八进制整数：由 0~7 组成，进位规则是"逢八进一"，以 0o 或 0O 开头，如 0o123（转换成十进制整数为 83）、-0O123（转换成十进制整数为-83）。

⚠️**注意**　在 Python 3.x 中，八进制整数必须以 0o 或 0O 开头。这与 Python 2.x 不同，在 Python 2.x 中，八进制整数可以以 0 开头。

（3）十六进制整数：由 0~9 和 A~F（a~f）组成，进位规则是"逢十六进一"，以 0x 或 0X 开头，如 0x25（转换成十进制整数为 37）、0Xb01e（转换成十进制整数为 45086）。

⚠️**注意**　十六进制整数必须以 0x 或 0X 开头。

（4）二进制整数：只有 0 和 1 两个基数，进位规则是"逢二进一"，如 101（转换成十进制整数为 5）、1010（转换为十进制整数为 10）。

2．浮点数类型

浮点数由整数部分和小数部分组成，主要用于处理包含小数的数，如 1.414、0.5、-1.732、3.1415926535897932384626 等。浮点数也可以使用科学记数法表示，如 2.7e2、-3.14e5 和 6.16e-2 等。浮点数类型简称浮点型。

⚠️**注意**　在使用浮点数进行计算时，可能会出现小数位数不确定的情况。例如，计算 0.1+0.1 时，将得到想要的 0.2，而计算 0.1+0.2 时，将得到 0.30000000000000004（想要的结果为 0.3），执行过程如下。

```
>>> 0.1+0.1
0.2
>>> 0.1+0.2
0.30000000000000004
```

所有编程语言都存在这个问题，暂时忽略多余的小数位即可。

【例 2-2】　在 IDLE 中创建 Python 文件，名称为 bmiexponent.py，实现根据身高、体重计算 BMI（Body Mass Index，体重指数）。（实例位置：资源包\MR\源码\第 2 章\2-2）

在 IDLE 中创建一个名为 bmiexponent.py 的文件，然后在该文件中定义两个变量，一个用于保存身高（单位为米），另一个用于保存体重（单位为千克）。根据公式"BMI=体重/(身高×身高)"计算 BMI。代码如下。

```
height = 1.73                    # 保存身高的变量，单位：米
print("您的身高: " ,height)
weight = 51.6                    # 保存体重的变量，单位：千克
print("您的体重: " ,weight)
bmi=weight/(height*height)       # 用于计算 BMI
print("您的BMI为: ",bmi)         # 输出 BMI
```

运行结果如图 2-8 所示。

图 2-8　根据身高、体重计算 BMI

3．复数类型

Python 中的复数与数学中的复数的形式完全一致，都由实部和虚部组成，并且使用 j 或 J 表示虚部。当表示一个复数时，可以将其实部和虚部相加，例如，一个复数的实部为 3.14，虚部为 15.9j，则这个复数为 3.14+15.9j。

2.4.2　字符串类型

字符串就是连续的字符序列，可以是计算机所能表示的一切字符的集合。在 Python 中，字符串属于不可变序列，通常使用单引号"'"、双引号"""或者三引号"""""或"""" """"标识。这 3 种引号在语义上没有差别，只是在形式上有些差别。其中单引号和双引号中的字符串内容必须在一行上，而三引号内的字符串内容可以分布在连续的多行上。例如，定义 3 个字符串类型变量，并且用 print( ) 函数输出，代码如下。

```
title = '我喜欢的名言警句'                          # 使用单引号，字符串内容必须在一行
mot_cn = "命运给予我们的不是失望之酒，而是机会之杯。"   # 使用双引号，字符串内容必须在一行
# 使用三引号，字符串内容可以分布在多行
mot_en = '''Our destiny offers not the cup of despair,
but the chance of opportunity.'''
print(title)
print(mot_cn)
print(mot_en)
```

运行结果如图 2-9 所示。

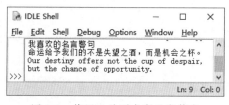

图 2-9　使用 3 种形式定义字符串

⚠**注意**　字符串开始和结尾使用的引号形式必须一致。另外，当需要表示复杂的字符串时，还可以进行引号的嵌套。例如，下面的字符串都是合法的。

'在 Python 中也可以使用双引号（" "）定义字符串'
"'（··）nnn'也是字符串"
"""'___' "_"***"""

【**例 2-3**】　在 IDLE 中创建 Python 文件，名称为 tank.py，实现输出 007 号坦克的字符画。（实例位置：资源包\MR\源码\第 2 章\2-3）

在 IDLE 中创建一个名为 tank.py 的文件，然后在该文件中输出一个构成字符画的字符串，由于该字符画有多行，因此需要使用三引号作为字符串的定界符。关键代码如下。

```
print('''
                    ▶   学编程，你不是一个人在战斗～～
                    |
              __\--__|_
II=======00000[/ ★007___|
      _____|/-----.
      /___mingrisoft.com___|
       \◎◎◎◎◎◎◎◎◎/
```

```
    ~~~~~~~~~~~~~~~~~
''')
```

运行结果如图 2-10 所示。

Python 中的字符串还支持转义字符。所谓转义字符，是指使用反斜杠 "\" 对一些特殊字符进行转义而形成的字符。常用的转义字符及其说明如表 2-2 所示。

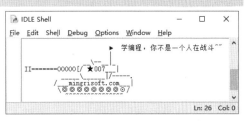

图 2-10 输出 007 号坦克的字符画

表 2-2 常用的转义字符及其说明

转义字符	说明
\	续行符
\n	换行符
\0	空
\t	水平制表符，用于横向跳到下一制表位
\"	双引号
\'	单引号
\\	一个反斜杠
\f	换页
\0dd	八进制整数，dd 代表字符，如\012 代表换行
\xhh	十六进制整数，hh 代表字符，如\x0a 代表换行

⚠ **注意** 在字符串定界符即引号的前面加上字母 r（或 R），那么该字符串将原样输出，其中的转义字符将不进行转义。例如，输出字符串 ""失望之酒\x0a 机会之杯"" 时，转义字符将进行转义，即实现换行；而输出字符串 "r"失望之酒\x0a 机会之杯"" 时，则原样输出，运行结果如图 2-11 所示。

```
>>> print("失望之酒\x0a机会之杯")
失望之酒
机会之杯
>>> print(r"失望之酒\x0a机会之杯")
失望之酒\x0a机会之杯
>>>
```

图 2-11 转义和原样输出的对比

2.4.3 布尔类型

布尔类型

布尔类型主要用来表示真或假。在 Python 中，保留字 True 和 False 被解释为布尔值。另外，Python 中的布尔值可以转化为数值，其中 True 表示 1，而 False 表示 0。

📖 **说明** Python 中的布尔值可以进行数值运算，例如，"False ＋ 1"的结果为 1。但是不建议对布尔值进行数值运算。

在 Python 中，所有的对象都可以进行真值测试。只有下面列出的几种情况得到的值为假，其他对象在 if 或者 while 语句中都表现为真。

❑ False 或 None。

❑ 数值中的零，包括 0、0.0、虚数 0。

□ 空序列，包括空字符串、空元组、空列表、空字典。
□ 自定义对象的实例，该对象的__bool__()方法返回 False 或者__len__()方法返回 0。

数据类型转换

2.4.4 数据类型转换

Python 是动态类型的语言（也称为弱类型语言），不需要像 Java 或者 C 一样在使用变量前先声明变量的类型。虽然 Python 不需要先声明变量的类型，但有时仍然需要进行类型转换。例如，在【例 2-2】中，要想通过一个 print( )函数输出提示文字"您的身高："和浮点型变量 height 的值，就需要将浮点型变量 height 转换为字符串，否则将显示图 2-12 所示的异常信息。

```
Traceback (most recent call last):
  File "E:\program\Python\Code\datatype_test.py", line 2, in <module>
    print("您的身高：" + height)
TypeError: must be str, not float
```

图 2-12　字符串和浮点型变量连接时出错

Python 提供了表 2-3 所示的函数用于进行各数据类型间的转换。

表 2-3　常用数据类型转换函数

函数	作用
int(x)	将 x 转换成整型
float(x)	将 x 转换成浮点型
complex(real [,imag])	创建一个复数
str(x)	将 x 转换为字符串
repr(x)	将 x 转换为字符串表达式
eval(str)	计算在字符串中的有效 Python 表达式，并返回一个对象
chr(x)	将整数 x 转换为一个字符
ord(x)	将字符 x 转换为它对应的整数
hex(x)	将整数 x 转换为一个十六进制字符串
oct(x)	将整数 x 转换为一个八进制字符串

【例 2-4】 在 IDLE 中创建 Python 文件，名称为 erase_zero.py，实现模拟超市抹零结账行为。（实例位置：资源包\MR\源码\第 2 章\2-4）

在该文件中，首先将各个商品金额累加，计算出商品总金额，并转换为字符串输出，然后应用 int( )函数将浮点型的变量转换为整型，从而实现抹零，并转换为字符串输出。关键代码如下。

```
money_all = 56.75 + 72.91 + 88.50 + 26.37 + 68.51      # 累加商品金额
money_all_str = str(money_all)                         # 转换为字符串
print("商品总金额为：" + money_all_str)
money_real = int(money_all)                            # 进行抹零处理
money_real_str = str(money_real)                       # 转换为字符串
print("实收金额为：" + money_real_str)
```

运行结果如图 2-13 所示。

⚠ **注意**　在进行数据类型转换时，如果把一个非数字字符串转换为整型，将出现图 2-14 所示的异常信息。

```
>>> int("17天")
Traceback (most recent call last):
  File "<pyshell#1>", line 1, in <module>
    int("17天")
ValueError: invalid literal for int() with base 10: '17天'
```

图 2-13　模拟超市抹零结账行为　　　　图 2-14　将非数字字符串转换为整型时出现的异常信息

2.5　运算符

运算符是一些特殊的符号，主要用于数学计算、比较大小和逻辑运算等。Python 的运算符主要包括算术运算符、赋值运算符、比较（关系）运算符、逻辑运算符和位运算符。使用运算符将不同类型的数据按照一定的规则连接起来的式子，称为表达式。例如，使用算术运算符连接起来的式子称为算术表达式，使用逻辑运算符连接起来的式子称为逻辑表达式。下面对一些常用的运算符进行介绍。

2.5.1　算术运算符

算术运算符是处理四则运算的符号，在数字的处理中应用得最多。常用的算术运算符如表 2-4 所示。

算术运算符

表 2-4　常用的算术运算符

运算符	说明	实例	结果
+	加法	12.45+15	27.45
−	减法	4.56−0.26	4.3
*	乘法	5*3.6	18.0
/	除法	7/2	3.5
%	求余，即返回商的余数部分	7%2	1
//	取整除，即返回商的整数部分	7//2	3
**	求幂，即返回 x 的 y 次方	2**4	16（即 2^4）

📖 **说明**　在算术表达式中使用%求余时，如果除数（第二个操作数）是负数，那么取得的结果也是一个负数。

⚠️ **注意**　使用除法或取整除运算符和求余运算符时，除数不能为 0，否则将会出现异常信息，如图 2-15 所示。

```
>>> 5//0
Traceback (most recent call last):
  File "<pyshell#5>", line 1, in <module>
    5//0
ZeroDivisionError: integer division or modulo by zero
>>> 5/0
Traceback (most recent call last):
  File "<pyshell#6>", line 1, in <module>
    5/0
ZeroDivisionError: division by zero
>>> 5%0
Traceback (most recent call last):
  File "<pyshell#7>", line 1, in <module>
    5%0
ZeroDivisionError: integer division or modulo by zero
```

图 2-15　除数为 0 时出现的异常信息

【例 2-5】 在 IDLE 中创建 Python 文件，名称为 score_handle.py，实现计算学生成绩的分数差及平均分。（实例位置：资源包\MR\源码\第 2 章\2-5）

某学生 3 门课程的分数如表 2-5 所示，编程实现如下功能。

❏ 显示 Python 课程和 C 语言课程的分数差。

❏ 显示 3 门课程的平均分。

表 2-5　某学生 3 门课程的分数

课程	分数
Python	95
英语	92
C 语言	89

在该文件中，首先定义 3 个变量，用于存储各门课程的分数，然后应用减法运算符计算分数差，再应用加法运算符和除法运算符计算平均分，最后输出计算结果。代码如下。

```python
python = 95                         # 定义变量，存储 Python 课程的分数
english = 92                        # 定义变量，存储英语课程的分数
c = 89                              # 定义变量，存储 C 语言课程的分数
sub = python - c                    # 计算 Python 课程和 C 语言课程的分数差
avg = (python + english + c) / 3    # 计算平均分
print("Python课程和C语言课程的分数之差： " + str(sub) + " 分\n")
print("3门课的平均分： " + str(avg) + " 分")
```

运行结果如图 2-16 所示。

图 2-16　计算学生成绩的分数差及平均分

2.5.2　赋值运算符

赋值运算符主要用来为变量等赋值。使用时，可以直接把基本赋值运算符"="右边的值赋给左边的变量，也可以在"="右边进行某些运算后将结果赋给左边的变量。Python 中常用的赋值运算符如表 2-6 所示。

赋值运算符

表 2-6　常用的赋值运算符

运算符	说明	实例	展开形式
=	基本赋值	x=y	x=y
+=	加法赋值	x+=y	x=x+y
—=	减法赋值	x—=y	x=x−y
*=	乘法赋值	x*=y	x=x*y
/=	除法赋值	x/=y	x=x/y
%=	求余赋值	x%=y	x=x%y
**=	求幂赋值	x**=y	x=x**y
//=	取整除赋值	x//=y	x=x//y

2.5.3　比较（关系）运算符

比较（关系）运算符

比较运算符，也称为关系运算符，用于对变量或表达式的结果进行比较：如果比较结果为真，则返回 True；如果比较结果为假，则返回 False。比较运算符通常用在选择语句中作为判断的依据。Python 中的比较运算符如表 2-7 所示。

表 2-7　比较运算符

运算符	说明	实例	结果
>	大于	'a' > 'b'	False
<	小于	156 < 456	True
==	等于	'c' == 'c'	True
!=	不等于	'y' != 't'	True
>=	大于或等于	479 >= 426	True
<=	小于或等于	62.45 <= 45.5	False

📖 说明　在 Python 中，当需要判断一个变量的值是否介于两个值之间时，可以采用 "值 1 < 变量 < 值 2" 的形式，如 "0 < a < 100"。

【例 2-6】　在 IDLE 中创建 Python 文件，名称为 comparison_operator.py，实现使用比较运算符比较大小。（实例位置：资源包\MR\源码\第 2 章\2-6）

在该文件中，定义 3 个变量，并分别使用 Python 中的各种比较运算符对它们的大小进行比较，代码如下。

```python
python = 95                                      # 定义变量，存储 Python 课程的分数
english = 92                                     # 定义变量，存储英语课程的分数
c = 89                                           # 定义变量，存储 C 语言课程的分数
# 输出 3 个变量的值
print("python = " + str(python) + " english = " +str(english) + " c = " +str(c) + "\n")
print("python < english 的结果: " + str(python < english))     # 小于操作
print("python > english 的结果: " + str(python > english))     # 大于操作
print("python == english 的结果: " + str(python == english))   # 等于操作
print("python != english 的结果: " + str(python != english))   # 不等于操作
print("python <= english 的结果: " + str(python <= english))   # 小于或等于操作
print("english >= c 的结果: " + str(python >= c))              # 大于或等于操作
```

运行结果如图 2-17 所示。

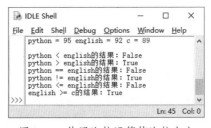

图 2-17　使用比较运算符比较大小

2.5.4 逻辑运算符

逻辑运算符

假定某手机店在每周星期二的 10 点至 11 点和每周星期五的 14 点至 15 点，对某系列手机开展折扣活动，那么想参加折扣活动的顾客，就要在时间上满足相应的条件（每周星期二 10 点至 11 点或者每周星期五 14 点至 15 点）。这里就用到了逻辑运算，Python 中也提供了逻辑运算符来进行逻辑运算。

逻辑运算符对"True"和"False"两种布尔值进行运算，运算后的结果仍是一个布尔值，Python 中的逻辑运算符主要包括 and、or、not。表 2-8 列出了逻辑运算符的说明、用法和结合方向。

表 2-8 逻辑运算符

运算符	说明	用法	结合方向
and	逻辑与	表达式 1 and 表达式 2	左到右
or	逻辑或	表达式 1 or 表达式 2	左到右
not	逻辑非	not 表达式 1	右到左

使用逻辑运算符进行逻辑运算时，其运算结果如表 2-9 所示。

表 2-9 使用逻辑运算符进行逻辑运算的运算结果

表达式 1	表达式 2	表达式 1 and 表达式 2	表达式 1 or 表达式 2	not 表达式 1
True	True	True	True	False
True	False	False	True	False
False	False	False	False	True
False	True	False	True	True

【例 2-7】 在 IDLE 中创建 Python 文件，名称为 sale.py，实现模拟参加手机店的折扣活动。（实例位置：资源包\MR\源码\第 2 章\2-7）

在该文件中，使用代码实现上文描述的场景，代码如下。

```
print("\n 手机店正在打折，活动进行中……")                       # 输出提示信息
strWeek = input("请输入中文星期（如星期一）: ")                # 输入星期，例如，星期一
intTime = int(input("请输入时间中的小时（范围: 0～23）: "))     # 输入时间
# 判断是否满足活动参与条件（使用了 if…else 语句）
if (strWeek == "星期二" and  (intTime >= 10 and intTime <= 11)) or (strWeek == "星期五"
and (intTime >= 14 and intTime <= 15)):
    print("恭喜您，获得了折扣活动参与资格，快快选购吧！")          # 输出提示信息
else:
    print("对不起，您来晚一步，期待下次活动……")                 # 输出提示信息
```

📖 **说明** （1）第 2 行代码中，input( )函数用于接收用户输入的字符串。

（2）第 3 行代码中，由于 input( )函数返回的结果为字符串类型，所以需要进行类型转换。

（3）第 5 行和第 8 行代码使用了 if…else 语句，该语句主要用来判断是否满足某种条件，将在第 3 章详细讲解。

（4）第 5 行和第 6 行代码对条件进行判断时，使用了逻辑运算符 and、or 和比较运算符 ==、>=、<=。

按快捷键〈F5〉运行程序，首先输入星期为"星期五"，然后输入时间为"19"，将显示图 2-18 所示的结果；再次运行程序，输入星期为"星期二"，时间为"10"，将显示图 2-19 所示

的结果。

图 2-18　不满足条件的运行结果　　　　图 2-19　满足条件的运行结果

📖 **说明**　本例未对输入错误信息进行校验，所以为保证程序正常运行，需输入合法的星期和时间。有兴趣的读者可以自己试着添加校验功能。

2.5.5　位运算符

位运算符是把数字看作二进制数来进行运算的，因此，需要先将要进行运算的数字转换为二进制数，然后才能进行运算。Python 中的位运算符有位与（&）、位或（｜）、位异或（^）、取反（～）、左移位（<<）和右移位（>>）运算符。

位运算符

📖 **说明**　整型数据在内存中以二进制数的形式表示，如整型数据 7 以 32 位二进制数表示是 00000000 00000000 00000000 00000111，其中，最高位是符号位，最高位为 0 表示正数，若为 1 则表示负数。负数采用补码表示，如–7 以 32 位二进制数表示为 11111111 11111111 11111111 11111001。

1．位与运算符

位与运算符为 "&"，位与运算的运算法则：两个操作数的二进制数只有对应位都是 1 时，结果位才为 1，否则为 0。如果两个操作数的精度不同，则结果的精度与精度高的操作数的精度相同，如图 2-20 所示。

2．位或运算符

位或运算符为 "｜"，位或运算的运算法则：两个操作数的二进制数只有对应位都是 0 时，结果位才为 0，否则为 1。如果两个操作数的精度不同，则结果的精度与精度高的操作数的精度相同，如图 2-21 所示。

```
     0000 0000 0000 1100
  &  0000 0000 0000 1000
     0000 0000 0000 1000
```

图 2-20　12&8 的运算过程

```
     0000 0000 0000 0100
  ｜ 0000 0000 0000 1000
     0000 0000 0000 1100
```

图 2-21　4|8 的运算过程

3．位异或运算符

位异或运算符是 "^"，位异或运算的运算法则：当两个操作数的二进制数对应位相同（同时为 0 或同时为 1）时，结果为 0，否则为 1。若两个操作数的精度不同，则结果数的精度与精度高的操作数的精度相同，如图 2-22 所示。

4．取反运算符

取反运算也称按位非运算，运算符为 "～"。取反运算就是将操作数对应二进制数中的 1 修改为 0，0 修改为 1，如图 2-23 所示。

```
  0000 0000 0001 1111
^ 0000 0000 0001 0110
  0000 0000 0000 1001
```
图 2-22　31^22 的运算过程

```
~ 0000 0000 0111 1011
  1111 1111 1000 0100
```
图 2-23　～123 的运算过程

在 Python 中使用 print( )函数输出图 2-20～图 2-23 的运算结果，代码如下。

```python
print("12&8 = "+str(12&8))      # 位与运算的结果
print("4|8 = "+str(4|8))        # 位或运算的结果
print("31^22 = "+str(31^22))    # 位异或运算的结果
print("～123 = "+str(～123))    # 取反运算的结果
```

运算结果如图 2-24 所示。

5．左移位运算符

左移位运算符是"<<"，左移位运算是将一个操作数对应的二进制数向左移动指定的位数，左边（高位端）溢出的位被丢弃，右边（低位端）的空位用 0 补充。左移位运算相当于乘以 2 的 n 次幂。

例如，整型数据 48 对应的二进制数为 00110000，将其左移 1 位，根据左移位运算的运算规则可以得出(00110000<<1)=01100000，所以转换为十进制数就是 96（48×2）；将其左移 2 位，根据左移位运算的运算规则可以得出(00110000<<2)=11000000，所以转换为十进制数就是 192（48×2^2）。其运算过程如图 2-25 所示。

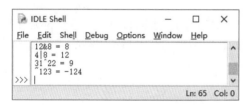

图 2-24　图 2-20～图 2-23 的运算结果

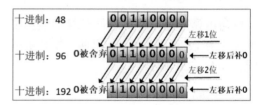

图 2-25　左移位运算过程

6．右移位运算符

右移位运算符是">>"，右移位运算是将一个操作数对应的二进制数向右移动指定的位数，右边（低位端）溢出的位被丢弃，而在补充左边（高位端）的空位时：如果最高位是 0（表示正数），左边的空位填入 0；如果最高位是 1（表示负数），左边的空位填入 1。右移位运算相当于除以 2 的 n 次幂。

正数 48 右移 1 位的运算过程如图 2-26 所示。

负数–80 右移 2 位的运算过程如图 2-27 所示。

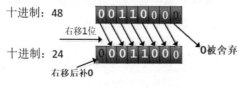

图 2-26　正数的右移位运算过程

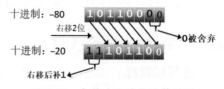

图 2-27　负数的右移位运算过程

2.5.6 运算符的优先级

所谓运算符的优先级，是指在应用中哪一个运算符先参与运算，哪一个后参与运算，与数学的四则运算应遵循的"先乘除，后加减"的原理相似。

Python 的运算顺序：优先级高的运算先执行，优先级低的运算后执行，同一优先级的运算按照从左到右的顺序执行；也可以像四则运算那样使用圆括号，圆括号内的运算最先执行。表 2-10 按从高到低的优先级顺序列出了运算符。同一行中的运算符具有相同优先级，它们的结合方向决定运算顺序。

运算符的优先级

表 2-10　运算符的优先级

运算符	说明
**	求幂运算符
~、+、-	取反运算符、正号和负号
*、/、%、//	算术运算符
+、-	算术运算符
<<、>>	位运算符中的左移位运算符和右移位运算符
&	位运算符中的位与运算符
^	位运算符中的位异或运算符
|	位运算符中的位或运算符
<、<=、>、>=、!=、==	比较运算符
not、and、or	逻辑运算符
=、+=、-=、*=、/=、%=、**=、//=	赋值运算符

📖 **说明**　在编写程序时尽量使用圆括号来限定运算顺序，以免运算顺序发生错误。

2.6 借助 AI 快速学习

当前，借助 AI 技术快速学习成为开发人员的一项必备技能。在学习程序开发的道路上，我们可以利用 AI。由于程序开发比较灵活，并且语法、技巧很多，因此全部记住比较难。以前，我们的做法是记录所有内容，需要时再查找，比较不方便。现在有了 AI，我们可以随时向它提问，查找想要的技术。例如，我们在学习 Python 中的变量时，如果想要知道 Python 中的变量与其他语言中的变量在定义时有什么区别，就可以通过大模型工具进行提问，常用的大模型工具有百度的文心一言、阿里巴巴的通义千问、腾讯的混元大模型、科大讯飞的讯飞星火大模型等，这里我们向阿里巴巴的通义千问提问，结果如图 2-28 所示。

另外，在学习过程中，如果遇到不理解的名词也可以向 AI 提问。例如，想要知道什么是 Python 中的保留字，就可以向通义千问进行图 2-29 所示的提问。

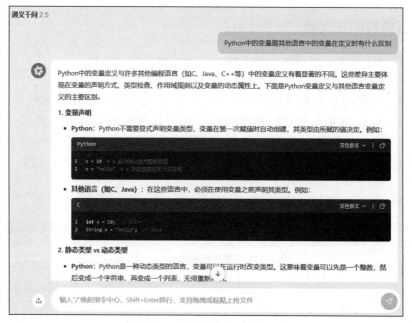

图 2-28　向 AI 提问概念的区别

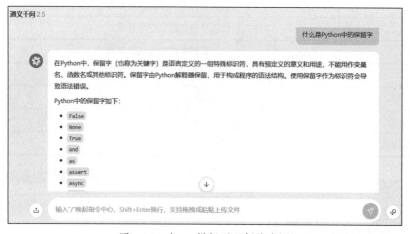

图 2-29　向 AI 提问不理解的名词

小结

本章首先介绍了 Python 中进行输入和输出的两个内置函数；然后介绍了 Python 中的保留字与标识符，以及如何使用变量；接下来介绍了 Python 中的 3 种基本数据类型，以及各数据类型间的转换；随后介绍了 Python 中的运算符和运算符的优先级；最后介绍了如何借助 AI 快速学习。本章的内容都是学习 Python 的基础，所以需要读者认真学习，并做到融会贯通，为今后的学习打下良好的基础。

上机指导

本实例将实现根据输入的父亲和母亲的身高，预测出儿子的身高，并输出结果。计算公式为：儿子身高=(父亲身高＋母亲身高)×0.54。程序运行结果如图 2-30 所示。

图 2-30　根据父母的身高预测儿子的身高

开发步骤如下。

首先通过 input( )获取父亲和母亲的身高，然后根据公式计算儿子的身高，最后输出结果。具体代码如下。

```
print("请输入父亲身高（单位：米）：")
father = input()                # 获取从控制台输入的父亲身高
print("请输入母亲身高（单位：米）：")
mother = input()                # 获取从控制台输入的母亲身高
# 通过公式计算儿子身高并输出
son = (float(father) + float(mother))*0.54
print("预测儿子身高为：", son , "米")
```

习题

2-1　Python 中提供了哪两个函数用于输入和输出？分别写出它们的语法格式。

2-2　在 IDLE 中如何查看 Python 的保留字？

2-3　简述 Python 中变量的命名规范。

2-4　写出 Python 提供了哪 3 种基本数据类型，并概述它们的区别。

2-5　写出 Python 提供的数据类型转换函数（至少 4 个），并说明它们的作用。

2-6　什么是比较运算符？

2-7　Python 中提供了哪几个逻辑运算符？

2-8　简述 Python 的运算顺序。

## 第 3 章

程序的控制结构

本章要点

- ☐ 选择语句的使用
- ☐ while 循环语句的使用
- ☐ 两个跳转语句的区别
- ☐ AI 帮你编写实例
- ☐ Python 中的条件表达式
- ☐ for 循环语句的使用
- ☐ pass 语句的使用

3.1 程序结构

计算机在解决某个具体问题时，主要有 3 种解决方式，分别是顺序执行所有的语句、选择执行部分语句和循环执行部分语句。它们在结构化程序设计中对应的 3 种基本结构是顺序结构、选择结构和循环结构。这 3 种基本结构的执行流程如图 3-1 所示。

程序结构

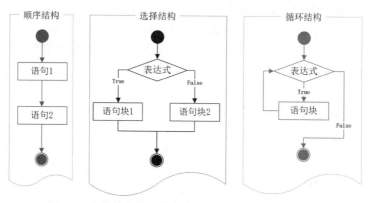

图 3-1　结构化程序设计中的 3 种基本结构的执行流程

从图 3-1 可以看出，顺序结构中，编写完毕的语句按照编写顺序依次被执行；选择结构主要根据表达式的结果选择执行不同的语句块；循环结构是在一定条件下反复执行某语句块的程序结构，其中，被反复执行的语句块称为循环体，而决定循环是否终止的判断条件称为循环条件。

第 1 章和第 2 章的多数例子采用的都是顺序结构。例如，定义一个字符串类型的变量，然后输出该变量，代码如下。

```
mot_cn = "命运给予我们的不是失望之酒，而是机会之杯。"
print(mot_cn)
```

选择结构和循环结构的应用场景如下。

看过《射雕英雄传》的人可能会记得，黄蓉与瑛姑见面时，曾出过这样一道数学题：今有物不知其数，三三数之剩二，五五数之剩三，七七数之剩二，问物几何？

解这道题，需要关注以下两个要素。

❑ 一个数需要符合的条件是除以 3 余 2、除以 5 余 3、除以 7 余 2。这就涉及条件判断，需要通过选择语句实现。

❑ 依次尝试可能符合条件的数。这就涉及循环执行，需要通过循环语句实现。

3.2 选择语句

在生活中，我们总是要做出许多选择，程序也一样。下面给出几个常见的例子。

❑ 如果购买商品成功，用户余额减少，用户积分增多；否则用户余额和用户积分不变。

❑ 如果输入的用户名和密码正确，提示登录成功，进入网站；否则提示登录失败。

❑ 如果用户使用微信登录，则使用微信"扫一扫"；如果使用 QQ 登录，则输入 QQ 号和密码；如果使用微博登录，则输入微博账号和密码；如果使用手机号码登录，则输入手机号码和密码。

实现以上例子中的选择，就会用到程序中的选择语句，也称为条件语句，即按照条件选择执行不同的代码片段。Python 中选择语句主要有 3 种形式，分别为 if 语句、if…else 语句和 if…elif…else 语句，下面将分别对它们进行详细讲解。

> 📖 说明 在其他语言（如 C、C++、Java 等）中，选择语句还包括 switch 语句，它也可以实现多重选择。但是，Python 中没有 switch 语句，所以要实现多重选择，只能使用 if…elif…else 语句或者选择语句的嵌套。

3.2.1 最简单的 if 语句

最简单的 if 语句

Python 中使用 if 保留字来组成选择语句，其最简单的语法格式如下。

```
if 表达式:
    语句块
```

其中，表达式可以是一个单纯的布尔值或变量，也可以是比较表达式或逻辑表达式（例如，a > b and a != c），如果表达式的值为"True"，则执行语句块；如果表达式的值为"False"，就跳过语句块，继续执行后面的语句，这种形式的 if 语句相当于汉语里的"如果……就……"，其执行流程如图 3-2 所示。

> 📖 说明 在 Python 中，当表达式的值为非零的数或者非空的字符串时，if 语句也认为条件成立（即为真值）。具体哪些值为假，可以参见 2.4.3 小节。

下面通过一个具体的实例来分析 3.1 节给出的应用场景：判断一个数是否除以 3 余 2、除以 5 余 3、除以 7 余 2。

图 3-2 最简单的 if 语句的执行流程

【例 3-1】 在 IDLE 中创建 Python 文件，名称为 question_if.py，实现判断输入的是不是黄蓉所说的数。（实例位置：资源包\MR\源码\第 3 章\3-1）

使用 if 语句判断用户输入的数是不是黄蓉所说的除以 3 余 2、除以 5 余 3、除以 7 余 2

的数，代码如下。

```
print("今有物不知其数，三三数之剩二，五五数之剩三，七七数之剩二，问物几何？\n")
number = int(input("请输入您认为符合条件的数："))          # 输入一个数
if number%3 ==2 and number%5 ==3 and number%7 ==2:        # 判断是否符合条件
    print(number,"符合条件：三三数之剩二，五五数之剩三，七七数之剩二")
```

运行程序，当输入 23 时，结果如图 3-3 所示；当输入 15 时，结果如图 3-4 所示。

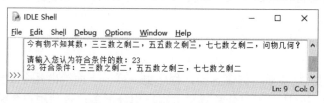

图 3-3　输入的是符合条件的数

图 3-4　输入的是不符合条件的数

📖 **说明**　使用 if 语句时，如果语句块只有一条语句，可以直接将之写到冒号"："的右侧，如下面的代码。

```
if a > b:max = a
```

但是，为了保证程序代码的可读性，一般不建议这样做。

📖 **说明**　使用 if 语句时需注意以下问题。

（1）if 语句后面未加冒号，如下面的代码。

```
number = 5
if number == 5
    print("number 的值为 5")
```

运行后，将产生图 3-5 所示的语法错误。

解决的方法是在第 2 行代码的结尾处添加冒号。正确的代码如下。

```
number = 5
if number == 5:
    print("number 的值为 5")
```

（2）使用 if 语句时，在符合条件时，需要执行多条语句，例如，程序的真正意图是执行以下语句。

```
if bmi<18.5:
    print("您的 BMI 为："+str(bmi))              # 输出 BMI
    print("您的体重过轻 ～@_@～")
```

但是，第二条输出语句没有缩进，代码如下。

```
if bmi<18.5:
    print("您的 BMI 为："+str(bmi))              # 输出 BMI
print("您的体重过轻 ～@_@～")
```

执行程序时，无论 bmi 的值是否小于 18.5，都会输出"您的体重过轻 ～@_@～"。这显然与程序的本意是不符的，但程序并不会报告异常，因此这种错误很难被发现。

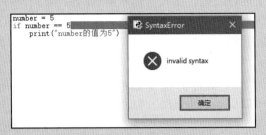

图 3-5　语法错误

3.2.2　if…else 语句

if…else 语句

如果遇到只能二选一的情况，例如，某大学毕业生到知名企业实习，期满后留用，现在需要做出是否从事 Python 开发方向工作的选择。Python 提供了 if…else 语句用于解决此类问题，其语法格式如下。

```
if 表达式:
    语句块1
else:
    语句块2
```

使用 if…else 语句时，表达式可以是一个单纯的布尔值或变量，也可以是比较表达式或逻辑表达式。如果满足条件，则执行 if 后面的语句块；否则，执行 else 后面的语句块。这种形式的选择语句相当于汉语里的"如果……否则……"，其执行流程如图 3-6 所示。

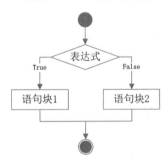

图 3-6　if…else 语句的执行流程

📖 **说明**　if…else 语句可以使用条件表达式进行简化。

```
a = -9
if a > 0:
    b = a
else:
    b = -a
print(b)
```

可以简写成

```
a = -9
b = a if a>0 else -a
print(b)
```

上段代码主要实现求绝对值的功能，如果 a > 0，就把 a 赋值给变量 b，否则将-a 赋值给变量b。使用条件表达式的好处是可以使代码简洁，并且有一个返回值。

【例 3-2】 对例【3-1】进行改进，加入"如果输入的数不符合条件，则给出提示"的功能。（实例位置：资源包\MR\源码\第 3 章\3-2）

使用 if…else 语句判断用户输入的数是不是黄蓉所说的除以 3 余 2、除以 5 余 3、除以 7 余 2 的数，并给予相应的提示，代码如下。

```
print("今有物不知其数，三三数之剩二，五五数之剩三，七七数之剩二，问物几何？\n")
number = int(input("请输入您认为符合条件的数："))        # 输入一个数
if number%3 ==2 and number%5 ==3 and number%7 ==2:   # 判断是否符合条件
    print(number,"符合条件")
else:                                                # 不符合条件
    print(number,"不符合条件")
```

运行程序，当输入 23 时，结果如图 3-7 所示；当输入 17 时，结果如图 3-8 所示。

图 3-7　输入的是符合条件的数

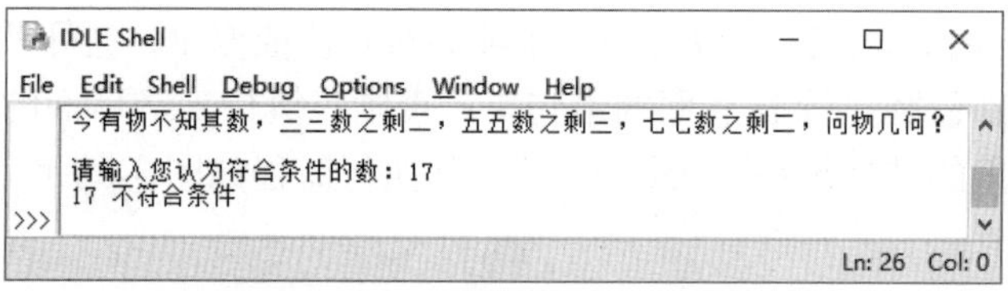

图 3-8　输入的是不符合条件的数

⚠**注意**　else 不可以单独使用，它必须和保留字 if 一起使用，例如，下面的代码是错误的。

```
    else:
        print(number,"不符合条件")
```

在程序中使用 if…else 语句时，如果出现 if 多于 else 的情况，那么程序将会根据缩进确定某个 else 是属于哪个 if 的，如下面的代码。

```
a = -1
if a >= 0:
    if a > 0:
        print("a 大于零")
    else:
        print("a 等于零")
```

执行上面的代码将不输出任何提示信息，这是因为 else 属于第 3 行的 if，所以当 a 小于零时，else 后面的语句将不执行。假设将上面的代码修改如下。

```
a = -1
if a >= 0:
    if a > 0:
        print("a 大于零")
else:
    print("a 小于零")
```

运行后将输出"a 小于零"。此时，else 属于第 2 行的 if。

3.2.3   if⋯elif⋯else 语句

if⋯elif⋯else 语句

将考试成绩按分数的高低分为 4 个等级（即由高到低为 A 级、B 级、C 级、D 级），其中 90 分～100 分为 A 级、75 分～89 分为 B 级、60 分～74 分为 C 级、59 分及以下为 D 级。在开发程序时，这种划分可以使用 if⋯elif⋯else 语句实现，该语句是一个多分支选择语句，通常表现为"如果满足某种条件，则进行某种处理，否则如果满足另一种条件，则进行另一种处理……"。if⋯elif⋯else 语句的语法格式如下。

```
if 表达式 1:
    语句块 1
elif 表达式 2:
    语句块 2
elif 表达式 3:
    语句块 3
…
else:
    语句块 n
```

使用 if⋯elif⋯else 语句时，表达式可以是一个单纯的布尔值或变量，也可以是比较表达式或逻辑表达式。如果表达式为"True"，执行语句块；而如果表达式为"False"，则跳过该语句块，进行下一个 elif 中表达式的判断。只有在所有表达式都为"False"的情况下，才会执行 else 后面的语句块。if⋯elif⋯else 语句的执行流程如图 3-9 所示。

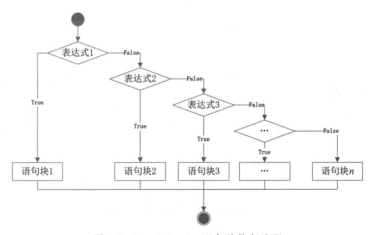

图 3-9   if⋯elif⋯else 语句的执行流程

⚠ **注意**   if 和 elif 都需要判断表达式的真假，而 else 则不需要判断；另外，elif 和 else 都必须与 if 一起使用，不能单独使用。

【例 3-3】   在 IDLE 中创建 Python 文件，名称为 studentsystem_if.py，实现学生信息管理系统的功能菜单的判断功能。（实例位置：资源包\MR\源码\第 3 章\3-3）

使用 if⋯elif⋯else 语句实现判断用户选择的是哪项功能，并给出相应的提示，部分代码如下。

```
option = input("请选择: ")          # 选择功能编号
option_int = int(option)
```

```
if option_int == 0:                          # 退出系统
    print('您已退出学生信息管理系统！')
    ctrl = False
elif option_int == 1:                        # 录入学生信息
    # 调用录入学生信息的函数 insert()
    print("【录入学生信息】即将开发……")
elif option_int == 2:                        # 查找学生信息
    # 调用查找学生信息的函数 search()
    print("【查找学生信息】即将开发……")
elif option_int == 3:                        # 删除学生信息
    # 调用删除学生信息的函数 delete()
    print("【删除学生信息】即将开发……")
elif option_int == 4:                        # 修改学生信息
    # 调用修改学生信息的函数 modify()
    print("【修改学生信息】即将开发……")
elif option_int == 5:                        # 排序
    # 调用排序的函数 sort()
    print("【排序】即将开发……")
elif option_int == 6:                        # 统计学生总人数
    # 调用统计学生总人数的函数 total()
    print("【统计学生总数】即将开发……")
elif option_int == 7:                        # 显示所有学生信息
    # 调用显示所有学生信息的函数 show()
    print("【显示所有学生信息】即将开发……")
else:
    print("不是有效的输入！")
```

📖 **说明** 第 2 行代码中的 int( )函数用于将用户的输入强制转换成整型。

运行程序，输入一个数值，并按〈Enter〉键，即可显示相应的提示信息，结果如图 3-10 所示。

图 3-10   if…elif…else 语句的使用

📖 **说明** 使用选择语句时，尽量遵循以下原则。

（1）当使用布尔类型的变量作为表达式时，例如，使用布尔类型变量 flag，if 语句的较为规范的书写格式如下。

```
if flag:          # 表示表达式为真
if not flag:      # 表示表达式为假
```

不规范的书写格式如下。

```
if flag == True:
if flag == False:
```

（2）使用"if 1 == a:"这样的书写格式可以防止错写成"if a = 1:"，以避免逻辑上的错误。

3.2.4 选择语句的嵌套

前面介绍了 3 种形式的选择语句，这 3 种形式的选择语句可以互相嵌套。例如，在最简单的 if 语句中嵌套 if…else 语句，语法格式如下。

```
if 表达式1:
    if 表达式2:
        语句块1
    else:
        语句块2
```

选择语句的嵌套

又如，在 if…else 语句中嵌套 if…else 语句，语法格式如下。

```
if 表达式1:
    if 表达式2:
        语句块1
    else:
        语句块2
else:
    if 表达式3:
        语句块3
    else:
        语句块4
```

📖 **说明**　选择语句可以有多种嵌套方式，开发程序时，可以根据自身需要选择合适的嵌套方式，但一定要严格控制好不同级别语句块的缩进量。

【**例 3-4**】　在 IDLE 中创建 Python 文件，名称为 test_proof.py，实现判断是否存在饮酒后驾车或醉酒驾车。（实例位置：资源包\MR\源码\第 3 章\3-4）

通过使用嵌套的选择语句实现根据输入的酒精含量值判断是否存在饮酒后驾车或醉酒驾车的功能，代码如下。

```
print("\n 为了您和他人的安全，严禁酒后开车! \n")
proof = int(input("请输入每100毫升血液的酒精含量: "))   # 获取用户输入的酒精含量值，并将其转换为整型
if proof <20:                                          # 数值小于 20，不构成饮酒行为
    print("\n 您还不构成饮酒行为，可以开车，但要注意安全!")
else:                                                  # 数值大于或等于 20，已经构成饮酒行为
    if proof < 80:                                     # 数值大于或等于20 但小于80，属于饮酒后驾车
        print("\n 已经达到饮酒后驾车标准，请不要开车!")
    else:                                              # 数值大于或等于 80，属于醉酒驾车
        print("\n 已经达到醉酒驾车标准，千万不要开车!")
```

📖 **说明**　根据国家市场监督管理总局和国家标准化管理委员会发布的《车辆驾驶人员血液、呼气酒精含量阈值与检验》的规定：车辆驾驶人员血液中的酒精含量小于 20 毫克/100毫升不构成饮酒行为；酒精含量大于或等于 20 毫克/100 毫升但小于 80 毫克/100 毫升为饮酒后驾车；酒精含量大于或等于 80 毫克/100 毫升为醉酒驾车。

上面的代码应用了选择语句的嵌套，其具体的执行流程如图 3-11 所示。

运行程序，当输入每 100 毫升血液的酒精含量为 5 毫克时，将显示不构成饮酒行为，结果如图 3-12 所示；当输入每 100 毫升血液的酒精含量为 90 毫克时，将显示已经达到醉酒驾车标

准，结果如图 3-13 所示。

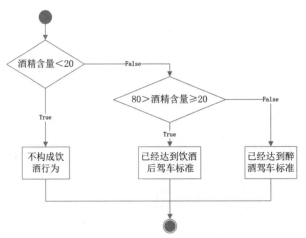

图 3-11 【例 3-4】的执行流程

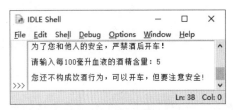

图 3-12 不构成饮酒行为

图 3-13 已经达到醉酒驾车标准

3.3 条件表达式

程序经常会根据表达式的结果有条件地进行赋值。例如，要返回两个数中较大的数，可以使用下面的 if 语句。

```
a = 10
b = 6
if a>b:
    r = a
else:
    r = b
```

上面的代码可以使用条件表达式进行简化，简化后代码如下。

```
a = 10
b = 6
r = a if a > b else b
```

使用条件表达式时，先计算中间的表达式（a>b），如果结果为 True，返回 if 左边的值，否则返回 else 右边的值。例如，上面的条件表达式的结果即 r 的值为 10。

📖 说明　Python 中提供的条件表达式可以根据表达式的结果进行有条件的赋值。

3.4 循环语句

日常生活中很多问题都无法一次解决，如盖楼，所有高楼都是一层一层盖起来的。有些事物必须周而复始地运转才能保证其存在的意义，例如，公交车、地铁等公共交通工具必须每天在同样的时间往返于始发站和终点站之间。类似这样反复做一件事的情况，称为循环。Python中的循环主要有两种类型。

❑ 重复一定次数的循环，称为计次循环，如 for 循环。
❑ 一直重复，直到条件不满足时才结束的循环，称为条件循环。只要条件为真，这种循环会一直持续下去，如 while 循环。

下面对这两种类型的循环分别进行介绍。

📖 **说明** 在其他语言（如 C、C++、Java 等）中，条件循环还包括 do…while 循环。但是，Python 中没有 do…while 循环。

3.4.1　while 循环

while 循环

while 循环通过一个条件表达式来控制是否要继续执行循环体中的语句。语法格式如下。

```
while 条件表达式:
    循环体
```

📖 **说明** 循环体是指一组被重复执行的语句。

当条件表达式的返回值为真时，则执行循环体中的语句，执行完毕后，重新判断条件表达式的返回值，直到条件表达式的返回值为假时，结束循环。while 循环的执行流程如图 3-14 所示。

我们以现实生活中的例子来理解 while 循环的执行流程。在体育课上，体育老师要求同学们沿着环形操场跑步，听到老师吹的哨子声时就停下来。同学们每跑一圈，可能会请求一次老师吹哨子。如果老师吹哨子，则停下来，即循环结束；否则继续跑步，即执行循环。

下面通过一个具体的实例来分析 3.1 节给出的应用场景中的第二个要素：依次尝试，直到找到符合条件的数。此时，需要用第一个要素来确定是否符合条件。

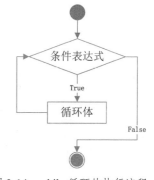
图 3-14　while 循环的执行流程

【例 3-5】 在 IDLE 中创建 Python 文件，名称为 question_while.py，实现助力瑛姑（while 循环解题法）。（实例位置：资源包\MR\源码\第 3 章\3-5）

使用 while 循环实现从 1 开始依次尝试，直到找到符合条件的数时，才结束循环。具体的实现方法：首先定义一个用于计数的变量 number 和一个作为循环条件的变量 none（默认值为真），然后编写 while 循环语句，在循环体中，将变量 number 的值加 1，并且判断 number 的值是否符合条件，当符合条件时，将变量 none 设置为假，从而结束循环。具体代码如下。

```python
print("今有物不知其数，三三数之剩二，五五数之剩三，七七数之剩二，问物几何？\n")
none = True                                      # 作为循环条件的变量
number = 0                                       # 用于计数的变量
while none:
    number += 1                                  # 用于计数的变量加1
    if number%3 ==2 and number%5 ==3 and number%7 ==2:   # 判断是否符合条件
```

```
        print("答曰: 这个数是",number)              # 输出符合条件的数
        none = False                                # 将作为循环条件的变量设置为假
```

运行程序，将显示图 3-15 所示的结果。从该图中可以看出第一个符合条件的数是 23，这就是黄蓉想要的答案。

图 3-15　助力瑛姑（while 循环解题法）

⚠注意　在使用 while 循环时，一定不要忘记添加将循环条件变量值改变为 False 的代码（例如，【例 3-5】中的代码 "none = False" 一定不能少），否则，将产生死循环。

3.4.2　for 循环

for 循环属于计次循环，一般应用在循环次数已知的情况下，通常适用于枚举或遍历对象，以及迭代对象中的元素。

语法格式如下。

for 循环

```
for 迭代变量 in 对象:
    循环体
```

其中，迭代变量用于保存读取出的值；对象为要遍历或迭代的对象，该对象可以是任何有序的序列对象，如字符串、列表和元组等；循环体为一组被重复执行的语句。

for 循环的执行流程如图 3-16 所示。

我们以现实生活中的例子来理解 for 循环的执行流程。在体育课上，体育老师要求同学们排队进行踢毽球测试，每个同学只有一次机会，毽球落地则换另一个同学进行测试，直到全部同学都测试完毕，循环结束。

图 3-16　for 循环的执行流程

1．进行数值循环

for 循环最基本的应用之一就是进行数值循环。例如，从 1 到 100 的累加，可以通过下面的代码实现。

```
print("计算 1+2+3+…+100 的结果为: ")
result = 0            # 保存累加结果的变量
for i in range(101):
    result += i       # 实现累加功能
print(result)         # 在循环结束时输出结果
```

上面的代码使用了 range( )函数，该函数是 Python 内置的函数，用于生成一系列连续的整数，多用于 for 循环语句中。其语法格式如下。

```
range(start,end,step)
```

参数说明如下。

❑　start：用于指定计数的起始值，可以省略，如果省略则从 0 开始计数。

❑ end：用于指定计数的结束值（但不包括该值，如 range(7) 得到的值为 0～6，不包括 7），不能省略。当 range( ) 函数中只有一个参数时，即用于指定计数的结束值。

❑ step：用于指定步长，即两个数之间的间隔，可以省略，如果省略则表示步长为 1。例如，range(1,7) 将得到 1、2、3、4、5、6。

⚠ **注意**　在使用 range( ) 函数时，如果只有一个参数，那么表示指定的是 end；如果有两个参数，则表示指定的是 start 和 end；只有三个参数都存在时，最后一个参数才表示 step。

例如，使用下面的 for 循环语句，将输出 10 以内的所有奇数。

```
for i in range(1,10,2):
    print(i,end = ' ')
```

得到的结果如下。

```
1 3 5 7 9
```

📖 **说明**　在 Python 2.x 中，如果想让 print 语句输出的内容在一行显示，可以在后面加上逗号（如"print i,"），但是在 Ptyhon 3.x 中，使用 print( ) 函数时，不能直接加逗号，需要加上"，end ='分隔符'"，在上面的代码中使用的分隔符为一个空格。

下面通过一个具体的实例来演示使用 for 循环语句进行数值循环的具体应用。

【例 3-6】　在 IDLE 中创建 Python 文件，名称为 question_for.py，实现助力瑛姑（for 循环解题法）。（实例位置：资源包\MR\源码\第 3 章\3-6）

使用 for 循环语句实现从 1 迭代到 100（不包含 100），并且记录符合条件的数。具体的实现方法：应用 for 循环从 1 迭代到 100，在循环体中，判断迭代变量 number 是否符合"三三数之剩二，五五数之剩三，七七数之剩二"的条件，如果符合则应用 print( ) 函数输出，否则继续循环。具体代码如下。

```
print("今有物不知其数，三三数之剩二，五五数之剩三，七七数之剩二，问物几何? \n")
for number in range(100):
    if number%3 ==2 and number%5 ==3 and number%7 ==2:      # 判断是否符合条件
        print("答曰：这个数是",number)                          # 输出符合条件的数
```

运行程序，将显示和【例 3-5】一样的结果，也就是图 3-15 所示的结果。

⚠ **注意**　若 for 语句后面未加冒号，如

```
for number in range(100)
    print(number)
```

则运行后将产生图 3-17 所示的异常信息。解决的方法是在 for 语句后面添加一个冒号。

图 3-17　for 循环的常见异常信息

2. 遍历字符串

使用 for 循环除了可以进行数值循环，还可以逐个字符遍历字符串。例如，下面的代码可以将横向显示的字符串转换为纵向显示。

```python
string = '莫轻言放弃'
print(string)          # 横向显示
for ch in string:
    print(ch)          # 纵向显示
```

上面的代码的运行结果如图 3-18 所示。

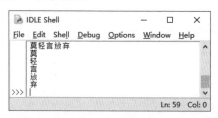

图 3-18　将字符串转换为纵向显示

> 📖 **说明**　for 循环还可以用于迭代（遍历）列表、元组、集合和字典等，具体的方法将在第 4 章和第 5 章进行介绍。

3.4.3　循环嵌套

循环嵌套

Python 允许在一个循环体中嵌入另一个循环，这称为循环嵌套。例如，在电影院找座位时，需要知道座位在第几排第几列才能准确地找到自己的座位。例如，寻找图 3-19 所示的在第二排第三列的座位，首先寻找第二排，然后在第二排中寻找第三列，这个寻找座位的过程就类似于循环嵌套。

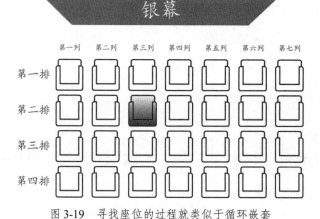

图 3-19　寻找座位的过程就类似于循环嵌套

在 Python 中，for 循环和 while 循环都可以进行循环嵌套。

例如，在 while 循环中嵌套 while 循环的语法格式如下。

```python
while 条件表达式1:
    while 条件表达式2:
        循环体2
    循环体1
```

在 for 循环中嵌套 for 循环的语法格式如下。

```
for 迭代变量1 in 对象1:
    for 迭代变量2 in 对象2:
        循环体2
    循环体1
```

在 while 循环中嵌套 for 循环的语法格式如下。

```
while 条件表达式:
    for 迭代变量 in 对象:
        循环体2
    循环体1
```

在 for 循环中嵌套 while 循环的语法格式如下。

```
for 迭代变量 in 对象:
    while 条件表达式:
        循环体2
    循环体1
```

除了上面介绍的 4 种嵌套格式，还可以实现更多层的嵌套，方法与上面的类似，这里就不再一一列出了。

【例 3-7】 在 IDLE 中创建 Python 文件，名称为 multiplication.py，实现输出九九乘法表。（实例位置：资源包\MR\源码\第 3 章\3-7）

代码如下。

```
for i in range(1, 10):               # 输出9行
    for j in range(1, i + 1):        # 输出与行数相等的列
        print(str(j) + "×" + str(i) + "=" + str(i * j) + "\t", end='')
    print('')                        # 换行
```

上面的代码使用了双层 for 循环（循环流程如图 3-20 所示），第一层循环用于对九九乘法表的行数进行控制，同时也是每一个乘法公式的第二个因子；第二层循环控制九九乘法表的列数，列数的最大值应该等于行数，因此第二个循环的条件应该是在第一个循环的基础上建立的。

程序运行结果如图 3-21 所示。

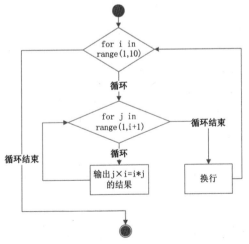

图 3-20 【例 3-7】的循环流程

图 3-21 使用循环嵌套输出九九乘法表

3.5 跳转语句

当循环条件一直满足时，程序会一直执行，就像一辆车在某个地方不停地转圈。如果希望在中间离开循环，比如在 for 循环结束计数之前，或者在 while 循环找到结束条件之前离开循环，有两种方法可以做到。

❑ 使用 continue 语句直接跳到下一次循环。

❑ 使用 break 语句完全跳出循环。

下面对 break 语句和 continue 语句进行详细介绍。

3.5.1 break 语句

break 语句可以跳出循环，包括 while 和 for 等所有循环。以独自一人沿着操场跑步为例，原计划跑 10 圈，可是在跑到第 2 圈的时候，遇到自己倾慕的对象，于是果断停下来，终止跑步，这就相当于使用 break 语句提前跳出了循环。break 语句的使用方法比较简单，只需要在相应的 while 或 for 语句中加入 break 语句。

break 语句

📖 **说明** break 语句一般会与 if 语句搭配使用，表示在某种条件下跳出循环。如果使用循环嵌套，break 语句将跳出最内层的循环。

在 while 语句中使用 break 语句的语法格式如下。

```
while 条件表达式1:
    执行代码
    if 条件表达式2:
        break
```

其中，条件表达式 2 用于判断何时调用 break 语句跳出循环。在 while 语句中使用 break 语句的流程如图 3-22 所示。

在 for 语句中使用 break 语句的语法格式如下。

```
for 迭代变量 in 对象:
    执行代码
    if 条件表达式:
        break
```

其中，条件表达式用于判断何时调用 break 语句跳出循环。在 for 语句中使用 break 语句的流程如图 3-23 所示。

我们使用 for 循环语句解决了黄蓉难倒瑛姑的数学题，但是 for 循环语句要从 0 一直循环到 99，尽管在循环到 23 时已经找到了符合条件的数。下面对【例 3-6】进行改进，实现找到第一个符合条件的数后就跳出循环。这样可以提高程序的执行效率。

【例 3-8】 在 IDLE 中创建 Python 文件，名称为 question_for1.py，实现助力瑛姑（for 循环改进版解题法）。（实例位置：资源包\MR\源码\第 3 章\3-8）

在【例 3-6】的最后一行代码下方添加一个 break 语句，即可实现找到符合条件的数后直接跳出 for 循环。修改后的代码如下。

```
print("今有物不知其数, 三三数之剩二, 五五数之剩三, 七七数之剩二, 问物几何? \n")
for number in range(100):
    if number%3 ==2 and number%5 ==3 and number%7 ==2:    # 判断是否符合条件
```

```
print("答曰：这个数是",number)          # 输出符合条件的数
break                                   # 跳出 for 循环
```

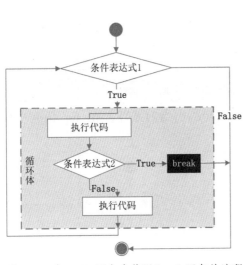

图 3-22 在 while 语句中使用 break 语句的流程

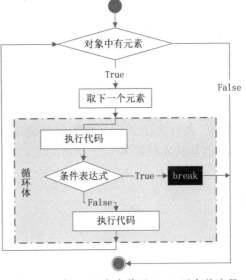

图 3-23 在 for 语句中使用 break 语句的流程

运行程序，将显示和【例 3-5】一样的结果，也就是图 3-15 所示的结果。如果想要看出【例 3-8】和【例 3-6】的区别，可以在上面第 2 行和第 3 行代码之间添加 "print(number)" 语句输出 number 的值，添加 break 语句时的运行结果如图 3-24 所示，未添加 break 语句时的运行结果如图 3-25 所示。

图 3-24 添加 break 语句时的运行结果

图 3-25 未添加 break 语句时的运行结果

3.5.2 continue 语句

continue 语句的作用没有 break 语句的强大，它只能跳出本次循环而提前进入下一次循环。仍然以独自一人沿着操场跑步为例，原计划跑 10 圈，在跑到第 2 圈的一半的时候，发现自己倾慕的对象也在跑步，于是果断停下来，回到起点等待，制造一次完美的邂逅，然后从第 3 圈开始继续跳步。

continue 语句

continue 语句的使用方法比较简单，只需要在相应的 while 语句或 for 语句中加入。

📖 **说明** continue 语句一般会与 if 语句搭配使用，表示在某种条件下跳过当前循环的剩余语句，进入下一次循环。如果使用循环嵌套，continue 语句将只跳过最内层循环中的剩余语句。

在 while 语句中使用 continue 语句的语法格式如下。

```
while 条件表达式1:
    执行代码
```

```
if 条件表达式2:
    continue
```

其中，条件表达式 2 用于判断何时调用 continue 语句跳出当前循环。在 while 语句中使用 continue 语句的流程如图 3-26 所示。

在 for 语句中使用 continue 语句的语法格式如下。

```
for 迭代变量 in 对象:
    执行代码
    if 条件表达式:
        continue
```

其中，条件表达式用于判断何时调用 continue 语句跳出当前循环。在 for 语句中使用 continue 语句的流程如图 3-27 所示。

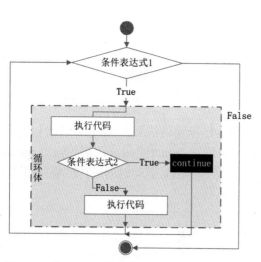

图 3-26　在 while 语句中使用 continue 语句的流程

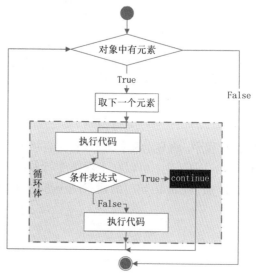

图 3-27　在 for 语句中使用 continue 语句的流程

场景模拟：几个朋友一起玩"逢七拍桌子"游戏，即从 1 开始依次数数，当数到 7（包括尾数是 7 的情况）或 7 的倍数时，则不说出该数，而是拍一下桌子。现在编写程序，计算从 1 数到 99，一共要拍多少次桌子（前提是每个人都没有出错）。

【例 3-9】 在 IDLE 中创建 Python 文件，名称为 everySeven.py，实现"逢七拍桌子"游戏。（实例位置：资源包\MR\源码\第 3 章\3-9）

通过在 for 循环中使用 continue 语句实现"逢七拍桌子"游戏，即计算从 1 数到 100（不包括 100）一共要拍多少次桌子，代码如下。

```
total = 99                              # 记录拍桌子次数的变量
for number in range(1,100):             # 创建一个从 1 到 100（不包括 100）的循环
    if number % 7 ==0:                  # 判断是否为 7 的倍数
        continue                        # 继续下一次循环
    else:
        string = str(number)            # 将数值转换为字符串
        if string.endswith('7'):        # 判断是否以数字 7 结尾
            continue                    # 继续下一次循环
    total -= 1                          # 拍桌子次数减 1
print("从 1 数到 99 共拍桌子",total,"次。") # 显示拍桌子次数
```

> 📖 **说明** 在上面的代码中，第 3 行代码实现的是，当所判断的数字是 7 的倍数时，会执行第 4 行的 continue 语句，跳过后面的减 1 操作，直接进入下一次循环。同理，第 7 行代码用于判断当前数字是否以数字 7 结尾，如果是，直接进入下一次循环。

程序运行结果如图 3-28 所示。

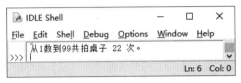

图 3-28 "逢七拍桌子"游戏代码的运行结果

3.6 pass 语句

Python 中还有一个 pass 语句，表示空语句。它一般起到占位作用。例如，应用 for 循环输出 1～10（不包括 10）的偶数，在当前数不是偶数时，应用 pass 语句占个位置，方便以后对不是偶数的数进行处理。代码如下。

```python
for i in range(1,10):
    if i%2 == 0:            # 判断是否为偶数
        print(i,end = ' ')
    else:                   # 不是偶数
        pass                # 占位
```

pass 语句

程序运行结果如下。

```
2 4 6 8
```

3.7 AI 帮你编写实例

3.7.1 使用 AI 编写一个实例：用户登录系统

下面介绍如何利用 AI 来帮助我们巩固本章所学的知识，设计相应的实例。

以下是在 AI 工具中的一个可能的对话示例。

问题：

编写一个实例，帮我巩固 Python 中流程控制语句的使用方法。

AI 建议：

当然可以！下面是一个使用 Python 中的流程控制语句（如 if…else 语句和 while 循环）的实例程序。这个程序将模拟一个简单的用户登录系统，包含用户名和密码验证功能、多次尝试登录功能以及用户输入的处理功能。

```python
# 预设的正确用户名和密码
correct_username = "admin"
correct_password = "123456"
# 允许的最大尝试次数
max_attempts = 3
```

```
    attempts = 0
    # 使用 while 循环控制尝试次数
    while attempts < max_attempts:
        # 用户输入用户名和密码
        username = input("请输入用户名: ")
        password = input("请输入密码: ")
        # 检查用户名和密码是否正确
        if username == correct_username and password == correct_password:
            print("登录成功! ")
            break  # 成功登录后跳出循环
        else:
            attempts += 1
            if attempts < max_attempts:
                print(f"用户名或密码错误，请重新输入。剩余尝试次数: {max_attempts - attempts}")
            else:
                print("尝试次数已用完, 账户已被锁定。")
    # 登录成功后的操作
    if attempts < max_attempts:
        print("欢迎进入系统! ")
    else:
        print("账户已锁定, 请联系管理员。")
```

【测试结果】

```
输入:
(1) 用户名: user。
    密码: 123456。
(2) 用户名: admin。
    密码: 654321。
(3) 用户名: admin。
    密码: 123456。
输出:
用户名或密码错误，请重新输入。剩余尝试次数: 2
用户名或密码错误，请重新输入。剩余尝试次数: 1
登录成功!
欢迎进入系统!
```

通过以上实例，我们可以巩固以下知识点。

❑ if 语句：检查用户输入的用户名和密码是否与预设的正确值匹配。

❑ else 语句：如果用户名和密码不匹配，会消耗尝试次数，并根据剩余尝试次数给出不同的提示。

❑ while 循环：控制用户登录的尝试次数，确保用户在达到最大尝试次数之前可以继续尝试登录。

❑ break 语句：如果用户成功登录，则使用 break 语句跳出 while 循环，防止不必要的尝试。

❑ input() 函数：获取用户输入的用户名和密码。

3.7.2 使用 AI 帮你理解代码并添加注释

下面介绍如何利用 AI 来帮助我们解决初学 Python 时遇到的问题。

以下是在 AI 工具中的一个可能的对话示例。

问题：

我刚开始学习 Python，在学习时看到这样一段 Python 代码，它的主要作用是什么？帮我加一些注释。

```
h = 1.73
w = 51.6
r = w/(h*h)
print(r)
```

AI 建议：

这段 Python 代码的主要作用是计算 BMI。通常 BMI 是通过体重（单位：千克）除以身高（单位：米）的平方来计算的。这段代码首先定义变量 h 代表身高，变量 w 代表体重；然后通过公式 w / (h * h) 计算一个比率，并将结果存储在变量 r 中；最后使用 print(r)输出计算结果。

下面是带有注释的代码，以便更好地理解每一步的作用：

```
# 定义身高（单位：米）
h = 1.73
# 定义体重（单位：千克）
w = 51.6
# 计算体重与身高的平方的比率（实际上是 BMI）
r = w / (h * h)
# 输出计算结果
print(r)
```

小结

本章首先对程序的基本结构进行了简要介绍；然后分别介绍了选择语句、条件表达式、循环语句，以及 break 和 continue 两种跳转语句；随后介绍了 pass 语句；最后利用 AI 编写相关实例。选择语句包括最简单的 if 语句、if…else 语句、if…elif…else 语句；循环语句包括 while 循环语句和 for 循环语句。这些语句在实际开发中使用频率相当高，所以读者应多多练习，加深理解，灵活运用。

上机指导

本实例将实现竞猜商品价格，如果竞猜价格高于或低于商品实际价格，系统将给予提示。当猜对价格时提示"恭喜你，你猜对了本商品的价格，你是大赢家！"，竞猜次数超过 10 次则提示"竞猜失败，下次再战！"。程序运行结果如图 3-29 所示。

图 3-29　竞猜商品价格

开发步骤如下。

首先定义一个保存竞猜价格的变量，然后通过 for 循环实现竞猜 10 次的循环，在循环中通过 if…else 语句判断是否猜对商品价格并给予提示。具体代码如下。

```python
print("="*32)
print("竞猜商品为：华为/HUAWEI P30 Pro")        # 输出提示信息
print("="*32)
goodprince = 5488   # 商品价格
for i in range(10):                            # 循环 10 次
    instr = input("请输入竞猜价格：")            # 输入竞猜价格
    if int(instr) > goodprince:                # 价格高了
        print("价格高了！")
    else:
        if int(instr) < goodprince:            # 价格低了
            print("价格低了")
        else:                                  # 猜对了
            print("恭喜你，你猜对了本商品的价格，你是大赢家！")
            break
print("竞猜失败，下次再战！")                      # 没有猜对且竞猜次数超过限定次数
```

习题

3-1　程序设计中提供了哪几种基本结构？

3-2　写出 Python 的选择语句包括哪几种常用的形式。

3-3　请说明 Python 的条件表达式怎样使用。

3-4　什么是 while 循环语句？它的语法格式是什么？

3-5　什么是 for 循环语句？它的语法格式是什么？

3-6　简述 break 语句和 continue 语句的区别。

3-7　写出 pass 语句的作用。

<table>
<tr><td>第4章</td><td># 列表和元组</td></tr>
</table>

本章要点

- ☐ 序列的通用操作
- ☐ 列表推导式的应用
- ☐ 元组推导式的应用
- ☐ 请 AI 帮忙快速扫除 bug
- ☐ 列表的基本操作
- ☐ 元组的基本操作
- ☐ 元组与列表的区别

4.1 序列

序列是一块用于存放多个值的连续内存空间，并且这些值按一定顺序排列，每一个值（称为元素）都被分配一个数字，称为索引或位置，通过索引可以取出相应的值。例如，我们可以把一家酒店看作一个序列，那么酒店里的每个房间都可以看作这个序列的元素，而房间号就相当于索引，可以通过房间号找到对应的房间。

在 Python 中，序列结构主要有列表、元组、集合、字典和字符串，对这些序列结构可以进行以下通用操作。需要注意的是，集合和字典不支持索引、切片、相加和乘法操作。

4.1.1 索引

序列中的每一个元素都有一个编号，也称为索引。索引通常是从 0 开始递增的，即索引为 0 的元素为第 1 个元素，索引为 1 的元素为第 2 个元素，以此类推，如图 4-1 所示。

索引

Python 比较"神奇"，它的索引可以是负数。这种索引从右向左计数，也就是从最后一个元素开始计数，即最后一个元素的索引是-1，倒数第 2 个元素的索引是-2，以此类推，如图 4-2 所示。

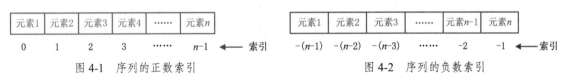

图 4-1　序列的正数索引　　　　图 4-2　序列的负数索引

> △注意　在采用负数作为索引时，是从-1 开始计数的，而不是从 0 开始计数的，即最后一个元素的索引为-1，这是为了防止与正数索引的第 1 个元素重合。

通过索引可以访问序列中的任何元素。例如，定义一个包括 5 个元素的列表，要访问它的第 3 个元素和最后一个元素，可以使用下面的代码。

```
verse = ["爱国福","富强福","和谐福","友善福","敬业福"]
print(verse[2])          # 输出第 3 个元素
print(verse[-1])         # 输出最后一个元素
```

输出的结果为如下文字。

```
和谐福
敬业福
```

📖 **说明**　关于列表的详细介绍参见 4.2 节。

4.1.2　切片

切片操作是访问序列中元素的另一种方法，它可以访问一定范围内的元素。通过切片操作可以生成一个新的序列。实现切片操作的语法格式如下。

```
sname[start : end : step]
```

切片

参数说明如下。

- ❑ sname：表示序列的名称。
- ❑ start：表示切片的开始索引（包括该索引），如果不指定，则默认为 0。
- ❑ end：表示切片的截止索引（不包括该索引），如果不指定，则默认为序列的长度。
- ❑ step：表示切片的步长，如果省略，则默认为 1，当省略该参数时，最后一个冒号也可以省略。

📖 **说明**　在进行切片操作时，如果指定了步长，那么将按照该步长遍历序列的元素，否则将一个一个遍历序列的元素。

例如，通过切片获取十大常用手机 App 列表中的第 2 个到第 5 个元素，以及获取第 1 个、第 3 个和第 5 个元素，可以使用下面的代码。

```
app = ['微信','QQ','支付宝','淘宝','京东','抖音','百度','王者荣耀','微博',
    '开心消消乐']
print(app[1:5])          # 获取第 2 个到第 5 个元素
print(app[0:5:2])        # 获取第 1 个、第 3 个和第 5 个元素
```

执行上面的代码，将输出以下内容。

```
['QQ', '支付宝', '淘宝', '京东']
['微信', '支付宝', '京东']
```

📖 **说明**　如果想要复制整个序列，可以将 start 和 end 参数都省略，但是中间的冒号需要保留。例如，verse[:]就表示复制整个名为 verse 的序列。

4.1.3　相加

Python 支持两种相同类型的序列的相加操作，即将两个序列连接起来，使用加法运算符（+）实现。例如，将两个列表相加，可以使用下面的代码。

```
app1 = ['微信','QQ','支付宝','淘宝','京东','抖音','百度','王者荣耀','微博',
    '开心消消乐']
```

相加

```
app2 = ['明日学院','学而思网校','百词斩','网易有道词典']
print(app1+app2)
```

执行上面的代码，将输出以下内容。

```
['微信', 'QQ', '支付宝', '淘宝', '京东', '抖音', '百度', '王者荣耀', '微博', '开心消消乐', '
明日学院', '学而思网校', '百词斩', '网易有道词典']
```

从上面的输出结果中，可以看出，两个列表被合为一个列表了。

在进行序列相加时，相同类型的序列是指同为列表、元组等，序列中的元素类型可以不同。例如，下面的代码也是正确的。

```
num = [7,14,21,28,35,42,49,56]
app = ['明日学院','学而思网校','百词斩','网易有道词典']
print(num + app)
```

相加后的结果如下。

```
[7, 14, 21, 28, 35, 42, 49, 56, '明日学院', '学而思网校', '百词斩', '网易有道词典']
```

但序列相加不能是列表和元组相加，或者列表和字符串相加。例如，下面的代码就是错误的。

```
num = [7,14,21,28,35,42,49,56,63]
print(num + "输出是7的倍数的数")
```

上面的代码运行后将出现图 4-3 所示的异常信息。

```
Traceback (most recent call last):
  File "E:\program\Python\Code\datatype_test.py", line 2, in <module>
    print(num + "输出是7的倍数的数")
TypeError: can only concatenate list (not "str") to list
>>>
```

图 4-3　将列表和字符串相加出现的异常信息

4.1.4　乘法

乘法

在 Python 中，使用数字 *n* 乘一个序列会生成新的序列。新序列的内容为原来序列的内容出现 *n* 次。例如，下面的代码将实现使用 3 乘一个序列生成一个新的序列并输出，从而达到"重要事情说三遍"的目的。

```
phone = ["华为 Mate 10","vivo X21"]
print(phone * 3)
```

执行上面的代码，将显示以下内容。

```
['华为 Mate 10', 'vivo X21', '华为 Mate 10', 'vivo X21', '华为 Mate 10', 'vivo X21']
```

在进行序列的乘法操作时，还可以实现创建指定长度列表的功能。例如，下面的代码将创建一个长度为 5 的列表，列表的每个元素都是 None。

```
emptylist = [None]*5
print(emptylist)
```

执行上面的代码，将显示以下内容。

```
[None, None, None, None, None]
```

4.1.5　检查某个元素是否是序列的成员（元素）

在 Python 中，可以使用 in 关键字检查某个元素是否是序列的成员（元素），即检查某个元素是否包含在该序列中。语法格式如下。

```
value in sequence
```

其中，value 表示要检查的元素，sequence 表示指定的序列。

例如，要检查名为 app 的序列是否包含元素"微信"，可以使用下面的代码。

```
app = ['微信','QQ','支付宝','淘宝','京东','抖音','百度','王者荣耀','微博',
      '开心消消乐']
print("微信" in app)
```

检查某个元素是
否是序列的成员
（元素）

执行上面的代码，将显示 True，表示在序列中存在指定的元素。

另外，在 Python 中，也可以使用 not in 关键字实现检查某个元素是否不包含在指定的序列中。例如，运行下面的代码，将显示 False。

```
app = ['微信','QQ','支付宝','淘宝','京东','抖音','百度','王者荣耀','微博',
      '开心消消乐']
print('支付宝' not in app)
```

4.1.6 计算序列的长度、最大元素和最小元素

Python 提供了内置函数用于计算序列的长度、最大元素和最小元素。比如使用 len( ) 函数计算序列的长度，即返回序列包含多少个元素；使用 max( ) 函数返回序列中的最大元素；使用 min( ) 函数返回序列中的最小元素。

计算序列的长度、
最大元素和最小
元素

例如，定义一个包括 9 个元素的列表，并通过 len( ) 函数计算列表的长度，可以使用下面的代码来实现。

```
num = [7,14,21,28,35,42,49,56,63]
print("序列 num 的长度为",len(num))
```

执行上面的代码，将显示"序列 num 的长度为 9"。

例如，定义一个包括 9 个元素的列表，并通过 max( ) 函数计算列表的最大元素，可以使用下面的代码。

```
num = [7,14,21,28,35,42,49,56,63]
print("序列",num,"中最大值为",max(num))
```

执行上面的代码，将显示以下结果。

```
序列 [7, 14, 21, 28, 35, 42, 49, 56, 63] 中最大值为 63
```

例如，定义一个包括 9 个元素的列表，并通过 min( ) 函数计算列表的最小元素，可以使用下面的代码。

```
num = [7,14,21,28,35,42,49,56,63]
print("序列",num,"中最小值为",min(num))
```

执行上面的代码，将显示以下结果。

```
序列 [7, 14, 21, 28, 35, 42, 49, 56, 63] 中最小值为 7
```

除了上面介绍的 3 个内置函数，Python 还提供了表 4-1 所示的内置函数及其作用。

表 4-1　Python 提供的内置函数及其作用

函数	作用
list( )	将序列转换为列表
str( )	将序列转换为字符串

续表

函数	作用
sum( )	计算元素和
sorted( )	对元素进行排序
reversed( )	反向排列序列中的元素
enumerate( )	将序列组合为一个索引序列，多用在 for 循环中

4.2 列表

大家应该对歌曲列表很熟悉，在列表中记录着要播放的歌曲的名称。图 4-4 所示为手机 App 的歌曲列表。

Python 中的列表（List）和歌曲列表类似，也是由一系列按特定顺序排列的元素组成的。它是 Python 中内置的可变序列。在形式上，列表的所有元素都放在一对方括号"[]"中，两个相邻元素间使用逗号","分隔。在内容上，可以将整数、浮点数、字符串、列表、元组等任何类型的内容放入列表作为元素，并且在同一个列表中，元素的类型可以不同，因为它们之间没有任何关系。由此可见，Python 中的列表是非常灵活的，在这一点上 Python 与其他编程语言是不同的。

图 4-4　歌曲列表

4.2.1　列表的创建和删除

Python 提供了删除列表和多种创建列表的方法，下面分别进行介绍。

列表的创建和删除

1．使用基本赋值运算符直接创建列表

创建列表时，可以使用基本赋值运算符"="直接将一个列表赋值给变量。具体的语法格式如下。

```
listname = [element 1,element 2,element 3,…,element n]
```

其中，listname 表示列表的名称，可以是任何符合 Python 命名规范的标识符；element 1、element 2、element 3 等表示列表中的元素，元素数量没有限制，只要元素类型是 Python 支持的数据类型即可。

例如，下面定义的列表都是合法的列表。

```
num = [7,14,21,28,35,42,49,56,63]
verse = ["自古逢秋悲寂寥","我言秋日胜春朝","晴空一鹤排云上","便引诗情到碧霄"]
untitle = ['Python',28,"人生苦短，我用Python",["爬虫","自动化运维","云计算","Web开发"]]
python = ['优雅',"明确",'''简单''']
```

> 📖 **说明**　在使用列表时，虽然可以将不同类型的数据放入同一个列表，但是通常情况下我们不这样做。在一个列表中只放入一种类型的数据可以提高程序的可读性。

2．创建空列表

在 Python 中，也可以创建空列表。例如，要创建一个名为 emptylist 的空列表，可以使用下面的代码。

```
emptylist = []
```

3．创建数值列表

在 Python 中，数值列表很常用，例如，在考试系统中用于记录学生的成绩，或者在游戏中用于记录每个角色的位置、各个玩家的得分情况等。在 Python 中，可以使用 list( )函数直接将 range( )函数循环得到的结果转换为列表。

list( )函数的基本语法格式如下。

```
list(data)
```

其中，data 表示可以转换为列表的数据，其类型可以是 range 对象、字符串、元组或者其他可迭代类型。

例如，创建一个 10～20（不包括 20）所有偶数的列表，可以使用下面的代码。

```
list(range(10, 20, 2))
```

执行上面的代码后，将得到下面的列表。

```
[10, 12, 14, 16, 18]
```

📖 **说明** 使用 list( )函数不仅能通过 range 对象创建列表，还可以通过其他对象创建列表。

4．删除列表

对于已经创建的列表，不再使用时，可以使用 del 语句将其删除。语法格式如下。

```
del listname
```

其中，listname 为要删除列表的名称。

📖 **说明** 在实际开发中，del 语句并不常用。因为 Python 自带的"垃圾回收"机制会自动销毁不用的列表，所以即使我们不手动将其删除，Python 也会自动将其销毁。

例如，定义一个名为 team 的列表，再应用 del 语句将其删除，可以使用下面的代码。

```
team = ["皇马","罗马","利物浦","拜仁"]
del team
```

⚠️ **注意** 在删除列表前，一定要保证输入的列表名称是已经存在的，否则将出现图 4-5 所示的异常信息。

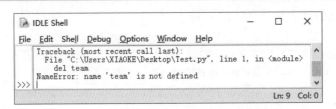

图 4-5　删除的列表不存在时出现的异常信息

4.2.2　访问列表元素

在 Python 中，如果想将列表的内容输出，直接使用 print( )函数即可。

例如，要想输出 4.2.1 小节中的示例列表 untitle，则可以使用下面的代码。

```
print(untitle)
```

访问列表元素

运行结果如下。

```
['Python', 28, "人生苦短, 我用 Python", ['爬虫', '自动化运维', '云计算', 'Web 开发']]
```

从上面的运行结果中可以看出，在输出列表时，输出结果是包括左右两侧的方括号的。如果不想输出全部的元素，也可以通过列表的索引输出指定的元素。例如，要输出列表 untitle 中索引为 2 的元素，可以使用下面的代码。

```
print(untitle[2])
```

运行结果如下。

```
人生苦短, 我用 Python
```

从上面的运行结果中可以看出，在输出单个列表元素时，输出结果不包括方括号，如果该元素是字符串，输出结果还不包括左右两侧的引号。

【例 4-1】 在 IDLE 中创建 Python 文件，名称为 tips.py，实现输出每日一帖。（实例位置：资源包\MR\源码\第 4 章\4-1）

在该文件中首先导入日期时间模块，然后定义一个列表（保存 7 条励志文字作为每日一帖的内容），再获取当前的星期数，最后将当前的星期数作为列表的索引，输出相应元素，代码如下。

```
import datetime                          # 导入日期时间模块
# 定义一个列表
mot = ["今天星期一: \n 坚持下去不是因为我很坚强, 而是因为我别无选择。",
       "今天星期二: \n 你不努力谁也给不了你想要的生活。",
       "今天星期三: \n 做对的事情比把事情做对重要。",
       "今天星期四: \n 命运给予我们的不是失望之酒, 而是机会之杯。",
       "今天星期五: \n 不要等到明天, 明天太遥远, 今天就行动。",
       "今天星期六: \n 求知若饥, 虚心若愚。",
       "今天星期日: \n 成功将属于那些从不说"不可能"的人。"]
day=datetime.datetime.now().weekday()    # 获取当前星期数
print(mot[day])                          # 输出每日一帖
```

📖 **说明** 在上面的代码中，datetime.datetime.now( )方法用于获取当前日期时间对象，而 weekday( )方法用于从当前日期时间对象中获取星期数，其返回值为 0～6 中的一个数，0 代表星期一、1 代表星期二，以此类推，6 代表星期日。

运行结果如图 4-6 所示。

图 4-6 根据当前星期数输出每日一帖

📖 **说明** 上面介绍的是访问列表中的单个元素。实际上，还可以通过切片操作实现处理列表中的部分元素。关于切片操作的详细介绍参见 4.1.2 小节。

4.2.3 遍历列表

遍历列表中的所有元素是一种常用的操作，在遍历的过程中可以完成查询、处理等。在生活中，我们如果想要在商场买一件衣服，就需要在商场中逛一遍，看是否有想要的衣服，逛商场的过程就相当于列表的遍历操作。在 Python 中遍历列表的方法有多种，下面介绍两种常用的方法。

遍历列表

1. 直接使用 for 循环实现

直接使用 for 循环遍历列表，只能输出元素的值。它的语法格式如下。

```
for item in listname:
    # 输出 item
```

其中，item 用于保存获取到的元素值，要输出元素值时，直接输出该变量即可；listname 为列表名称。

例如，定义一个保存 2024 年 2 月 TIOBE 排行榜前 10 名的编程语言名称的列表，然后通过 for 循环遍历该列表，并输出各个编程语言的名称，代码如下。

```
print('2024年2月TIOBE排行榜前10名: ')
language = ['Python','C','C++','Java','C#','JavaScript','SQL','Go','Visual Basic','PHP']
for item in language:
    print(item)
```

执行上面的代码，将显示图 4-7 所示的结果。

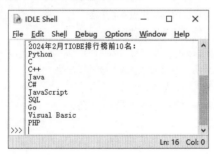

图 4-7 通过 for 循环遍历列表

2. 使用 for 循环和 enumerate( ) 函数实现

使用 for 循环和 enumerate( ) 函数可以实现同时输出索引和元素值。它的语法格式如下。

```
for index,item in enumerate(listname):
    # 输出 index 和 item
```

参数说明如下。

❑ index：用于保存元素的索引。
❑ item：用于保存获取到的元素值，要输出元素值时，直接输出该变量即可。
❑ listname：表示列表名称。

例如，定义一个保存 2024 年 2 月 TIOBE 排行榜前 6 名的编程语言名称的列表，然后通过 for 循环和 enumerate( ) 函数遍历该列表，并输出索引和编程语言名称，代码如下。

```
print('2024年2月TIOBE排行榜前6名: ')
language = ['Python','C','C++','Java','C#','JavaScript']
for index,item in enumerate(language):
    print(index + 1,item)
```

执行上面的代码，将显示下面的结果。

```
2024年2月 TIOBE 排行榜前6名：
1 Python
2 C
3 C++
4 Java
5 C#
6 JavaScript
```

如果想实现分两列显示 2024 年 2 月 TIOBE 排行榜前 6 名的编程语言名称，也就是每行输出两个编程语言名称，请看下面的实例。

【例 4-2】 在 IDLE 中创建 Python 文件，名称为 printteam.py，实现分两列显示 2024 年 2 月 TIOBE 排行榜前 6 名的编程语言名称。（实例位置：资源包\MR\源码\第 4 章\4-2）

在该文件中先输出标题，然后定义一个列表（保存编程语言名称），再应用 for 循环和 enumerate( ) 函数遍历列表，在循环体中通过 if…else 语句判断索引是否为偶数，如果为偶数则不换行输出，否则换行输出。代码如下。

```python
print("2024年2月 TIOBE 排行榜前6名：\n")
language = ['Python','C','C++','Java','C#','JavaScript']
for index,item in enumerate(language):
    if index%2 == 0:                         # 判断索引是否为偶数，为偶数则不换行输出
        print(item +"\t\t", end='')
    else:
        print(item + "\n")                   # 换行输出
```

📖 **说明** 上面的代码中，在 print( ) 函数中使用 "，end=''" 表示不换行输出，即下一条 print( ) 函数的输出内容会和这条 print( ) 函数的输出内容在同一行输出。

运行结果如图 4-8 所示。

图 4-8　分两列显示 2024 年 2 月 TIOBE 排行榜前 6 名的编程语言名称

4.2.4　添加、修改和删除列表元素

添加、修改和删除列表元素也称为更新列表。在实际开发中，经常需要对列表进行更新。下面我们就分别介绍如何实现列表元素的添加、修改、删除。

添加、修改和删除
列表元素

1．添加元素

4.1 节介绍了可以通过 "+" 运算符将两个序列连接起来，通过该方法也可以实现为列表添加元素。但是这种方法的执行速度比直接使用列表对象的 append( ) 方法的执行速度慢，所以建议在添加元素时使用列表对象的 append( ) 方法实现。列表对象的 append( ) 方法用于在列表的末尾追加元素，它的语法格式如下。

```
listname.append(obj)
```

其中，listname 为要添加元素的列表名称；obj 为要添加到列表末尾的元素。

例如，定义一个包括 4 个元素的列表，然后应用 append( )方法向该列表的末尾添加一个元素，可以使用下面的代码。

```
phone = ["华为","荣耀","OPPO","小米"]
len(phone)              # 获取列表的长度
phone.append("vivo")
len(phone)              # 获取列表的长度
print(phone)
```

上面的代码在 IDLE 中一行一行执行的过程如图 4-9 所示。

图 4-9　向列表中添加元素

📖 **说明**　除了 append( )方法可以向列表中添加元素，insert( )方法也可以向列表中添加元素。insert()方法用于向列表的指定位置插入元素，但是由于该方法的执行效率没有 append( )方法的执行效率高，所以不推荐这种方法。

上面介绍的是向列表中添加一个元素，如果想要将一个列表中的全部元素添加到另一个列表中，可以使用列表对象的 extend( )方法实现。extend( )方法的具体语法格式如下。

```
listname.extend(seq)
```

其中，listname 为原列表；seq 为要添加的列表。语句执行后，seq 的内容将被追加到 listname 的末尾。

下面通过一个具体的实例演示将一个列表中的全部元素添加到另一个列表中。

【例 4-3】　在 IDLE 中创建 Python 文件，名称为 language.py，实现向编程语言名称列表中追加 2024 年 2 月 TIOBE 排行榜中第 7 名到第 10 名的编程语言名称。（实例位置：资源包\MR\源码\第 4 章\4-3）

在 IDLE 中创建一个名为 language.py 的文件，首先在该文件中定义一个保存 2024 年 2 月 TIOBE 排行榜中前 6 名的编程语言名称的列表，然后创建一个保存该排行榜中第 7 名到第 10 名的编程语言名称的列表，再调用列表对象的 extend( )方法追加元素，最后输出追加元素后的列表，代码如下。

```
# 2024 年 2 月 TIOBE 排行榜中前 6 名的编程语言名称
oldlist = ['Python','C','C++','Java','C#','JavaScript']
newlist = ['SQL','Go','Visual Basic','PHP']          # 新增编程语言名称列表
oldlist.extend(newlist)                              # 追加编程语言名称
print(oldlist)                                       # 显示新的列表
```

运行结果如图 4-10 所示。

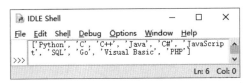

图 4-10　向列表中追加 2024 年 2 月 TIOBE 排行榜中第 7 名到第 10 名的编程语言名称

2．修改元素

修改列表中的元素只需要通过索引获取该元素，再为其重新赋值即可。例如，定义一个保存 3 个元素的列表，然后修改索引为 2 的元素，代码如下。

```
verse = ["长亭外","古道边","芳草碧连天"]
print(verse)
verse[2] = "一行白鹭上青天"      # 修改列表的第 3 个元素
print(verse)
```

上面的代码在 IDLE 中的执行过程如图 4-11 所示。

3．删除元素

删除元素主要有两种情况，一种是根据索引删除，另一种是根据元素值删除。下面分别进行介绍。

（1）根据索引删除。

```
>>> verse = ["长亭外","古道边","芳草碧连天"]
>>> print(verse)
['长亭外', '古道边', '芳草碧连天']
>>> verse[2] = "一行白鹭上青天"
>>> print(verse)
['长亭外', '古道边', '一行白鹭上青天']
>>>
```

图 4-11　修改列表的指定元素

删除列表中的指定元素和删除列表类似，也可以使用 del 语句实现。二者所不同的就是后者需要指定列表名称，前者需要指定列表名称和索引。例如，定义一个保存 3 个元素的列表，删除最后一个元素，可以使用下面的代码。

```
verse = ["长亭外","古道边","芳草碧连天"]
del verse[-1]
print(verse)
```

上面的代码在 IDLE 中的执行过程如图 4-12 所示。

（2）根据元素值删除。

如果想要删除一个不确定其索引的元素（即根据元素值删除），可以使用列表对象的 remove( ) 方法实现。例如，要删除列表中值为"古道边"的元素，可以使用下面的代码。

```
verse = ["长亭外","古道边","芳草碧连天"]
verse.remove("古道边")
```

使用列表对象的 remove( ) 方法删除元素时，如果指定的元素不存在，将出现图 4-13 所示的异常信息。

```
>>> verse = ["长亭外","古道边","芳草碧连天"]
>>> del verse[-1]
>>> print(verse)
['长亭外', '古道边']
>>>
```

图 4-12　删除列表的指定元素

图 4-13　删除不存在的元素时出现的异常信息

所以在使用 remove( ) 方法删除元素前，最好先判断该元素是否存在，改进后的代码如下。

```
verse = ["长亭外","古道边","芳草碧连天"]
value = "古道边 1"                 # 指定要删除的元素
if verse.count(value)>0:          # 判断要删除的元素是否存在
```

```
    verse.remove(value)              # 删除指定的元素
print(verse)
```

📖 **说明**　列表对象的 count( )方法用于判断指定元素出现的次数，返回结果为 0 时，表示不存在该元素。关于 count( )方法的详细介绍参见 4.2.5 小节。

4.2.5　对列表进行统计计算

Python 的列表提供了一些内置的函数来实现统计、计算方面的功能。下面介绍常用的功能。

对列表进行统计
计算

1．获取指定元素出现的次数

使用列表对象的 count( )方法可以获取指定元素在列表中的出现次数。基本语法格式如下。

```
listname.count(obj)
```

其中，listname 表示列表的名称；obj 表示要获取出现次数的对象，这里只能进行精确匹配，即不能匹配元素值的一部分。

例如，创建一个列表，内容为听众点播的歌曲，然后应用列表对象的 count( )方法获取元素"云在飞"出现的次数，代码如下。

```
song = ["云在飞","我在诛仙逍遥洞","送你一匹马","半壶纱","云在飞","遇见你","等你等了那么久"]
num = song.count("云在飞")
print(num)
```

执行上面的代码后，将显示 2，表示在列表 song 中"云在飞"出现了两次。

2．获取指定元素首次出现的索引

使用列表对象的 index( )方法可以获取指定元素在列表中首次出现的索引。基本语法格式如下。

```
listname.index(obj)
```

参数说明如下。

❑ listname：表示列表的名称。

❑ obj：表示要查找的对象，这里只能进行精确匹配。如果指定的对象不存在，则出现图 4-14 所示的异常信息。

返回值：首次出现的索引。

图 4-14　查找对象不存在时出现的异常信息

例如，创建一个列表，内容为听众点播的歌曲，然后应用列表对象的 index( )方法获取元素"半壶纱"首次出现的索引，代码如下。

```
song = ["云在飞","我在诛仙逍遥洞","送你一匹马","半壶纱","云在飞","遇见你","等你等了那么久"]
position = song.index("半壶纱")
print(position)
```

执行上面的代码后，将显示 3，表示"半壶纱"在列表 song 中首次出现的索引是 3。

3．统计数值列表的元素和

Python 提供了 sum( )函数用于统计数值列表中各元素的和，语法格式如下。

```
sum(iterable[,start])
```

参数说明如下。

❑ iterable：表示要统计的列表。

❑ start：表示从哪个数开始统计（即统计结果包含 start 所指定的数），是可选参数，如果没有指定，默认值为 0。

例如，首先定义一个保存 10 名学生语文成绩的列表，然后应用 sum( )函数统计列表中元素的和，即统计总成绩，最后输出结果，代码如下。

```
grade = [98,99,97,100,100,96,94,89,95,100]    # 10 名学生语文成绩列表
total = sum(grade)                            # 统计总成绩
print("语文总成绩为: ",total)
```

执行上面的代码后，将显示"语文总成绩为：968"。

4.2.6 对列表进行排序

在实际开发中，我们经常需要对列表进行排序。Python 提供了两种常用的对列表进行排序的方法。下面分别进行介绍。

对列表进行排序

1．使用列表对象的 sort( )方法实现

Python 提供了 sort( )方法用于对列表中的元素进行排序，排序后原列表中的元素顺序将发生改变。列表对象的 sort( )方法的语法格式如下。

```
listname.sort(key=None, reverse=False)
```

参数说明如下。

❑ listname：表示要进行排序的列表名称。

❑ key：表示从每个列表元素中提取一个比较键（例如，设置"key=str.lower"表示在排序时不区分字母大小写）。

❑ reverse：可选参数，如果将其值指定为 True，则表示降序排列，如果为 False，则表示升序排列。默认为升序排列。

例如，定义一个保存 10 名学生语文成绩的列表，然后应用 sort( )方法对其进行排序，代码如下。

```
grade = [98,99,97,100,100,96,94,89,95,100]    # 10 名学生语文成绩列表
print("原列表: ",grade)
grade.sort()                                  # 进行升序排列
print("升  序: ",grade)
grade.sort(reverse=True)                       # 进行降序排列
print("降  序: ",grade)
```

执行上面的代码，将显示以下内容。

```
原列表: [98, 99, 97, 100, 100, 96, 94, 89, 95, 100]
升  序: [89, 94, 95, 96, 97, 98, 99, 100, 100, 100]
降  序: [100, 100, 100, 99, 98, 97, 96, 95, 94, 89]
```

使用 sort( ) 方法进行数值列表的排序比较简单，但是使用 sort( ) 方法对字符串列表进行排序时，遵循的规则是先对大写字母进行排序，再对小写字母进行排序。如果想要对字符串列表进行排序（不区分大小写时），需要指定其 key 参数。例如，定义一个保存英文字符串的列表，然后使用 sort( ) 方法对其进行升序排列，可以使用下面的代码。

```
char = ['cat','Tom','Angela','pet']
char.sort()                          # 默认区分字母大小写
print("区分字母大小写: ",char)
char.sort(key=str.lower)             # 不区分字母大小写
print("不区分字母大小写: ",char)
```

执行上面的代码，将显示以下内容。

```
区分字母大小写:  ['Angela', 'Tom', 'cat', 'pet']
不区分字母大小写:  ['Angela', 'cat', 'pet', 'Tom']
```

📖 **说明** sort( ) 方法在对列表进行排序时无法准确地处理中文内容，排序的结果与我们常用的按拼音或者笔画排序的结果都不一致。如果需要实现对中文内容的列表排序，还需要重新编写相应的方法对中文内容进行处理，不能直接使用 sort( ) 方法。

2. 使用内置的 sorted( ) 函数实现

Python 提供了一个内置的 sorted( ) 函数，用于对列表进行排序。使用该函数进行排序后，原列表的元素顺序不变。sorted( ) 函数的语法格式如下。

```
sorted(iterable, key=None, reverse=False)
```

参数说明如下。

- ❑ iterable：表示要进行排序的列表名称。
- ❑ key：表示从每个列表元素中提取一个比较键（例如，设置 "key=str.lower" 表示在排序时不区分字母大小写）。
- ❑ reverse：可选参数，如果将其值指定为 True，则表示降序排列；如果为 False，则表示升序排列。默认为升序排列。

例如，定义一个保存 10 名学生语文成绩的列表，然后应用 sorted( ) 函数对其进行排序，代码如下。

```
grade = [98,99,97,100,100,96,94,89,95,100]    # 10 名学生语文成绩列表
grade_as = sorted(grade)                       # 进行升序排列
print("升序: ",grade_as)
grade_des = sorted(grade,reverse = True)       # 进行降序排列
print("降序: ",grade_des)
print("原列表: ",grade)
```

执行上面的代码，将显示以下内容。

```
升序:  [89, 94, 95, 96, 97, 98, 99, 100, 100, 100]
降序:  [100, 100, 100, 99, 98, 97, 96, 95, 94, 89]
原列表:  [98, 99, 97, 100, 100, 96, 94, 89, 95, 100]
```

📖 **说明** 列表对象的 sort( ) 方法和内置 sorted( ) 函数的作用基本相同。二者所不同的就是使用 sort( ) 方法会改变原列表的元素排列顺序；使用 storted( ) 函数会建立一个原列表的副本，该副本为排序后的列表。

4.2.7 列表推导式

列表推导式

使用列表推导式可以快速生成一个列表，或者根据某个列表生成满足指定需求的列表。列表推导式通常有以下几种常用的语法格式。

（1）生成指定范围的数值列表，语法格式如下。

```
list = [Expression for var in range]
```

参数说明如下。

- ❑ list：表示生成的列表的名称。
- ❑ Expression：表达式，用于计算新列表的元素。
- ❑ var：循环变量。
- ❑ range：采用range()函数生成的range对象。

例如，要生成一个包括10个随机数的列表，要求随机数的范围是10～100，具体代码如下。

```
import random                              #导入random标准库
randomnumber = [random.randint(10,100) for i in range(10)]
print("生成的随机数为: ",randomnumber)
```

运行结果如下。

```
生成的随机数为:  [14, 51, 96, 68, 68, 57, 54, 61, 31, 24]
```

（2）根据某个列表生成满足指定需求的列表，语法格式如下。

```
newlist = [Expression for var in list]
```

参数说明如下。

- ❑ newlist：表示新生成的列表的名称。
- ❑ Expression：表达式，用于计算新列表的元素。
- ❑ var：循环变量，值为原列表的每个元素值。
- ❑ list：用于生成新列表的原列表。

例如，定义一个记录商品价格的列表，然后应用列表推导式生成一个将全部商品价格打5折的列表，具体代码如下。

```
price = [1200,5330,2988,6200,1998,8888]
sale = [int(x*0.5) for x in price]
print("原价格: ",price)
print("打5折的价格: ",sale)
```

运行结果如下。

```
原价格:  [1200, 5330, 2988, 6200, 1998, 8888]
打5折的价格:  [600, 2665, 1494, 3100, 999, 4444]
```

（3）从列表中选择符合条件的元素组成新的列表，语法格式如下。

```
newlist = [Expression for var in list if condition]
```

参数说明如下。

- ❑ newlist：表示新生成的列表的名称。
- ❑ Expression：表达式，用于计算新列表的元素。
- ❑ var：循环变量，值为原列表的每个元素值。
- ❑ list：用于生成新列表的原列表。
- ❑ condition：条件表达式，用于指定筛选条件。

例如，定义一个记录商品价格的列表，然后应用列表推导式生成一个商品价格高于 5000 的列表，具体代码如下。

```
price = [1200,5330,2988,6200,1998,8888]
sale = [x for x in price if x>5000]
print("原列表: ",price)
print("价格高于 5000 的: ",sale)
```

运行结果如下。

```
原列表:  [1200, 5330, 2988, 6200, 1998, 8888]
价格高于 5000 的:  [5330, 6200, 8888]
```

4.3 元组

元组是 Python 中一个重要的序列结构，与列表类似，也是由一系列按特定顺序排列的元素组成的。但是，它是不可变序列。因此，也可以称元组为不可变的列表。在形式上，元组的所有元素都放在一对圆括号中，两个相邻元素间使用逗号分隔。在内容上，可以将整数、浮点数、字符串、列表、元组等任何类型的内容放入元组作为元素，并且同一个元组中元素的类型可以不同，因为它们之间没有任何关系。通常情况下，元组用于保存程序中不可修改的内容。

> 📖 **说明** 从元组和列表的定义上看，这两种结构比较相似，那么它们之间有哪些区别呢？它们之间的主要区别就是元组是不可变序列，列表是可变序列，即元组中的元素不可以单独修改，而列表中的元素可以任意修改。

4.3.1 元组的创建和删除

Python 提供了删除元组和多种创建元组的方法，下面分别进行介绍。

元组的创建和
删除

1．使用基本赋值运算符直接创建元组

创建元组时，可以使用基本赋值运算符"="直接将一个元组赋值给变量。具体的语法格式如下。

```
tuplename = (element 1,element 2,element 3,…,element n)
```

其中，tuplename 表示元组的名称，可以是任何符合 Python 命名规范的标识符；element 1、element 2、element 3 等表示元组中的元素，元素数量没有限制，只要元素类型是 Python 支持的数据类型即可。

> ⚠ **注意** 创建元组的语法与创建列表的语法类似，只是创建列表时使用的是方括号，而创建元组时使用的是圆括号。

例如，下面定义的都是合法的元组。

```
num = (7,14,21,28,35,42,49,56,63)
ukguzheng = ("渔舟唱晚","高山流水","出水莲","汉宫秋月")
untitle = ('Python',28,("人生苦短","我用 Python"),["爬虫","自动化运维","云计算","Web 开发"])
python = ('优雅','明确','''简单''')
```

在 Python 中，虽然元组通常是使用一对圆括号包裹的，但是实际上，圆括号并不是必须的，只要将一组值用逗号分隔，Python 就认为它是元组。例如，下面的代码定义的也是元组。

```
ukguzheng = "渔舟唱晚","高山流水","出水莲","汉宫秋月"
```

在 IDLE 中输出该元组，将显示以下内容。

```
('渔舟唱晚', '高山流水', '出水莲', '汉宫秋月')
```

如果要创建的元组只包括一个元素，则需要在定义元组时，在元素的后面加一个逗号。例如，下面的代码定义的就是包括一个元素的元组。

```
verse = ("一片冰心在玉壶",)
```

在 IDLE 中输出 verse，将显示以下内容。

```
('一片冰心在玉壶',)
```

而下面的代码，则表示定义一个字符串。

```
verse = ("一片冰心在玉壶")
```

在 IDLE 中输出 verse，将显示以下内容。

```
一片冰心在玉壶
```

📖 **说明**　在 Python 中，可以使用 type( )函数测试变量的类型，如下面的代码。

```
verse1 = ("一片冰心在玉壶",)
print("verse1 的类型为",type(verse1))
verse2 = ("一片冰心在玉壶")
print("verse2 的类型为",type(verse2))
```

在 IDLE 中执行上面的代码，将显示以下内容。

```
verse1 的类型为 <class 'tuple'>
verse2 的类型为 <class 'str'>
```

2．创建空元组

在 Python 中，也可以创建空元组，例如，要创建一个名为 emptytuple 的空元组，可以使用下面的代码。

```
emptytuple = ()
```

空元组可以用于为函数传递一个空值或者返回空值。例如，定义一个必须传递一个元组类型的值的函数，而我们还不想为它传递一组数据，那么就可以创建一个空元组传递给它。

3．创建数值元组

在 Python 中，可以使用 tuple( )函数直接将 range( )函数循环得到的结果转换为数值元组。tuple( )函数的基本语法格式如下。

```
tuple(data)
```

其中，data 表示可以转换为元组的数据，其类型可以是 range 对象、字符串、元组或者其他可迭代类型。

例如，创建一个包括 10～20（不包括 20）所有偶数的元组，可以使用下面的代码。

```
tuple(range(10, 20, 2))
```

执行上面的代码后，将得到下面的元组。

```
(10, 12, 14, 16, 18)
```

📖 **说明**　使用 tuple( )函数不仅能通过 range 对象创建元组，还可以通过其他对象创建元组。

4．删除元组

对于已经创建的元组，不再使用时，可以使用 del 语句将其删除，语法格式如下。

```
del tuplename
```

其中，tuplename 为要删除元组的名称。

例如，定义一个名为 festival 的元组，再应用 del 语句将其删除，可以使用下面的代码。

```
festival = ("春节","清明节","劳动节","国庆节","中秋节","重阳节")
del festival
```

📖 **说明**　del 语句在实际开发中并不常用。因为 Python 自带的"垃圾回收"机制会自动销毁不用的元组，所以即使我们不手动将其删除，Python 也会自动将其销毁。

场景模拟：假设有一家名叫伊米的咖啡馆，只提供 6 种咖啡，并且不会改变。请使用元组保存该咖啡馆里提供的咖啡的名称。

【例 4-4】　在 IDLE 中创建 Python 文件，名称为 cafe_coffeename.py，实现使用元组保存咖啡馆里提供的咖啡的名称。（实例位置：资源包\MR\源码\第 4 章\4-4）

在该文件中，定义一个包含 6 个元素的元组，内容为伊米咖啡馆里提供的咖啡的名称，并且输出该元组，代码如下。

```
coffeename = ('蓝山','卡布奇诺','曼特宁','摩卡','麝香猫','哥伦比亚')    # 定义元组
print(coffeename)                                                    # 输出元组
```

运行结果如图 4-15 所示。

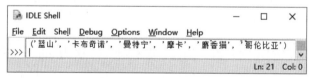

图 4-15　使用元组保存咖啡馆里提供的咖啡的名称

4.3.2　访问元组元素

在 Python 中将元组的内容输出也比较简单，直接使用 print( )函数即可。例如，要想输出 4.3.1 小节定义的 untitle 元组，则可以使用下面的代码。

访问元组元素

```
print(untitle)
```

运行结果如下。

```
('Python', 28, ("人生苦短", "我用Python"), ["爬虫", "自动化运维", "云计算", "Web开发"])
```

从上面的运行结果中可以看出，在输出元组时，输出结果是包括左右两侧的圆括号的。如果不想输出全部的元素，也可以通过元组的索引输出指定的元素。例如，要输出元组 untitle 中索引为 0 的元素，可以使用下面的代码。

```
print(untitle[0])
```

运行结果如下。

```
Python
```

从上面的运行结果中可以看出，在输出单个元组元素时，输出结果不包括圆括号，如果该元素是字符串，输出结果还不包括其左右两侧的引号。

另外，对于元组也可以采用切片方式获取指定的元素。例如，要输出元组 untitle 中前 3 个元素，可以使用下面的代码。

```
print(untitle[:3])
```

运行结果如下。

```
('Python', 28, ("人生苦短", "我用 Python"))
```

同列表一样，元组也可以使用 for 循环进行遍历。下面通过一个具体的实例演示如何通过 for 循环遍历元组。

场景模拟：仍然是伊米咖啡馆，这时有客人到了，服务员向客人介绍本店提供的咖啡。

【例 4-5】 在 IDLE 中创建 Python 文件，名称为 cafe_coffeename.py，实现使用 for 循环列出咖啡馆里提供的咖啡的名称。（实例位置：资源包\MR\源码\第 4 章\4-5）

在该文件中，定义一个包含 6 个元素的元组，内容为伊米咖啡馆里提供的咖啡的名称，然后应用 for 循环输出每个元组元素的值，即咖啡名称，并且在后面加上"咖啡"二字，代码如下。

```
coffeename = ('蓝山','卡布奇诺','曼特宁','摩卡','麝香猫','哥伦比亚')    # 定义元组
print("您好，欢迎光临 ～ 伊米咖啡馆 ～\n\n 我店有: \n")
for name in coffeename:                                          #遍历元组
    print(name + "咖啡",end = " ")
```

运行结果如图 4-16 所示。

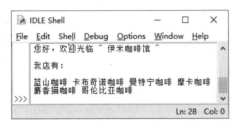

图 4-16　使用 for 循环列出咖啡馆里提供的咖啡的名称

另外，元组还可以使用 for 循环和 enumerate( )函数结合的方式进行遍历。下面通过一个具体的实例演示如何通过 for 循环和 enumerate( )函数结合的方式遍历元组。

📖 说明　enumerate( )函数用于将一个可遍历的数据对象（如列表或元组）处理为一个索引序列，同时列出数据和数据索引，一般在 for 循环中使用。

【例 4-6】 在 IDLE 中创建 Python 文件，名称为 language.py，实现使用元组分两列显示 2024 年 2 月 TIOBE 排行榜前 6 名的编程语言名称。（实例位置：资源包\MR\源码\第 4 章\4-6）

本实例将在【例 4-2】的基础上进行修改，将列表修改为元组，其他内容不变，修改后的代码如下。

```
print("2024 年 2 月 TIOBE 排行榜前 6 名: \n")
language = ('Python','C','C++','Java','C#','JavaScript')
for index,item in enumerate(language):
```

```
    if index%2 == 0:                       # 判断索引是否为偶数，为偶数则不换行输出
        print(item +"\t\t", end='')
    else:
        print(item + "\n")                 # 换行输出
```

运行结果如图 4-17 所示。

图 4-17　分两列显示 2024 年 2 月 TIOBE 排行榜前 6 名的编程语言名称

4.3.3　修改元组元素

场景描述：仍然是伊米咖啡馆，因为麝香猫咖啡断货，所以店长想把它换成拿铁咖啡。

【例 4-7】　在 IDLE 中创建 Python 文件，名称为 cafe_replace.py，实现替换麝香猫咖啡为拿铁咖啡。（实例位置：资源包\MR\源码\第 4 章\4-7）

修改元组元素

在该文件中，定义一个包含 6 个元素的元组，内容为伊米咖啡馆里提供的咖啡的名称，然后修改其中的第 5 个元素的值为"拿铁"，代码如下。

```
coffeename = ('蓝山','卡布奇诺','曼特宁','摩卡','麝香猫','哥伦比亚')     # 定义元组
coffeename[4] = '拿铁'                                          # 将"麝香猫"替换为"拿铁"
print(coffeename)
```

运行结果如图 4-18 所示。

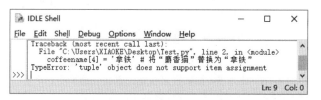

图 4-18　替换麝香猫咖啡为拿铁咖啡时出现异常信息

元组是不可变序列，所以我们不能对它的单个元素值进行修改。但是元组也不是完全不能修改的。我们可以对元组进行重新赋值。例如，下面的代码是允许的。

```
coffeename = ('蓝山','卡布奇诺','曼特宁','摩卡','麝香猫','哥伦比亚')     # 定义元组
coffeename = ('蓝山','卡布奇诺','曼特宁','摩卡','拿铁','哥伦比亚')   # 对元组进行重新赋值
print("新元组",coffeename)
```

运行结果如下。

```
新元组 ('蓝山', '卡布奇诺', '曼特宁', '摩卡', '拿铁', '哥伦比亚')
```

从上面的运行结果可以看出，元组 coffeename 的元素值已经改变。

另外，还可以对元组进行连接。例如，可以使用下面的代码实现在已经存在的元组结尾处添加一个新元组。

```
coffeename = ('蓝山','卡布奇诺','曼特宁','摩卡')
print("原元组: ", coffeename)
coffeename = coffeename + ('麝香猫','哥伦比亚')
print("连接后: ", coffeename)
```

运行结果如下。

```
原元组:   ('蓝山', '卡布奇诺', '曼特宁', '摩卡')
连接后:   ('蓝山', '卡布奇诺', '曼特宁', '摩卡', '麝香猫', '哥伦比亚')
```

⚠注意　在进行元组连接时，连接的双方必须都是元组。不能将元组和字符串或者列表连接在一起。例如，下面的代码就是错误的。

```
coffeename = ('蓝山','卡布奇诺','曼特宁','摩卡')
coffeename = coffeename + ['麝香猫','哥伦比亚']
```

在进行元组连接时，如果要连接的元组只有一个元素，一定不要忘记该元素后面的逗号。例如，运行下面的代码将出现图 4-19 所示的异常信息。

```
coffeename = ('蓝山','卡布奇诺','曼特宁','摩卡')
coffeename = coffeename + ('麝香猫')
```

```
IDLE Shell                                    —    □    ×
File  Edit  Shell  Debug  Options  Window  Help
Traceback (most recent call last):
  File "C:\Users\XIAOKE\Desktop\Test.py", line 2, in <module>
    coffeename = coffeename + ('麝香猫')
TypeError: can only concatenate tuple (not "str") to tuple
>>> |
                                                   Ln: 15  Col: 0
```

图 4-19　在进行元组连接时出现的异常信息

修改后正确的代码如下。

```
coffeename = ('蓝山','卡布奇诺','曼特宁','摩卡')
coffeename = coffeename + ('麝香猫',)
```

4.3.4　元组推导式

使用元组推导式可以快速生成一个元组，它的表现形式和列表推导式的表现形式类似，只是将列表推导式中的方括号修改为圆括号。例如，我们可以使用下面的代码生成一个包含 10 个随机数的元组。

元组推导式

```
import random                                    #导入 random 标准库
randomnumber = (random.randint(10,100) for i in range(10))
print("生成的元组为: ",randomnumber)
```

运行结果如下。

```
生成的元组为:   <generator object <genexpr> at 0x0000000003056620>
```

从上面的运行结果中，可以看出使用元组推导式生成的并不是一个元组或者列表，而是一个生成器对象，在这一点上元组推导式和列表推导式是不同的。要使用该生成器对象，可以将其转换为元组或者列表。转换为元组使用 tuple( ) 函数，而转换为列表则使用 list( ) 函数。

例如，使用元组推导式生成一个包含 10 个随机数的生成器对象，然后将其转换为元组并输出，可以使用下面的代码。

```
import random                                    #导入 random 标准库
randomnumber = (random.randint(10,100) for i in range(10))
```

```
randomnumber = tuple(randomnumber)                    # 转换为元组
print("转换后: ",randomnumber)
```

运行结果如下。

```
转换后:  (76, 54, 74, 63, 61, 71, 53, 75, 61, 55)
```

要使用通过元组推导式生成的生成器对象，还可以直接通过 for 循环遍历或者直接使用 __next( )__ 方法进行遍历。

例如，通过元组推导式生成一个包含 3 个元素的生成器对象 number，然后调用 3 次 __next__( )方法输出每个元素，再将生成器对象 number 转换为元组输出，代码如下。

```
number = (i for i in range(3))
print(number.__next__())        # 输出第 1 个元素
print(number.__next__())        # 输出第 2 个元素
print(number.__next__())        # 输出第 3 个元素
number = tuple(number)          # 转换为元组
print("转换后: ",number)
```

上面的代码运行后，将显示以下结果。

```
0
1
2
转换后:  ()
```

再如，首先通过元组推导式生成一个包括 4 个元素的生成器对象 number，然后应用 for 循环遍历该生成器对象，并输出每一个元素的值，最后将其转换为元组输出，代码如下。

```
number = (i for i in range(4))          # 生成生成器对象
for i in number:                        # 遍历生成器对象
    print(i,end=" ")                    # 输出每个元素的值
print(tuple(number))                    # 转换为元组输出
```

运行结果如下。

```
0 1 2 3 ()
```

从上面的两个例子可以看出，无论通过哪种方法遍历后，如果还想使用该生成器对象，都必须重新创建该生成器对象，因为遍历后该生成器对象已不存在。

4.4 元组与列表的区别

元组与列表的区别

元组与列表都属于序列，而且它们都可以按照特定顺序存放一组元素，元素类型又不受限制，只要是 Python 支持的数据类型即可。那么它们之间有什么区别呢？

简单理解：列表类似于我们用铅笔在纸上写下的自己喜欢的歌曲名字，写错了还可以擦除；而元组则类似于用钢笔写下的歌曲名字，写错了不可以擦除，只能换一张纸重写。

元组与列表的区别主要体现在以下几个方面。

❑ 列表属于可变序列，它的元素可以随时被修改或者删除；而元组属于不可变序列，其中的元素不可以被修改或者删除，只能被整体替换。

❑ 列表可以使用 append( )、extend( )、insert( )、remove( )和 pop( )等函数实现添加和删除元素；元组则不能使用这几个函数，因为不能在元组中添加和删除元素。

- 列表中的元素可以使用切片访问和修改；元组也支持切片，但是它只支持通过切片访问元组中的元素，不支持修改。
- 元组比列表的访问和处理速度快，所以如果只需要对其中的元素进行访问，而不进行任何修改，建议使用元组而不使用列表。
- 列表不能作为字典的键，元组则可以。

4.5 请 AI 帮忙快速扫除 bug

在程序开发过程中，遇到 bug（程序中的错误）在所难免，那么如何快速找到 bug，并且解决它呢？这一直都是困扰程序开发人员的难题。但是随着 AI 工具的推出，找 bug 已经变得容易多了。我们可以利用 AI 工具来帮助找出程序中的 bug，这样可以大大减少工作量，从而提高工作效率。

在程序开发过程中，当出现异常信息，通过给出的提示又不能快速解决问题时，我们可以把异常信息提交给 AI，让它帮助我们分析出错的原因，并找到解决的方法。例如，当在 Python 程序中出现图 4-20 所示的异常信息时，我们可以把异常信息提炼一下，发送到文心一言（由百度推出的大模型工具），它会给出具体的解答，如图 4-21 所示。

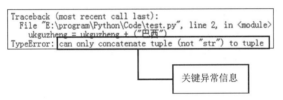

图 4-20　程序中出现的异常信息

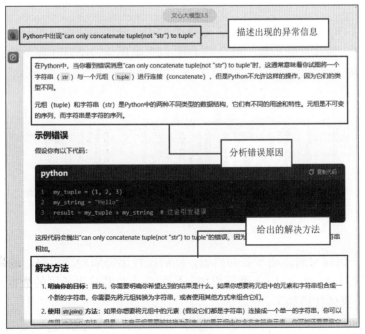

图 4-21　文心一言分析原因并给出解决方法

如果不能得到满意的结果，我们还可以继续追问，如图 4-22 所示，就像与人对话一样，从而最终找到解决方法。

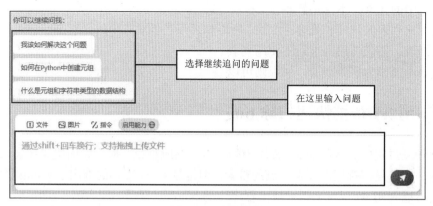

图 4-22　继续追问

小结

　　列表和元组都属于序列，本章首先介绍了序列的一些通用操作，如索引、切片、相加、乘法等；然后介绍了列表的相关操作，以及列表推导式的应用；接下来介绍了元组的相关操作，以及元组推导式的应用；随后介绍了元组与列表的区别；最后演示了如何请 AI 帮忙扫除 bug。由于列表和元组在实际开发中应用非常广泛，所以本章的内容需要读者重点学习，多做练习，并做到学以致用。

上机指导

　　本实例将模拟 QQ 的运动周报实现定义 4 个列表，分别保存每周的运动步数，然后统计每周的总步数、最高步数和最低步数，以及一个月（按 4 周为一个月计算）的总步数。程序运行结果如图 4-23 所示。

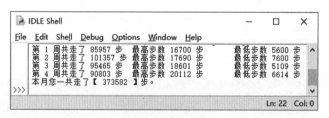

图 4-23　统计步数

　　开发步骤如下。

　　首先定义 4 个保存每周运动步数的列表，然后统计出每周的总步数、最高步数和最低步数并保存到另一个列表中，再通过 for 循环累加每周的总步数并输出各周的数据，最后输出统计的一个月的总步数。具体代码如下。

```python
sport1 = [7599,16700,12896,14865,15722,12575,5600]   # 6月第一周的运动步数（周日～周六）
sport2 = [17690,14657,15876,16261,13718,15555,7600]   # 6月第二周的运动步数（周日～周六）
sport3 = [9656,13259,14892,15748,18200,18601,5109]    # 6月第三周的运动步数（周日～周六）
sport4 = [6614,15895,13143,12580,13971,20112,8488]    # 6月第四周的运动步数（周日～周六）
```

```
sumsport = []   # 保存每周的总步数、最高步数、最低步数的列表
sumsport.append((sum(sport1),max(sport1),min(sport1)))# 第一周的总步数、最高步数、最低步数
sumsport.append((sum(sport2),max(sport2),min(sport2)))# 第二周的总步数、最高步数、最低步数
sumsport.append((sum(sport3),max(sport3),min(sport3)))# 第三周的总步数、最高步数、最低步数
sumsport.append((sum(sport4),max(sport4),min(sport4)))# 第四周的总步数、最高步数、最低步数
totalsport = 0  # 一个月的总步数
i = 1  # 第几周
for item in sumsport:
    totalsport += item[0]  # 累加每周的总步数
    print("第",i,"周共走了",item[0],"步\t 最高步数",item[1],"步\t 最低步数",item[2],"步")
    i += 1

print("本月您一共走了【",totalsport,"】步。")
```

习题

4-1 什么是序列？序列包括哪些常用结构？

4-2 什么是索引？Python 中的索引规则是什么？

4-3 写出切片操作的语法格式。

4-4 如何计算序列的长度、最大元素和最小元素？

4-5 创建列表有哪几种方法？

4-6 列出 3 种常用的列表推导式的语法格式。

4-7 什么是元组？如何创建元组？

4-8 简述元组与列表的区别。

第5章 字典和集合

本章要点

- 什么是字典
- 应用字典推导式生成字典的方法
- 向集合中添加和删除元素
- AI 帮你解决问题
- 字典的基本操作
- 创建集合
- 对集合进行交集、并集和差集运算

5.1 字典

字典和列表类似，也是可变序列，不过与列表不同的是，它是无序的可变序列，其中的元素是以"键值对"的形式存放的。这类似于我们的《新华字典》，它可以把拼音和汉字关联起来，通过拼音可以快速找到想要的汉字。《新华字典》里的拼音相当于键（Key），而对应的汉字相当于值（Value）。与《新华字典》不同的是，Python 字典中键是唯一的，而值可以有多个。字典在定义一个包含多个命名字段的对象时很有用。

📖 **说明** Python 中的字典相当于 Java 或者 C++中的 Map 对象。

字典的主要特征如下。

（1）通过键而不是通过索引来进行读取。

字典有时也称为关联数组或者散列（Hash）表。它是通过键将一系列的值联系起来的，这样就可以通过键从字典中读取指定值，但不能通过索引来读取。

（2）字典是任意对象的无序集合。

字典是无序的，各元素是随机排序的，即保存在字典中的元素没有特定的顺序。

（3）字典是可变的，并且可以任意嵌套。

字典可以在原处增长或者缩短（无须生成一份副本）。并且它支持任意深度的嵌套（即它的值可以是列表或者其他字典）。

（4）字典中的键必须唯一。

不允许同一个键出现两次，如果出现两次，则前一次出现的键对应的值会被覆盖。

（5）字典中的键必须不可变。

字典中的键是不可变的，所以可以使用数字、字符串或者元组作为键，但不能使用列表作为键。

5.1.1 字典的创建和删除

创建字典时，每个元素都包含键和值，键和值用冒号分隔，相邻两个元素

字典的创建和删除

用逗号分隔，所有元素放在一对花括号中，语法格式如下。

```
dictionary = {'key1':'value1', 'key2':'value2', …, 'keyn':'valuen'}
```

参数说明如下。

❑ dictionary：表示字典名称。

❑ key1、key2……keyn：表示元素的键，必须是唯一的，并且不可变，可以是字符串、数字或者元组。

❑ value1、value2……valuen：表示元素的值，可以是任何数据类型，可以不唯一。

例如，创建一个保存通讯录信息的字典，可以使用下面的代码。

```
dictionary = {'qq':'84978981','明日科技':'84978982','无语':'0431-84978981'}
print(dictionary)
```

运行结果如下。

```
{'qq': '84978981', '明日科技': '84978982', '无语': '0431-84978981'}
```

同列表和元组一样，我们也可以创建空字典。在 Python 中，可以使用下面两种方法创建空字典。

```
dictionary = {}
dictionary = dict()
```

Python 的 dict( )方法除了可以创建一个空字典，还可以通过已有数据快速创建字典。主要表现为以下两种形式。

1. 通过映射函数创建字典

语法格式如下。

```
dictionary = dict(zip(list1,list2))
```

参数说明如下。

❑ dictionary：表示字典名称。

❑ zip( )函数：用于将多个列表或元组对应位置的元素组合为元组，并返回包含这些内容的 zip 对象。如果想得到元组，可以使用 tuple( )函数将 zip 对象转换为元组；如果想得到列表，可以使用 list( )函数将其转换为列表。

❑ list1：一个列表，用于指定要创建字典的键。

❑ list2：一个列表，用于指定要创建字典的值。如果 list1 和 list2 的长度不同，则以较短的列表长度为准。

场景模拟：某大学的寝室里住着 4 位女生，她们的名字保存在一个列表中，另外，她们每个人的星座对应保存在另一个列表中。

【例 5-1】 在 IDLE 中创建 Python 文件，名称为 sign_create.py，实现根据名字和星座创建一个字典。(实例位置：资源包\MR\源码\第 5 章\5-1)

在该文件中，定义两个包括 4 个元素的列表，然后应用 dict( )函数和 zip( )函数将这两个列表转换为对应的字典，并且输出该字典，代码如下。

```
name = ['绮梦','冷伊一','香凝','黛兰']              # 作为键的列表
sign = ['水瓶座','射手座','双鱼座','双子座']         # 作为值的列表
dictionary = dict(zip(name,sign))                  # 转换为字典
print(dictionary)                                  # 输出字典
```

运行程序后，将显示图 5-1 所示的结果。

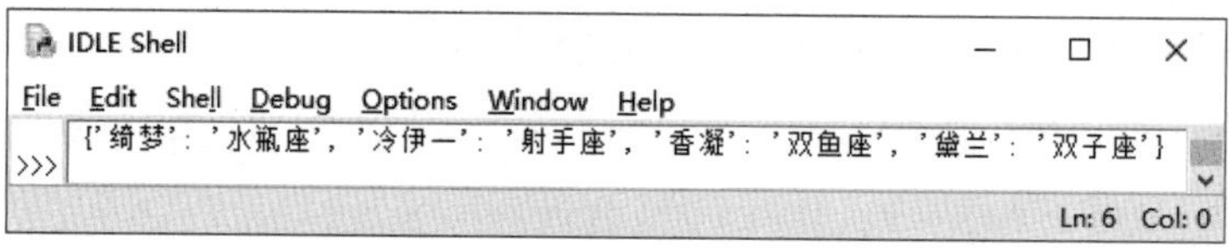

图 5-1　创建字典

2. 通过给定的键值对创建字典

语法格式如下。

```
dictionary = dict(key1=value1,key2=value2,…,keyn=valuen)
```

参数说明如下。

❑ dictionary：表示字典名称。

❑ key1、key2……keyn：表示元素的键，必须是唯一的，并且不可变，可以是字符串、数字或者元组。

❑ value1、value2……valuen：表示元素的值，可以是任何数据类型。

例如，将【例 5-1】中的名字和星座通过键值对的形式创建一个字典，可以使用下面的代码。

```
dictionary =dict(绮梦 = '水瓶座', 冷伊一 = '射手座', 香凝 = '双鱼座', 黛兰 = '双子座')
print(dictionary)
```

在 Python 中，还可以使用 dict 对象的 fromkeys( )方法创建值为空的字典，语法格式如下。

```
dictionary = dict.fromkeys(list)
```

参数说明如下。

❑ dictionary：表示字典名称。

❑ list：作为字典的键的列表。

例如，创建一个只包括名字的字典，可以使用下面的代码。

```
name_list = ['绮梦','冷伊一','香凝','黛兰']            # 作为键的列表
dictionary = dict.fromkeys(name_list)
print(dictionary)
```

运行结果如下。

```
{'绮梦': None, '冷伊一': None, '香凝': None, '黛兰': None}
```

另外，还可以通过已经存在的元组和列表创建字典。例如，创建一个保存名字的元组和保存星座的列表，通过它们创建一个字典，可以使用下面的代码。

```
name_tuple = ('绮梦','冷伊一', '香凝', '黛兰')       # 作为键的元组
sign = ['水瓶座','射手座','双鱼座','双子座']          # 作为值的列表
dict1 = {name_tuple:sign}                          # 创建字典
print(dict1)
```

运行结果如下。

```
{('绮梦', '冷伊一', '香凝', '黛兰'): ['水瓶座', '射手座', '双鱼座', '双子座']}
```

如果将作为键的元组修改为列表，再创建一个字典，代码如下。

```
name_list = ['绮梦','冷伊一', '香凝', '黛兰']       # 作为键的元组
sign = ['水瓶座','射手座','双鱼座','双子座']          # 作为值的列表
dict1 = {name_list:sign}                            # 创建字典
print(dict1)
```

运行结果如图 5-2 所示。

```
Traceback (most recent call last):
  File "E:\program\Python\Code\test.py", line 16, in <module>
    dict1 = {name_list:sign}        # 创建字典
TypeError: unhashable type: 'list'
>>>
```

图 5-2   将列表作为字典的键时出现的异常信息

同列表和元组一样，不再需要的字典也可以使用 del 命令删除。例如，通过下面的代码即可将已经定义的字典删除。

```
del dictionary
```

另外，如果只是想删除字典的全部元素，可以使用字典对象的 clear( )方法实现。执行 clear( )方法后，原字典将变为空字典。例如，下面的代码将删除字典的全部元素。

```
dictionary.clear()
```

除了上面介绍的方法可以删除字典元素，还可以使用字典对象的 pop( )方法删除并返回指定键的元素，以及使用字典对象的 popitem( )方法删除并返回字典中的一个元素。

5.1.2 访问字典

访问字典

在 Python 中，将字典的内容输出也比较简单，可以直接使用 print( )函数。例如，要想输出【例 5-1】中定义的 dictionary 字典的内容，可以使用下面的代码。

```
print(dictionary)
```

运行结果如下。

```
{'绮梦': '水瓶座', '冷伊一': '射手座', '香凝': '双鱼座', '黛兰': '双子座'}
```

但是，我们在使用字典时很少直接输出它的内容，一般需要根据指定的键得到相应的值。在 Python 中，访问字典可以通过索引的方式实现，这里的索引不是列表和元组中的索引，而是键。例如，想要获取"冷伊一"的星座，可以使用下面的代码。

```
print(dictionary['冷伊一'])
```

运行结果如下。

```
射手座
```

在使用该方法获取指定键的值时，如果指定键不存在，将出现图 5-3 所示的异常信息。

```
{'绮梦': '水瓶座', '冷伊一': '射手座', '香凝': '双鱼座', '黛兰': '双子座'}
Traceback (most recent call last):
  File "E:/program/Python/Code/test.py", line 10, in <module>
    print("冷伊一的星座是: ",dictionary['冷伊'])
KeyError: '冷伊'
>>>
```

图 5-3   指定键不存在时出现的异常信息

而在实际开发中，很可能我们不知道当前存在什么键，所以避免该异常产生的具体解决方法是使用 if 语句对指定键不存在的情况进行处理，即给一个默认值。例如，可以将上面的代码修改如下。

```
print("冷伊一的星座是: ",dictionary['冷伊一'] if '冷伊一' in dictionary else '我的字典里没有此人')
```

当"冷伊一"不存在时，将显示以下内容。

```
冷伊一的星座是: 我的字典里没有此人
```

另外，Python 中推荐的方法是使用字典对象的 get( )方法获取指定键的值。其语法格式如下。

```
dictionary.get(key[,default])
```

其中，dictionary 为字典对象，即要从中获取值的字典；key 为指定的键；default 为可选项，用于指定当指定的键不存在时返回的默认值，如果省略，则返回 None。

例如，通过 get( )方法获取"冷伊一"的星座，可以使用下面的代码。

```
print("冷伊一的星座是: ",dictionary.get('冷伊一'))
```

运行结果如下。

```
冷伊一的星座是: 射手座
```

📖 **说明**　为了避免在获取指定键的值时因不存在该键而抛出异常，可以为 get( )方法设置默认值，这样当指定的键不存在时，得到结果就是指定的默认值。例如，将上面的代码修改如下。

```
print("冷伊一的星座是: ",dictionary.get('冷伊一','我的字典里没有此人'))
```

执行后将得到以下结果。

```
冷伊一的星座是: 我的字典里没有此人
```

场景模拟：某大学寝室里有 4 位同学，将她们的名字和喜欢的书籍类型保存在一个字典里，然后定义一个保存各个书籍类型特点的字典，根据这两个字典取出某位同学喜欢的书籍类型的特点。

【**例 5-2**】 在 IDLE 中创建 Python 文件，名称为 fav_get.py，实现根据书籍类型推测特点。（实例位置：资源包\MR\源码\第 5 章\5-2）

在该文件中，创建两个字典，一个保存名字和书籍类型，另一个保存书籍类型和书籍类型特点，然后从这两个字典中取出相应的信息，组合出想要的结果并输出，代码如下。

```
readers = ['王同学', '李同学', '张同学', '赵同学']
favorite_books = ['科幻小说', '历史传记', '散文随笔', '技术手册']
reader_books = dict(zip(readers, favorite_books))  # 读者偏好字典

book_descriptions = {
    '科幻小说': '探索未来科技与人类命运的交织',
    '历史传记': '见证时代变迁中的人物风采',
    '散文随笔': '品味生活点滴中的智慧闪光',
    '技术手册': '掌握实用技能的专业指南'
}  # 书籍类型描述

print(f"【{readers[0]}】最近在读: {reader_books.get(readers[0])}")
print(f"\n书籍类型特点: \n{book_descriptions.get(reader_books.get(readers[0]))}")
```

运行程序后，将显示图 5-4 所示的结果。

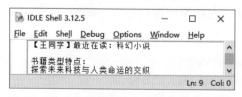

图 5-4　输出某同学喜欢的书籍类型及其特点

5.1.3 遍历字典

字典是以键值对的形式存储数据的，有时可能需要对这些键值对进行获取。Python 提供了遍历字典的方法，通过遍历可以获取字典中的全部键值对。

使用字典对象的 items( )方法可以获取字典的键值对元组。其语法格式如下。

遍历字典

```
dictionary.items()
```

其中，dictionary 为字典对象；返回值为可遍历的键值对元组。想要获取到具体的键值对，可以通过 for 循环遍历该元组。

例如，定义一个字典，然后通过 items( )方法获取键值对元组，并输出全部键值对，代码如下。

```
dictionary = {'qq':'84978981','明日科技':'84978982','无语':'0431-84978981'}
for item in dictionary.items():
    print(item)
```

运行结果如下。

```
('qq', '84978981')
('明日科技', '84978982')
('无语', '0431-84978981')
```

上面的例子得到的是元组中的各个元素，如果想要获取具体的每个键和值，可以使用下面的代码进行遍历。

```
dictionary = {'qq':'4006751066','明日科技':'0431-84978982','无语':'0431-84978981'}
for key,value in dictionary.items():
    print(key,"的联系电话是",value)
```

运行结果如下。

```
qq 的联系电话是 4006751066
明日科技的联系电话是 0431-84978982
无语的联系电话是 0431-84978981
```

📖 **说明** 在 Python 中，字典对象还提供了 values( )和 keys( )方法，用于返回字典的值列表和键列表，它们的用法与 items( )方法的用法类似，也需要通过 for 循环遍历该字典，获取对应的值和键。

5.1.4 添加、修改和删除字典元素

由于字典是可变序列，所以可以随时在其中添加键值对，在这一点上字典和列表类似。向字典中添加元素的语法格式如下。

添加、修改和删除
字典元素

```
dictionary[key] = value
```

参数说明如下。

❑ dictionary：表示字典名称。

❑ key：表示要添加元素的键，必须是唯一的，并且不可变，可以是字符串、数字或者元组。

❑ value：表示元素的值，可以是任何数据类型。

例如，还是以先前的保存 4 位女生的名字和星座的字典为例，在该字典中添加一个元素，并显示添加后的字典，代码如下。

```
dictionary =dict((('绮梦', '水瓶座'),('冷伊一','射手座'), ('香凝','双鱼座'), ('黛兰','双子座')))
dictionary["碧琦"] = "巨蟹座"    # 添加一个元素
print(dictionary)
```

运行结果如下。

{'绮梦': '水瓶座', '冷伊一': '射手座', '香凝': '双鱼座', '黛兰': '双子座', '碧琦': '巨蟹座'}

从上面的结果中可以看出，添加了一个键为"碧琦"的元素。

由于在字典中键必须是唯一的，因此如果新添加元素的键与已经存在的键重复，那么新的值将替换原来该键的值，这也相当于修改字典的元素。例如，再添加一个键为"香凝"的元素，这次设置该元素的值为"天蝎座"。可以使用下面的代码。

```
dictionary =dict((('绮梦', '水瓶座'),('冷伊一','射手座'), ('香凝','双鱼座'), ('黛兰','双子座')))
dictionary["香凝"] = "天蝎座"    # 添加一个元素，当元素存在时，则相当于修改
print(dictionary)
```

运行结果如下。

{'绮梦': '水瓶座', '冷伊一': '射手座', '香凝': '天蝎座', '黛兰': '双子座'}

从上面的结果可以看出，并没有添加一个新的键"香凝"，而是直接对"香凝"的值进行了修改。

当不需要字典中的某一个元素时，可以使用 del 命令将其删除。例如，要删除字典 dictionary 的键为"香凝"的元素，可以使用下面的代码。

```
dictionary =dict((('绮梦', '水瓶座'),('冷伊一','射手座'), ('香凝','双鱼座'), ('黛兰','双子座')))
del dictionary["香凝"]      # 删除一个元素
print(dictionary)
```

运行结果如下。

{'绮梦': '水瓶座', '冷伊一': '射手座', '黛兰': '双子座'}

从上面的运行结果中可以看出，在字典 dictionary 中只剩下 3 个元素了。

⚠ **注意**　当删除一个键不存在的元素时，将出现图 5-5 所示的异常信息。因此，需要将上面的代码修改如下，从而防止删除键不存在的元素时抛出异常。

```
dictionary =dict((('绮梦', '水瓶座'),('冷伊一','射手座'), ('香凝','双鱼座'), ('黛兰',
'双子座')))
if "香凝1" in dictionary:            # 如果存在
    del dictionary["香凝1"]         # 删除一个元素
print(dictionary)
```

```
Traceback (most recent call last):
  File "E:\program\Python\Code\test.py", line 7, in <module>
    del dictionary["香凝1"]    # 删除一个元素
KeyError: '香凝1'
>>>
```

图 5-5　删除一个键不存在的元素时出现的异常信息

5.1.5　字典推导式

使用字典推导式可以快速生成一个字典，它的表现形式和列表推导式的类似，只是将其中的方括号替换为花括号，并且在指定表达式时，采用的是键值对的形式。这里以生成指定范围的数值字典为例进行说明，它的语法格式如下。

字典推导式

```
dictname= {key:value for var in range}
```

参数说明如下。

- ❑ dictname：表示生成的字典的名称。
- ❑ key：表达式，用于计算新字典的键。
- ❑ value：表达式，用于计算新字典的值。
- ❑ var：循环变量。
- ❑ range：采用 range( )函数生成的 range 对象。

例如，我们可以使用下面的代码生成一个包含 4 个随机数的字典，其中字典的键用数字表示。

```
import random                                    #导入 random 标准库
randomdict = {i:random.randint(10,100) for i in range(1,5)}
print("生成的字典为: ",randomdict)
```

运行结果如下。

```
生成的字典为: {1: 21, 2: 85, 3: 11, 4: 65}
```

另外，使用字典推导式也可根据列表生成字典。例如，可以将【例 5-1】修改为通过字典推导式生成字典。

【例 5-3】 在 IDLE 中创建 Python 文件，名称为 sign_create.py，实现根据名字和星座创建一个字典（副本）。（实例位置：资源包\MR\源码\第 5 章\5-3）

在该文件中，定义两个包括 4 个元素的列表，再应用字典推导式根据这两个列表生成对应的字典，并且输出该字典，代码如下。

```
name = ['绮梦','冷伊一','香凝','黛兰']              # 作为键的列表
sign = ['水瓶','射手','双鱼','双子']                # 作为值的列表
dictionary = {i:j+'座' for i,j in zip(name,sign)}  # 使用字典推导式生成字典
print(dictionary)                                  # 输出字典
```

运行程序后，将显示图 5-6 所示的结果。

图 5-6 采用字典推导式生成字典

5.2 集合

Python 中的集合与数学中的集合概念类似，也是用于保存不重复元素的。它包括可变集合（Set）和不可变集合（Frozenset）两种。本节所要介绍的集合是无序可变集合，而另一种集合不在本书中做介绍。在形式上，集合的所有元素都放在一对花括号中，两个相邻元素使用逗号分隔。集合最常见的应用之一就是去重，因为集合中的每个元素都是唯一的。

📖 **说明** 在数学中，集合的定义是把一些能够确定的不同的对象看成一个整体，而这个整体就是由这些对象的全体构成的集合。集合通常用花括号或者大写的拉丁字母表示。

最常用的集合操作就是创建集合，以及在集合中添加和删除元素，进行交集、并集和差集运算，下面分别进行介绍。

5.2.1 创建集合

Python 提供了两种创建集合的方法：一种是直接使用花括号创建；另一种是通过 set( )函数将列表、元组等可迭代对象转换为集合。推荐使用第二种方法。下面分别进行介绍。

创建集合

1. 直接使用花括号创建

在 Python 中，创建集合也可以像创建列表、元组和字典一样，直接将集合赋值给变量从而实现创建，即直接使用花括号创建。语法格式如下。

```
setname = {element 1,element 2,element 3,…,element n}
```

其中，setname 表示集合的名称，可以是任何符合 Python 命名规范的标识符；element 1、element 2、element 3 等表示集合中的元素，个数没有限制，并且只要类型是 Python 支持的数据类型即可。

⚠️**注意**　在创建集合时，如果输入了重复的元素，Python 会自动只保留一个。

例如，下面的每一行代码都可以创建一个集合。

```
set1 = {'水瓶座','射手座','双鱼座','双子座'}
set2 = {3,1,4,1,5,9,2,6}
set3 = {'Python', 28, ('人生苦短', '我用 Python')}
```

上面的代码将创建以下集合。

```
{'水瓶座', '双子座', '双鱼座', '射手座'}
{1, 2, 3, 4, 5, 6, 9}
{'Python', ('人生苦短', '我用 Python'), 28}
```

📖 **说明**　由于 Python 中的集合是无序的，因此输出时元素的排列顺序可能与输入的不同，不必在意。

场景模拟：某大学的学生选课系统中，可选编程语言有 Python 和 C 语言。现创建两个集合分别保存选择 Python 的学生名字和选择 C 语言的学生名字。

【例 5-4】　在 IDLE 中创建 Python 文件，名称为 section_create.py，实现创建保存学生选课信息的集合。（实例位置：资源包\MR\源码\第 5 章\5-4）

在 IDLE 中创建一个名为 section_create.py 的文件，然后在该文件中定义两个包括 4 个元素的集合，再输出这两个集合，代码如下。

```
python = {'绮梦','冷伊一','香凝','梓轩'}       # 保存选择 Python 的学生的名字
c = {'冷伊一','零语','梓轩','圣博'}            # 保存选择 C 语言的学生的名字
print('选择 Python 的学生有：',python,'\n')     # 输出选择 Python 的学生的名字
print('选择 C 语言的学生有：',c)               # 输出选择 C 语言的学生的名字
```

运行程序后，将显示图 5-7 所示的结果。

图 5-7　创建集合

2．使用 set( )函数创建

在 Python 中，可以使用 set( )函数将列表、元组等其他可迭代对象转换为集合。set( )函数的语法格式如下。

```
setname = set(iteration)
```

参数说明如下。

❏ setname：表示集合名称。

❏ iteration：表示要转换为集合的可迭代对象，可以是列表、元组、range 对象等。另外，也可以是字符串，如果是字符串，返回的集合将是包含全部不重复字符的集合。

例如，下面的每一行代码都可以创建一个集合。

```
set1 = set("命运给予我们的不是失望之酒，而是机会之杯。")
set2 = set([1.414,1.732,3.14159,2.236])
set3 = set(('人生苦短', '我用 Python'))
```

上面的代码将创建以下集合。

```
{'不', '的', '望', '是', '给', '，', '我', '。', '酒', '会', '杯', '运', '们', '予', '而',
'失', '机', '命', '之'}
{1.414, 2.236, 3.14159, 1.732}
{'人生苦短', '我用 Python'}
```

从上面创建集合的结果中可以看出，在创建集合时，如果出现了重复元素，那么将只保留一个，例如，在第一个集合中，"是"和"之"都只保留了一个。

⚠ **注意**　在创建空集合时，只能使用 set( )实现，而不能使用花括号实现，这是因为在 Python 中，直接使用花括号表示创建一个空字典。

下面将【例 5-4】修改为使用 set( )函数创建保存学生选课信息的集合。修改后的代码如下。

```
python = set(['绮梦','冷伊一','香凝','梓轩'])        # 保存选择 Python 的学生的名字
print('选择 Python 的学生有: ',python,'\n')          # 输出选择 Python 的学生的名字
c = set(['冷伊一','零语','梓轩','圣博'])              # 保存选择 C 语言的学生的名字
print('选择 C 语言的学生有: ',c)                     # 输出选择 C 语言的学生的名字
```

运行结果同样如图 5-7 所示。

📖 **说明**　在 Python 中，创建集合时推荐采用 set( )函数。

5.2.2　在集合中添加和删除元素

集合是可变序列，所以在创建集合后，还可以对其添加或者删除元素。下面分别进行介绍。

在集合中添加和
删除元素

1．向集合中添加元素

向集合中添加元素可以使用 add( )方法实现。它的语法格式如下。

```
setname.add(element)
```

其中，setname 表示要添加元素的集合；element 表示要添加的元素。这里的 element 只能使用字符串、数字及布尔类型的 True 或者 False 等，不能使用列表、元组等可迭代对象。

例如，定义一个保存慕课版系列图书名字的集合，然后向该集合中添加一个刚刚上市的图

书的名字，代码如下。

```
mr = set(['Python 程序设计（慕课版）','Java 程序设计（慕课版）','C 语言程序设计（慕课版）','C#程序
设计（慕课版）'])
mr.add('ASP.NET Core 程序设计（慕课版）')  # 添加一个元素
print(mr)
```

上面的代码运行后，将输出以下集合。

```
{'Python 程序设计（慕课版）','Java 程序设计（慕课版）','C 语言程序设计（慕课版）','C#程序设计（慕课
版）', ' ASP.NET Core 程序设计（慕课版）'}
```

2. 从集合中删除元素

在 Python 中，可以使用 del 命令删除整个集合，也可以使用集合对象的 pop( )方法或者 remove( )方法删除一个元素或者指定元素，或者使用集合对象的 clear( )方法清空集合（即删除集合中的全部元素，使其变为空集合）。

例如，下面的代码将分别实现从集合中删除指定元素、删除一个元素和清空集合。

```
mr = set(['Python 程序设计（慕课版）','Java 程序设计（慕课版）','C 语言程序设计（慕课版）','C#程序
设计（慕课版）'])
mr.remove('Java 程序设计（慕课版）')                   # 删除指定元素
print('使用 remove()方法删除指定元素后：',mr)
mr.pop()                                            # 删除一个元素
print('使用 pop()方法删除一个元素后：',mr)
mr.clear()                                          # 清空集合
print('使用 clear()方法清空集合后：',mr)
```

上面的代码运行后，将输出以下内容。

```
使用 remove()方法删除指定元素后： {'Python 程序设计（慕课版）','C 语言程序设计（慕课版）','C#程序设
计（慕课版）'}
使用 pop()方法删除一个元素后： {'C 语言程序设计（慕课版）','C#程序设计（慕课版）'}
使用 clear()方法清空集合后： set()
```

⚠ **注意**　使用集合对象的 remove( )方法时，如果指定的元素不存在，将出现图 5-8 所示的异常信息。所以在删除指定元素前，最好先判断其是否存在。判断指定的元素是否存在可以使用 in 关键字实现。例如，使用 "'零语' in c" 可以判断在集合 c 中是否存在 "零语"。

图 5-8　从集合中删除的元素不存在时出现的异常信息

场景模拟：仍然是某大学的学生选课系统，听说小学生都学 Python 了，"零语" 同学决定放弃学习 C 语言，改为学习 Python。

【例 5-5】在 IDLE 中创建 Python 文件，名称为 section_add.py，实现学生更改所选课程。（实例位置：资源包\MR\源码\第 5 章\5-5）

在该文件中，首先定义一个包括 4 个元素的集合，并且应用 add( )方法向该集合中添加一个元素，然后定义一个包括 4 个元素的集合，并且应用 remove( )方法从该集合中删除指定的元素，最

后输出这两个集合，代码如下。

```
python = set(['绮梦','冷伊一','香凝','梓轩'])        # 保存选择 Python 的学生的名字
python.add('零语')                                  # 添加一个元素
c = set(['冷伊一','零语','梓轩','圣博'])             # 保存选择 C 语言的学生的名字
c.remove('零语')                                    # 删除指定元素
print('选择 Python 的学生有：',python,'\n')          # 输出选择 Python 的学生的名字
print('选择 C 语言的学生有：',c)                      # 输出选择 C 语言的学生的名字
```

运行程序后，将显示图 5-9 所示的结果。

图 5-9   在集合中添加和删除元素

5.2.3   集合的交集、并集和差集运算

集合的交集、并集和差集运算

最常用的集合操作包括交集、并集和差集运算。进行交集运算时使用"&"符号；进行并集运算时使用"｜"符号；进行差集运算时使用"−"符号。下面通过一个具体的实例演示如何对集合进行交集、并集和差集运算。

场景模拟：仍然是某大学的学生选课系统，学生选课完毕后，教师要对选课结果进行统计。这时，需要知道既选择了 Python 又选择了 C 语言的学生、参与选课的全部学生，以及选择了 Python 但没有选择 C 语言的学生。

【例 5-6】   在 IDLE 中创建 Python 文件，名称为 section_operate.py，实现对选课集合进行交集、并集和差集运算。（实例位置：资源包\MR\源码\第 5 章\5-6）

在 IDLE 中创建一个名为 section_operate.py 的文件，然后在该文件中定义两个包括 4 个元素的集合，再根据需要对两个集合进行交集、并集和差集运算，并输出运算结果，代码如下。

```
python = set(['绮梦','冷伊一','香凝','梓轩'])        # 保存选择 Python 的学生的名字
c = set(['冷伊一','零语','梓轩','圣博'])             # 保存选择 C 语言的学生的名字
print('选择 Python 的学生有：',python)               # 输出选择 Python 的学生的名字
print('选择 C 语言的学生有：',c)                      # 输出选择 C 语言的学生的名字
print('交集运算：',python & c)                       # 输出既选择了 Python 又选择了 C 语言的学生的名字
print('并集运算：',python | c)                       # 输出参与选课的全部学生的名字
print('差集运算：',python - c)                       # 输出选择了 Python 但没有选择 C 语言的学生的名字
```

在上面的代码中，为了获取既选择了 Python 又选择了 C 语言的学生的名字，需要对两个集合进行交集运算；为了获取参与选课的全部学生的名字，需要对两个集合进行并集运算；为了获取选择了 Python 但没有选择 C 语言的学生的名字，需要对两个集合进行差集运算。

运行程序后，将显示图 5-10 所示的结果。

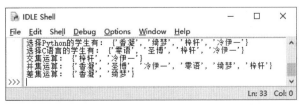

图 5-10   对选课集合进行交集、并集和差集运算

5.3 AI 帮你解决问题

5.3.1 使用 AI 解决其他数据类型转换为集合的问题

在学习 Python 编程的过程中，AI 可以为我们的学习提供有力的支持。下面介绍如何利用 AI 来帮助我们解决学习集合时遇到的类型转换问题。

以下是在 AI 工具中的一个可能的对话示例。

问题：

在 Python 中，如何将其他数据类型转换为集合？

AI 建议：

在 Python 中，可以将多种数据类型转换为集合（set）。集合是一种无序且不包含重复元素的数据类型。以下是几种常见的数据类型转换为集合的方法。

```
1．从列表转换为集合
# 创建一个列表
my_list = [1, 2, 3, 4, 5, 5, 6, 7, 8, 9, 9]
# 将列表转换为集合
my_set = set(my_list)
2．从元组转换为集合
# 创建一个元组
my_tuple = (1, 2, 3, 4, 5, 5, 6, 7, 8, 9, 9)
# 将元组转换为集合
my_set = set(my_tuple)
3．从字符串转换为集合
# 创建一个字符串
my_string = "hello world"
# 将字符串转换为集合
my_set = set(my_string)
4．从字典的键或值转换为集合
# 创建一个字典
my_dict = {'a': 1, 'b': 2, 'c': 3, 'd': 4}
# 将字典的键转换为集合
keys_set = set(my_dict.keys())
# 将字典的值转换为集合
values_set = set(my_dict.values())
5．从生成器表达式转换为集合
# 创建一个生成器表达式
gen_expr = (x for x in range(10) if x % 2 == 0)
# 将生成器表达式转换为集合
my_set = set(gen_expr)
```

5.3.2 使用 AI 解决字典结构的无序问题

下面介绍如何利用 AI 来帮助我们解决实际开发中的问题。

以下是在 AI 工具中的一个可能的对话示例。

问题：

在 Python 中，字典是一种无序的结构，但我在程序中使用字典的时候，想要按照插入的顺序对字典的元素进行操作，该怎么办呢？

AI 建议：

在 Python 中，字典是无序的数据类型，但如果你需要一个保持插入顺序的字典，可以使用 collections 模块中的 OrderedDict 类。例如：

```
from collections import OrderedDict
d = {'banana': 3, 'apple': 4, 'pear': 1, 'orange': 2}
# 按值排序后创建有序字典
sorted_dict = OrderedDict(sorted(d.items(), key=lambda item: item[1]))
print(sorted_dict)
```

【测试结果】

```
OrderedDict([('pear', 1), ('orange', 2), ('banana', 3), ('apple', 4)])
```

小结

本章首先介绍了 Python 中的字典，字典和列表有些类似，二者的区别是字典中的元素是由键值对组成的；然后介绍了 Python 中的集合，集合主要的应用就是去重；最后演示了如何利用 AI 解决问题。至此，我们已经学习了 4 种序列结构，读者在实际开发时，可以根据需要选择使用合适的序列结构。

上机指导

某公司门卫每天都要收很多快递，门卫小张想要编写一个程序统计需要通知取快递的人员名单，以便统一通知。现在请帮他编写一个 Python 程序，统计出需要通知取快递的人员名单。程序运行结果如图 5-11 所示。

图 5-11　统计需要通知取快递的人员名单

开发步骤如下。

创建 Python 文件，在该文件中，定义一个保存取快递人员名字的集合，然后通过循环向该集合中添加元素，当出现重复元素时，给予提示，直接输入数字时，退出循环，并且输出集合的元素。具体代码如下。

```
instr = "abc"
setlen = 0        # 记录集合的元素总数
past = set()      # 创建保存取快递人员名字的集合
```

```
# 输入数字退出循环
while not str.isdigit(instr):
    instr = input("请输入取快递人员的名字: ")
    setlen = len(past)
    if not str.isdigit(instr):
        past.add(instr)  # 添加元素
        if setlen == len(past):
            print("取快递人员已存在! ")
print("\n 需要通知取快递的人员名单: " + "\n" + "\n".join(past))
```

习题

5-1 简述什么是字典及字典的主要特征。

5-2 列出通过已有数据快速创建字典的两种方法。

5-3 使用字典对象的什么方法可以获取指定键的值？写出该方法的语法格式。

5-4 请写出使用字典推导式生成指定范围的数值字典的语法格式。

5-5 Python 提供了哪两种创建集合的方法？

5-6 使用什么方法可以向集合中添加元素，它的语法格式是什么？

5-7 最常用的集合操作有哪些，分别使用什么符号实现？

第6章 字符串及正则表达式

本章要点

- ❑ 拼接、截取、分割字符串
- ❑ 检索字符串
- ❑ 在 Python 中使用正则表达式的语法格式
- ❑ 使用 re 模块替换字符串
- ❑ AI 帮你编写实例

- ❑ 计算字符串的长度
- ❑ 对字符串进行格式化
- ❑ 使用 re 模块匹配字符串
- ❑ 使用正则表达式分割字符串

6.1 字符串常用操作

在 Python 开发过程中，为了实现某项功能，经常需要对某些字符串进行特殊处理，如拼接字符串、截取字符串、格式化字符串等。下面对 Python 中常用的字符串操作进行介绍。

6.1.1 拼接字符串

使用"+"运算符可完成对多个字符串的拼接，"+"运算符可以拼接多个字符串并产生一个字符串对象。

例如，定义两个字符串，一个用于保存英文版的名言，另一个用于保存中文版的名言，然后使用"+"运算符拼接它们，代码如下。

拼接字符串

```
mot_en = 'Remembrance is a form of meeting. Forgetfulness is a form of freedom.'
mot_cn = '记忆是一种相遇。遗忘是一种自由。'
print(mot_en + '——' + mot_cn)
```

Python 中不允许字符串直接与其他类型的数据拼接，例如，使用下面的代码将字符串和整数拼接在一起，将出现图 6-1 所示的异常信息。

```
str1 = '我今天一共走了'          # 定义字符串
num = 12098                      # 定义一个整数
str2 = '步'                      # 定义字符串
print(str1 + num + str2)         # 对字符串和整数进行拼接
```

```
Traceback (most recent call last):
  File "E:\program\Python\Code\test.py", line 19, in <module>
    print(str1 + num + str2)
TypeError: must be str, not int
>>>
```

图 6-1 字符串和整数拼接出现的异常信息

要解决该问题，可以将整数转换为字符串。将整数转换为字符串可以使用 str( )函数。修改后的代码如下。

```
str1 = '今天我一共走了'        # 定义字符串
num = 12098                   # 定义一个整数
str2 = '步'                   # 定义字符串
print(str1 + str(num) + str2)#进行拼接
```

上面的代码执行后，将显示以下内容。

今天我一共走了 12098 步

6.1.2　计算字符串的长度

由于不同的字符所占字节数不同，因此要计算字符串的长度，需要先了解各字符所占的字节数。在 Python 中，数字、英文字母、小数点、下画线和空格占 1 字节；一个汉字可能会占 2～4 字节，占几字节取决于采用的编码。汉字在 GBK/GB2312 编码中占 2 字节，在 UTF-8/Unicode 编码中一般占 3 字节（或 4 字节）。下面以 Python 默认的 UTF-8 编码为例进行说明，即一个汉字占 3 字节，如图 6-2 所示。

计算字符串的
长度

图 6-2　汉字和英文字母所占字节数

Python 提供了 len( )函数用于计算字符串的长度。语法格式如下。

```
len(string)
```

其中，string 用于指定要进行长度计算的字符串。

例如，定义一个字符串，内容为"人生苦短，我用 Python!"，然后应用 len( )函数计算该字符串的长度，代码如下。

```
str1 = '人生苦短，我用 Python!'   # 定义字符串
length = len(str1)               # 计算字符串的长度
print(length)
```

上面的代码在执行后，将显示"14"。

从上面的结果中可以看出，在默认的情况下，通过 len( )函数计算字符串的长度时，不区分英文字母、数字和汉字，所有字符都按 1 字节计算。

在实际开发中，我们有时需要获取字符实际所占的字节数，即如果采用 UTF-8 编码，汉字占 3 字节；如果采用 GBK/GB2312 编码，汉字占 2 字节。这时，可以通过使用 encode( )函数进行编码后再获取所占字节数。例如，如果要计算采用 UTF-8 编码的字符串的长度，可以使用下面的代码。

```
str1 = '人生苦短，我用 Python!'   # 定义字符串
length = len(str1.encode())       #计算采用 UTF-8 编码的字符串的长度
print(length)
```

上面的代码在执行后，将显示"28"。这是因为汉字加中文标点符号共 7 个，占 21 字节，英文字母和英文标点符号占 7 字节，共 28 字节。

如果要计算采用 GBK 编码的字符串的长度，可以使用下面的代码。

```
str1 = '人生苦短，我用 Python!'     # 定义字符串
length = len(str1.encode('gbk'))  #计算采用 GBK 编码的字符串的长度
print(length)
```

上面的代码在执行后，将显示"21"。这是因为汉字加中文标点符号共 7 个，占 14 字节，英文字母和英文标点符号占 7 字节，共 21 字节。

6.1.3 截取字符串

由于字符串也属于序列，因此截取字符串可以采用切片方法实现。通过切片方法截取字符串的语法格式如下。

截取字符串

```
string[start : end : step]
```

参数说明如下。

- ❏ string：表示要截取的字符串。
- ❏ start：表示切片的起始索引（包括该字符），如果不指定，则默认为 0。
- ❏ end：表示切片的结束索引（不包括该字符），如果不指定，则默认为字符串的长度。
- ❏ step：表示切片的步长，如果省略，则默认为 1，当省略该参数时，最后一个冒号也可以省略。

📖 说明　字符串的索引和序列的索引是一样的，也是从 0 开始计算的，并且每个字符对应一个索引，如图 6-3 所示。

图 6-3　字符串的索引

【例 6-1】　在 IDLE 中创建 Python 文件，名称为 cutstring.py，实现应用切片方法截取不同长度的字符串。（实例位置：资源包\MR\源码\第 6 章\6-1）

定义一个字符串，然后应用切片方法截取不同长度的字符串并输出，代码如下。

```
str1 = '人生苦短，我用 Python!'    # 定义字符串
substr1 = str1[1]                # 截取第 2 个字符
substr2 = str1[5:]               # 从第 6 个字符开始截取
substr3 = str1[:5]               # 从左边开始截取 5 个字符
substr4 = str1[2:5]              # 截取第 3 个到第 5 个字符
print('原字符串: ',str1)
print(substr1 + '\n' + substr2 + '\n' + substr3 + '\n' + substr4)
```

上面的代码执行后，将显示以下内容。

```
原字符串: 人生苦短，我用 Python!
生
我用 Python!
人生苦短，
苦短，
```

⚠ 注意　在进行字符串截取时，如果指定的索引不存在，则会出现图 6-4 所示的异常信息。要解决该问题，可以采用 try…except 语句捕获异常。例如，下面的代码在执行后将不抛出异常。

```
str1 = '人生苦短，我用 Python!'  # 定义字符串
try:
```

```
        substr1 = str1[15]        # 截取第 15 个字符
    except IndexError:
        print('指定的索引不存在')
```

```
Traceback (most recent call last):
  File "E:\program\Python\Code\test.py", line 19, in <module>
    substr1 = str1[15]        # 截取第16个字符
IndexError: string index out of range
>>>
```

图 6-4　指定的索引不存在时出现的异常信息

📖 说明　try…except 是异常处理语句，详细讲解参见第 11 章。

6.1.4　分割字符串

在 Python 中，使用字符串对象的 split( )方法可以实现字符串分割，即把一个字符串按照指定的分割符分割为字符串列表。该列表的元素不包括分割符。split( )方法的语法格式如下。

分割字符串

```
str.split(sep, maxsplit)
```

参数说明如下。

❑ str：表示要进行分割的字符串。

❑ sep：用于指定分割符，可以包含多个字符，默认为 None，即所有空字符（包括空格、换行符、制表符等）。

❑ maxsplit：可选参数，用于指定分割次数，如果不指定或者为-1，则分割次数没有限制，否则返回结果列表的元素个数最多为 maxsplit+1。

📖 说明　在 split( )方法中，如果不指定 sep 参数，那么也不能指定 maxsplit 参数。

返回值：分割后的字符串列表。

【例 6-2】　在 IDLE 中创建 Python 文件，名称为 splitstring.py，实现根据不同的分割符分割字符串。（实例位置：资源包\MR\源码\第 6 章\6-2）

定义一个保存明日学院网址的字符串，然后应用 split( )方法根据不同的分割符进行分割，代码如下。

```
str1 = '明 日 学 院 官 网  >>>  www.mingrisoft.com'
print('原字符串: ',str1)
list1 = str1.split()                    # 采用默认分割符进行分割
list2 = str1.split('>>>')               # 采用多个字符进行分割
list3 = str1.split('.')                 # 采用.进行分割
list4 = str1.split(' ',4)               # 采用空格进行分割，并且只分割 4 次
print(str(list1) + '\n' + str(list2) + '\n' + str(list3) + '\n' + str(list4))
list5 = str1.split('>')                 # 采用>进行分割
print(list5)
```

上面的代码在执行后，将显示以下内容。

```
原字符串: 明 日 学 院 官 网  >>>  www.mingrisoft.com
['明', '日', '学', '院', '官', '网', '>>>', 'www.mingrisoft.com']
['明 日 学 院 官 网 ', ' www.mingrisoft.com']
```

```
['明日学院官网  >>>  www', 'mingrisoft', 'com']
['明', '日', '学', '院', '官网  >>>  www.mingrisoft.com']
['明日学院官网 ', '', '', ' www.mingrisoft.com']
```

📖 **说明**　在使用split( )方法时，如果不指定参数，默认采用空字符进行分割，这时无论有几个连续空字符都将被作为一个分割符。例如，上面的示例中，"网"和">"之间有两个空格，而分割结果（第2行内容）中多余空格已经被过滤了。但是，如果指定一个分割符，那么当这个分割符连续出现时，每出现一次分割符就会分割一次，分割后没有得到字符时，将产生一个空元素。例如，上面的结果中的最后一行，就出现了两个空元素。

6.1.5　检索字符串

在 Python 中，字符串对象提供了很多用于检索字符串的方法，这里主要介绍以下几种方法。

检索字符串

1. count( )方法

count( )方法用于检索指定的子字符串在另一个字符串中出现的次数。如果指定的子字符串不存在，则返回0，否则返回出现的次数。其语法格式如下。

```
str.count(sub[, start[, end]])
```

参数说明如下。

❑　str：表示原字符串。

❑　sub：表示要检索的子字符串。

❑　start：可选参数，表示检索范围的起始索引，如果不指定，则从头开始检索。

❑　end：可选参数，表示检索范围的结束索引，如果不指定，则一直检索到结尾。

例如，定义一个字符串，然后应用count( )方法检索该字符串中"@"符号出现的次数，代码如下。

```
str1 = '@明日科技 @乔布斯 @雷军'
print('字符串"',str1,'"中包括',str1.count('@'),'个@符号')
```

上面的代码执行后，将显示以下结果。

```
字符串" @明日科技 @乔布斯 @雷军 "中包括 3 个@符号
```

2. find( )方法

该方法用于检索字符串是否包含指定的子字符串。如果指定的子字符串不存在，则返回-1，否则返回首次出现该子字符串时的索引。其语法格式如下。

```
str.find(sub[, start[, end]])
```

参数说明如下。

❑　str：表示原字符串。

❑　sub：表示要检索的子字符串。

❑　start：可选参数，表示检索范围的起始索引，如果不指定，则从头开始检索。

❑　end：可选参数，表示检索范围的结束索引，如果不指定，则一直检索到结尾。

例如，定义一个字符串，然后应用 find( )方法检索该字符串中首次出现"@"符号的索引，代码如下。

```
str1 = '@明日科技 @乔布斯 @雷军'
print('字符串"',str1,'"中@符号首次出现的索引为: ',str1.find('@'))
```

上面的代码执行后，将显示以下结果。

字符串" @明日科技 @乔布斯 @雷军 "中@符号首次出现的索引为: 0

📖 **说明** 如果只是想要判断指定的子字符串是否存在，可以使用 in 关键字实现。例如，判断上面的字符串 str1 中是否存在"@"符号，可以使用 print('@' in str1)，如果存在就返回 True，否则返回 False。另外，也可以根据 find() 方法的返回值是否大于-1 来确定其是否存在。

如果输入的子字符串在原字符串中不存在，将返回-1。

```
str1 = '@明日科技 @乔布斯 @雷军'
print('字符串"',str1,'"中*符号首次出现的索引为: ',str1.find('*'))
```

上面的代码执行后，将显示以下结果。

字符串" @明日科技 @乔布斯 @雷军 "中*符号首次出现的索引为: -1

📖 **说明** Python 的字符串对象还提供了 rfind() 方法，其作用与 find() 方法的作用类似，只是从右边开始检索。

3. index() 方法

index() 方法和 find() 方法类似，也用于检索字符串是否包含指定的子字符串。只不过如果使用 index() 方法，当指定的子字符串不存在时会抛出异常。其语法格式如下。

```
str.index(sub[, start[, end]])
```

参数说明如下。

❑ str：表示原字符串。
❑ sub：表示要检索的子字符串。
❑ start：可选参数，表示检索范围的起始索引，如果不指定，则从头开始检索。
❑ end：可选参数，表示检索范围的结束索引，如果不指定，则一直检索到结尾。

例如，定义一个字符串，然后应用 index() 方法检索该字符串中首次出现"@"符号的索引，代码如下。

```
str1 = '@明日科技 @乔布斯 @雷军'
print('字符串"',str1,'"中@符号首次出现的索引为: ',str1.index('@'))
```

上面的代码执行后，将显示以下结果。

字符串" @明日科技 @乔布斯 @雷军 "中@符号首次出现的索引为: 0

如果输入的子字符串在原字符串中不存在，将会抛出异常。

```
str1 = '#明日科技 #乔布斯 #雷军'
print('字符串"',str1,'"中@符号首次出现的索引为: ',str1.index('@'))
```

上面的代码执行后，将出现图 6-5 所示的异常信息。

```
Traceback (most recent call last):
  File "E:\program\Python\Code\test.py", line 7, in <module>
    print('字符串"',str1,'"中@符号首次出现索引为: ',str1.index('@'))
ValueError: substring not found
>>>
```

图 6-5 index() 检索不存在的子字符串时出现的异常信息

📖 **说明** Python 的字符串对象还提供了 rindex( )方法，其作用与 index( )方法的作用类似，只是从右边开始检索。

4. startswith( )方法

该方法用于检索字符串是否以指定子字符串开头。如果是则返回 True，否则返回 False。语法格式如下。

```
str.startswith(prefix[, start[, end]])
```

参数说明如下。

- ❑ str：表示原字符串。
- ❑ prefix：表示要检索的子字符串。
- ❑ start：可选参数，表示检索范围的起始索引，如果不指定，则从头开始检索。
- ❑ end：可选参数，表示检索范围的结束索引，如果不指定，则一直检索到结尾。

例如，定义一个字符串，然后应用 startswith( )方法检索该字符串是否以"@"符号开头，代码如下。

```
str1 = '@明日科技 @乔布斯 @雷军'
print('判断字符串"',str1,'"是否以@符号开头，结果为: ',str1.startswith('@'))
```

上面的代码执行后，将显示以下结果。

```
判断字符串" @明日科技 @乔布斯 @雷军 "是否以@符号开头，结果为: True
```

5. endswith( )方法

该方法用于检索字符串是否以指定子字符串结尾。如果是则返回 True，否则返回 False。语法格式如下。

```
str.endswith(suffix[, start[, end]])
```

参数说明如下。

- ❑ str：表示原字符串。
- ❑ suffix：表示要检索的子字符串。
- ❑ start：可选参数，表示检索范围的起始索引，如果不指定，则从头开始检索。
- ❑ end：可选参数，表示检索范围的结束索引，如果不指定，则一直检索到结尾。

例如，定义一个字符串，然后应用 endswith( )方法检索该字符串是否以".com"结尾，代码如下。

```
str1 = ' https://www.mingrisoft.com'
print('判断字符串"',str1,'"是否以.com结尾，结果为: ',str1.endswith('.com'))
```

上面的代码执行后，将显示以下结果。

```
判断字符串" https://www.mingrisoft.com "是否以.com结尾，结果为: True
```

6.1.6　字母的大小写转换

在 Python 中，字符串对象提供了 lower( )方法和 upper( )方法进行字母的大小写转换，即可用于将大写字母 ABC 转换为小写字母 abc 或者将小写字母 abc 转换为大写字母 ABC。下面分别进行介绍。

字母的大小写
转换

1. lower( )方法

lower( )方法用于将字符串中的全部大写字母转换为小写字母。如果字符串中没有应该被转换的字母，则将原字符串返回；否则将返回一个新的字符串，原字符串中每个该进行小写转换的字母都被转换成等价的小写字母。新字符串长度与原字符串长度相同。lower( )方法的语法格式如下。

```
str.lower()
```

其中，str 为要进行转换的字符串。

例如，下面的代码将全部大写字母转换为小写字母。

```
str1 = 'WWW.Mingrisoft.com'
print('原字符串: ',str1)
print('新字符串: ',str1.lower())    # 全部大写字母转换为小写字母并输出
```

2. upper( )方法

upper( )方法用于将字符串中的全部小写字母转换为大写字母。如果字符串中没有应该被转换的字母，则将原字符串返回；否则返回一个新字符串，原字符串中每个该进行大写转换的字母都被转换成等价的大写字母。新字符串长度与原字符串长度相同。upper( )方法的语法格式如下。

```
str.upper()
```

其中，str 为要进行转换的字符串。

例如，下面的代码将全部小写字母转换为大写字母。

```
str1 = 'WWW.Mingrisoft.com'
print('原字符串: ',str1)
print('新字符串: ',str1.upper())    # 全部小写字母转换为大写字母并输出
```

6.1.7 删除字符串中的空格和特殊字符

用户在输入数据时，可能会在无意中输入多余的空格，或在一些情况下，字符串左右两边不允许出现空格和特殊字符，此时就需要删除空格和特殊字符。例如，图 6-6 所示为 "HELLO" 字符串左右两边都有一个空格。可以使用 Python 中提供的 strip( )方法删除字符串左右两边的空格和特殊字符；也可以使用 lstrip( )方法删除字符串左边的空格和特殊字符，使用 rstrip( )方法删除字符串右边的空格和特殊字符。

删除字符串中的
空格和特殊字符

图 6-6　左右两边有空格的字符串示意

📖 **说明**　这里的特殊字符是指制表符\t、回车符\r、换行符\n 等。

1. strip( )方法

strip( )方法用于删除字符串左右两边的空格和特殊字符，其语法格式如下。

```
str.strip([chars])
```

其中，str 为要删除空格和特殊字符的字符串；chars 为可选参数，用于指定要删除的字符，可以指定多个，例如，设置 chars 为 "@."，则删除字符串左右两边的@和.。如果不指定 chars 参数，则默认删除空格、制表符、回车符、换行符等。

【例 6-3】 在 IDLE 中创建 Python 文件，名称为 removespecial.py，实现删除空格和制表符、换行符和回车符等特殊字符。（实例位置：资源包\MR\源码\第 6 章\6-3）

先定义一个字符串，左右两边有空格、制表符、换行符和回车符等，然后删除空格和这些特殊字符；再定义一个字符串，左右两边有@和.字符，最后删除@和.。代码如下。

```python
str1 = ' https://www.mingrisoft.com  \t\n\r'
print('原字符串 str1: ' + str1 + '。')
print('字符串：' + str1.strip() + '。')              # 删除字符串左右两边的空格和特殊字符
str2 = '@愿你的青春不负梦想.。@.'
print('原字符串 str2: ' + str2 + '。')
print('字符串：' + str2.strip('@.') + '。')          # 删除字符串左右两边的@和.
```

上面的代码运行后，将显示图 6-7 所示的结果。

图 6-7　strip( )方法示例

2. lstrip( )方法

lstrip( )方法用于删除字符串左边的空格和特殊字符，其语法格式如下。

```
str.lstrip([chars])
```

其中，str 为要删除空格和特殊字符的字符串；chars 为可选参数，用于指定要删除的字符，可以指定多个，例如，设置 chars 为 "@."，则删除左边的@和.。如果不指定 chars 参数，则默认删除空格、制表符、回车符、换行符等。

【例 6-4】 在 IDLE 中创建 Python 文件，名称为 removespecial_left.py，实现删除左边的指定字符。（实例位置：资源包\MR\源码\第 6 章\6-4）

先定义一个字符串，左边有一个制表符和一个空格，然后删除空格和制表符；再定义一个字符串，左边有一个@，最后删除@。代码如下。

```python
str1 = '\t https://www.mingrisoft.com'
print('原字符串 str1: ' + str1 + '。')
print('字符串：' + str1.lstrip() + '。')              # 删除字符串左边的空格和制表符
str2 = '@明日科技'
print('原字符串 str2: ' + str2 + '。')
print('字符串：' + str2.lstrip('@') + '。')           # 删除字符串左边的@
```

上面的代码运行后，将显示图 6-8 所示的结果。

图 6-8　lstrip( )方法示例

3．rstrip( )方法

rstrip( )方法用于删除字符串右边的空格和特殊字符，其语法格式如下。

```
str.rstrip([chars])
```

其中，str 为要删除空格和特殊字符的字符串；chars 为可选参数，用于指定要删除的字符，可以指定多个，例如，设置 chars 为 "@."，则删除右边的@和.。如果不指定 chars 参数，则默认删除空格、制表符、回车符、换行符等。

【例 6-5】 在 IDLE 中创建 Python 文件，名称为 removespecial_right.py，实现删除右边的指定字符。（实例位置：资源包\MR\源码\第 6 章\6-5）

先定义一个字符串，右边有一个制表符和一个空格，然后删除空格和制表符；再定义一个字符串，右边有一个逗号，最后删除逗号。代码如下。

```python
str1 = ' https://www.mingrisoft.com\t '
print('原字符串 str1：' + str1 + '。')
print('字符串：' + str1.rstrip() + '。')            # 删除字符串右边的空格和制表符
str2 = '明日科技,'
print('原字符串 str2：' + str2 + '。')
print('字符串：' + str2.rstrip(',') + '。')          # 删除字符串右边的逗号
```

上面的代码运行后，将显示图 6-9 所示的结果。

图 6-9   rstrip( )方法示例

6.1.8 格式化字符串

格式化字符串的意思是先制定一个模板，在这个模板中预留几个空位，然后根据需要填充相应的内容。这些空位需要通过指定的操作符（也称为占位符）标记，而这些符号不会显示出来。在 Python 中，格式化字符串有以下两种方法。

格式化字符串

1．使用%操作符

在 Python 中，要实现格式化字符串，可以使用%操作符。语法格式如下。

```
'%[-][+][0][m][.n]格式化字符'%exp
```

参数说明如下。

- ❑ −：可选参数，用于指定左对齐，正数前方无符号，负数前方加负号。
- ❑ +：可选参数，用于指定右对齐，正数前方加正号，负数前方加负号。
- ❑ 0：可选参数，表示右对齐，正数前方无符号，负数前方加负号，用 0 填充空白处（一般与 m 参数一起使用）。
- ❑ m：可选参数，表示占有宽度。
- ❑ n：可选参数，表示小数点后保留的位数。
- ❑ 格式化字符：常用的格式化字符如表 6-1 所示。

表 6-1　常用的格式化字符

格式化字符	说明	格式化字符	说明
%s	字符串（采用 str( )显示）	%r	字符串（采用 repr( )显示）
%c	单个字符	%o	八进制整数
%d 或者%i	十进制整数	%e	指数（底数写为 e）
%x	十六进制整数	%E	指数（底数写为 E）
%f 或者%F	浮点数	%%	字符%

❑ exp：要格式化的字符串。如果要指定的字符串有多个，需要通过元组的形式进行指定，但不能使用列表。

【例 6-6】　在 IDLE 中创建 Python 文件，名称为 formatstring.py，实现格式化输出两个保存公司信息的字符串。（实例位置：资源包\MR\源码\第 6 章\6-6）

格式化输出两个保存公司信息的字符串，代码如下。

```
template = '编号: %09d\t公司名称:  %s \t官网: https://www.%s.com'    # 定义模板
context1 = (7,'百度','baidu')                                       # 定义要格式化的字符串 1
context2 = (8,'明日学院','mingrisoft')                              # 定义要格式化的字符串 2
print(template%context1)                                           # 格式化输出
print(template%context2)                                           # 格式化输出
```

上面的代码运行后将显示图 6-10 所示的效果，即按照指定模板格式化输出两条公司信息。

图 6-10　格式化输出公司信息

📖 **说明**　使用%操作符是 Python 早期版本中提供的方法。从 Python 2.6 开始，字符串对象提供了 format( )方法对字符串进行格式化，现在一些 Python 社区也推荐使用这种方法，所以建议读者重点学习 format( )方法的使用。

2. 使用 format( )方法

format( )方法用于格式化字符串。其语法格式如下。

```
str.format(args)
```

其中，str 用于指定字符串的显示样式（即模板）；args 用于指定要格式化的字符串，如果有多个字符串，则用逗号进行分隔。

下面重点介绍如何创建模板。在创建模板时，需要使用{}和:指定占位符，基本语法格式如下。

```
{[index][:[[fill]align][sign][#][width][.precision][type]]}
```

参数说明如下。

❑ index：可选参数，用于指定要设置格式的对象在参数列表中的索引，索引从 0 开始。如果省略，则根据先后顺序自动分配索引。

📖 **说明**　当一个模板中出现多个占位符时，指定索引的规范需统一，即全部采用手动指定，或者全部采用自动指定。例如，创建"我是数值：{:d}，我是字符串：{1:s}"模板是错误的，会出现图 6-11 所示的异常信息。

```
Traceback (most recent call last):
  File "E:\program\Python\Code\test.py", line 17, in <module>
    print(template.format(7,'明日学院'))
ValueError: cannot switch from automatic field numbering to manual field specification
>>>
```

图 6-11　指定索引的规范不统一出现的异常信息

- ❑ fill：可选参数，用于指定空位填充的字符。
- ❑ align：可选参数，用于指定对齐方式（值为<表示内容左对齐；值为>表示内容右对齐；值为=表示内容右对齐，将符号放在填充内容的最左侧，且只对数字类型有效；值为^表示内容居中），需要配合 width 使用。
- ❑ sign：可选参数，用于指定有无符号（值为+表示正数加正号，负数加负号；值为–表示正数不变，负数加负号；值为空格表示正数加空格，负数加负号）。
- ❑ #：可选参数，对于二进制数、八进制数和十六进制数，加上#表示会显示 0b/0o/0x 前缀，否则不显示前缀。
- ❑ width：可选参数，用于指定所占宽度。
- ❑ .precision：可选参数，用于指定保留的小数位数。
- ❑ type：可选参数，用于指定格式化字符，format( )方法中常用的格式化字符如表 6-2 所示。

表 6-2　format( )方法中常用的格式化字符

格式化字符	说明	格式化字符	说明
s	对字符串格式化	b	将十进制整数自动转换成二进制整数再格式化
d	十进制整数	o	将十进制整数自动转换成八进制整数再格式化
c	将十进制整数的编码类型自动转换成对应的 Unicode 编码	x 或者 X	将十进制整数自动转换成十六进制整数再格式化
e 或者 E	转换为科学记数法表示形式再格式化	f 或者 F	转换为浮点数（默认小数点后保留 6 位）再格式化
g 或者 G	自动在 e 和 f 或者 E 和 F 中切换	%	显示百分比（默认显示小数点后 6 位）

【例 6-7】　在 IDLE 中创建 Python 文件，名称为 formatstring_temp.py，实现根据模板输出公司信息。（实例位置：资源包\MR\源码\第 6 章\6-7）

定义一个保存公司信息的字符串模板，然后应用该模板输出不同公司的信息，代码如下：

```python
template = '编号: {:0>9s}\t公司名称: {:s} \t官网: https://www.{:s}.com'  # 定义模板
context1 = template.format('7','百度','baidu')                # 格式化字符串 1
context2 = template.format('8','明日学院','mingrisoft')        # 格式化字符串 2
print(context1)                                               # 输出格式化后的字符串 1
print(context2)                                               # 输出格式化后的字符串 2
```

上面的代码运行后将显示图 6-12 所示的效果，即按照指定模板格式化输出两条公司信息。

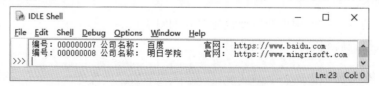

图 6-12　格式化输出公司信息

在实际开发中，数值有多种显示形式，如货币形式、百分比形式等，使用 format( )方法可以将数值显示为不同的形式。

正则表达式基础

6.2 正则表达式基础

在处理字符串时，我们经常会有查找符合某些复杂规则的字符串的需求。正则表达式就是用于描述这些规则的工具。换句话说，正则表达式就是记录文本规则的代码。对于接触过 DOS（Disk Operating System，磁盘操作系统）的用户来说，如果想匹配当前文件夹下所有的文本文件（即 ".txt" 文件），可以输入 "dir *.txt" 命令，按〈Enter〉键后，所有 ".txt" 文件将会被列出来。这里的 "*.txt" 即可被理解为一个简单的正则表达式。

6.2.1 行定位符

行定位符用来描述字符串的边界。"^" 表示行的开始，"$" 表示行的结尾，如下所示。

```
^tm
```

该正则表达式表示要匹配的字符串 tm 位于行的开始，例如，tm equal Tomorrow Moon 就可以匹配，而 Tomorrow Moon equal tm 则不可以匹配。假设使用如下格式。

```
tm$
```

结果正好相反。如果要匹配的字符串可以出现在任意位置，那么可以直接写成如下格式。

```
tm
```

这样任意位置的字符串就都可以匹配了。

6.2.2 元字符

我们已经知道几个很有用的元字符，如^和$。其实，正则表达式里还有更多的元字符，下面来看更多的例子。

```
\bmr\w*\b
```

上面的正则表达式用于匹配以字符串 mr 开头的单词，其各部分的含义：\b 表示某个单词开始处；mr 表示匹配字符串 mr；\w*表示任意数量的字母或数字；\b 表示单词结束处。该表达式可以匹配 "mrsoft" "mrbook" "mr123456" 等。常用元字符如表 6-3 所示。

表 6-3 常用元字符

元字符	说明
.	匹配除换行符以外的任意字符
\w	匹配字母、数字、下画线或汉字
\s	匹配任意的空字符
\d	匹配数字
\b	匹配字符串的开始或结束
^	匹配字符串的开始
$	匹配字符串的结束

6.2.3 限定符

在 6.2.2 小节的例子中，"\w*" 用于匹配任意数量的字母或数字。如果想匹配特定数量的数字，该如何表示呢？正则表达式为我们提供了限定符（指定数量的字符）来实现该功能。如匹配 8 位 QQ 号可用如下代码。

```
^\d{8}$
```

常用限定符如表 6-4 所示。

表 6-4　常用限定符

限定符	说明	举例
?	匹配前面的字符零次或一次	colou?r，该表达式可以匹配 colour 和 color
+	匹配前面的字符一次或多次	go+gle，该表达式可以匹配的范围从 gogle 到 goo…gle
*	匹配前面的字符零次或多次	go*gle，该表达式可以匹配的范围从 ggle 到 goo…gle
{n}	匹配前面的字符 n 次	go{2}gle，该表达式只匹配 google
{n,}	匹配前面的字符最少 n 次	go{2,}gle，该表达式可以匹配的范围从 google 到 goo…gle
{n,m}	匹配前面的字符最少 n 次，最多 m 次	employe{0,2}，该表达式可以匹配 employ、employe 和 employee 3 种情况

6.2.4　字符类

正则表达式匹配数字和字母是很简单的，因为已经有了对应这些字符集合的元字符（如\d、\w），但是如果要匹配没有预定义元字符的字符集合（如英文元音字母 a、e、i、o、u），应该怎么办？

很简单，只需要在方括号里列出它们即可，例如，[aeiou]就用于匹配任何一个英文元音字母，[.?!]用于匹配标点符号（.或?或!）。也可以轻松地指定一个字符范围，例如，[0-9]的含义与\d 的含义就是完全一致的，即匹配一位数字；同理，[a-z0-9A-Z_]也完全等同于\w（如果只考虑英文）。

> 📖 **说明**　要想匹配给定字符串中任意一个汉字，可以使用[\u4e00-\u9fa5]；如果要匹配连续多个汉字，可以使用[\u4e00-\u9fa5]+。

6.2.5　排除字符

6.2.4 小节介绍的是查找包含指定字符集合的字符串。现在反过来，查找不包含指定字符集合的字符串。正则表达式为实现该功能提供了"^"字符。这个元字符在 6.2.1 小节中出现过，表示行的开始。而这里将其放到方括号中，表示排除字符，如以下表达式。

```
[^a-zA-Z]
```

该表达式用于匹配一个不是字母的字符。

6.2.6　选择字符

试想一下，如何匹配身份证号码？首先需要了解身份证号码的规则。身份证号码长度为 15 位（已停用）或者 18 位。如果为 15 位，则全为数字；如果为 18 位，则前 17 位为数字，最后一位是校验位，可能为数字或字符 X（输入时用英文字母"X"或"x"代替）。

上面的描述包含条件选择的逻辑，这就需要使用选择字符（|）来实现。该字符可以理解为"或"，匹配身份证号码的表达式可以写成如下形式。

```
^(\d{15}$)|(^\d{18}$)|(^\d{17}(\d|X|x)$)
```

该表达式的意思是匹配 15 位数字，或者 18 位数字，或者 17 位数字和最后一位数字或 X 或 x。

6.2.7 转义字符

正则表达式中的转义字符（\）和 Python 中的转义字符大同小异，都可用于将特殊字符（如 "."、"?"、"\" 等）变为普通的字符。例如，用正则表达式匹配 127.0.0.1 这样的 IP 地址，如果直接使用 "." 字符，格式如下。

```
[1-9]{1,3}.[0-9]{1,3}.[0-9]{1,3}.[0-9]{1,3}
```

这显然不对，因为 "." 可以匹配一个任意字符。这时，不仅 127.0.0.1 这样的 IP 地址，连 127101011 这样的字符串也会被匹配到。所以在使用 "." 时，需要使用转义字符。修改后上面的正则表达式格式如下。

```
[1-9]{1,3}\.[0-9]{1,3}\.[0-9]{1,3}\.[0-9]{1,3}
```

📖 **说明** 括号在正则表达式中也是一个元字符。

6.2.8 分组

通过 6.2.6 小节中的例子，相信读者已经对圆括号的作用有了一定的了解。圆括号的第一个作用就是改变限定符，如 "|"、"*"、"^" 等的作用范围。下面来看一个正则表达式。

```
(thir|four)th
```

这个正则表达式的意思是匹配单词 thirth 或 fourth，如果不使用圆括号，那么它的意思就变成了匹配单词 thir 和 fourth。

圆括号的第二个作用是分组，也就是划分出子表达式。例如，(\.[0-9]{1,3}){3}，就是对分组(\.[0-9]{1,3})进行重复操作。

6.2.9 在 Python 中使用正则表达式的语法

我们在 Python 中使用正则表达式时，是将其作为模式字符串使用的。例如，将匹配不是字母的一个字符的正则表达式转换为模式字符串，可以使用下面的代码。

```
'[^a-zA-Z]'
```

而如果将匹配以字母 m 开头的单词的正则表达式转换为模式字符串，则不能直接在其两侧添加引号作为定界符，例如，下面的代码是不正确的。

```
'\bm\w*\b'
```

需要对其中的 "\" 进行转义，转义后的结果如下。

```
'\\bm\\w*\\b'
```

由于模式字符串中可能有大量的特殊字符和 "\"，因此需要将其写为原生字符串，即在模式字符串前加 r 或 R。例如，上面的模式字符串采用原生字符串表示如下。

```
r'\bm\w*\b'
```

📖 **说明** 在编写模式字符串时，并不是所有的 "\" 都需要进行转义，例如，6.2.3 小节编写的正则表达式 "^\d{8}$" 中的 "\" 就不需要转义，因为其中的\d并没有特殊意义。不过，为了编写方便，本书中正则表达式都采用原生字符串表示。

6.3　使用 re 模块实现正则表达式操作

6.2 节介绍了正则表达式基础，本节将介绍如何在 Python 中使用正则表达式。Python 提供了 re 模块，用于实现正则表达式的操作。在实现时，可以使用 re 模块提供的方法（如 search( )、match( )、findall( )等）进行字符串处理，也可以先使用 re 模块的 compile( )方法将模式字符串转换为正则表达式对象，再使用该正则表达式对象的相关方法来操作字符串。

re 模块在使用时，需要先应用 import 语句引入，具体代码如下。

```
import re
```

如果在使用 re 模块时未将其引入，将出现图 6-13 所示的异常信息。

```
Traceback (most recent call last):
  File "E:\program\Python\Code\test.py", line 22, in <module>
    pattern =re.compile(pattern)
NameError: name 're' is not defined
>>>
```

图 6-13　未引入 re 模块出现的异常信息

6.3.1　匹配字符串

匹配字符串可以使用 re 模块提供的 match( )、search( )和 findall( )等方法。下面分别进行介绍。

匹配字符串

1．使用 match( )方法进行匹配

match( )方法用于从字符串的起始位置进行匹配，如果在起始位置匹配成功，则返回 match 对象，否则返回 None。其语法格式如下。

```
re.match(pattern, string, [flags])
```

参数说明如下。

❑ pattern：表示模式字符串，由要匹配的正则表达式转换而来。

❑ string：表示要匹配的字符串。

❑ flags：可选参数，表示标志位，用于控制匹配方式，如是否区分字母大小写。常用标志如表 6-5 所示。

表 6-5　常用标志

标志	说明
A 或 ASCII	对于\w、\W、\b、\B、\d、\D、\s 和\S 只进行 ASCII 匹配（仅适用于 Python 3.x）
I 或 IGNORECASE	执行不区分字母大小写的匹配
M 或 MULTILINE	将^和$用于包括整个字符串的开始和结尾的每一行（默认情况下，仅适用于整个字符串的开始和结尾处）
S 或 DOTALL	使用.字符匹配所有字符，包括换行符
X 或 VERBOSE	忽略模式字符串中未转义的空格和注释

【例 6-8】　在 IDLE 中创建 Python 文件，名称为 matchstring.py，实现不区分字母大小写匹配字符串。（实例位置：资源包\MR\源码\第 6 章\6-8）

匹配以 "mr_" 开头的字符串，不区分字母大小写，代码如下。

```
import re
pattern = r'mr_\w+'                          # 模式字符串
string = 'MR_SHOP mr_shop'                    # 要匹配的字符串
match = re.match(pattern,string,re.I)         # 匹配字符串，不区分大小写
print(match)                                  # 输出匹配结果
string = '项目名称MR_SHOP mr_shop'            
match = re.match(pattern,string,re.I)         # 匹配字符串，不区分大小写
print(match)                                  # 输出匹配结果
```

运行结果如下。

```
<_sre.SRE_Match object; span=(0, 7), match='MR_SHOP'>
None
```

从上面的运行结果中可以看出，字符串"MR_SHOP"以"mr_"开头，所以返回一个 match 对象，而字符串"项目名称MR_SHOP"不以"mr_"开头，所以返回 None。这是因为 match( ) 方法从字符串的起始位置开始匹配，如果第一个字母不符合条件，则不再进行匹配，直接返回 None。

match 对象包含匹配值的索引和匹配数据。要获取匹配值的起始索引可以使用 match 对象的 start( )方法，要获取匹配值的结束索引可以使用 end( )方法，通过 span( )方法可以返回匹配索引的元组，通过 string 属性可以获取要匹配的字符串。例如，将【例 6-8】的代码修改为以下代码。

```
import re
pattern = r'mr_\w+'                          # 模式字符串
string = 'MR_SHOP mr_shop'                    # 要匹配的字符串
match = re.match(pattern,string,re.I)         # 匹配字符串，不区分大小写
print('匹配值的起始索引: ',match.start())
print('匹配值的结束索引: ',match.end())
print('匹配索引的元组: ',match.span())
print('要匹配的字符串: ',match.string)
print('匹配数据: ',match.group())
```

执行后，将显示如下结果。

```
匹配值的起始索引:  0
匹配值的结束索引:  7
匹配索引的元组:  (0, 7)
要匹配的字符串:  MR_SHOP mr_shop
匹配数据:  MR_SHOP
```

2. 使用 search( )方法进行匹配

search( )方法用于在整个字符串中搜索第一个匹配的值，如果搜索到该值，则返回 match 对象，否则返回 None。其语法格式如下。

```
re.search(pattern, string, [flags])
```

参数说明如下。

❑ pattern：表示模式字符串，由要匹配的正则表达式转换而来。

❑ string：表示要匹配的字符串。

❑ flags：可选参数，表示标志位，用于控制匹配方式。

【例 6-9】 在 IDLE 中创建 Python 文件，名称为 searchstring.py，实现应用 search( )方法搜索

指定字符串。（实例位置：资源包\MR\源码\第 6 章\6-9）

搜索第一个以"mr_"开头的字符串，不区分字母大小写，代码如下。

```python
import re
pattern = r'mr_\w+'                          # 模式字符串
string = 'MR_SHOP mr_shop'                    # 要匹配的字符串
match = re.search(pattern,string,re.I)        # 搜索字符串，不区分大小写
print(match)                                   # 输出匹配结果
string = '项目名称MR_SHOP mr_shop'
match = re.search(pattern,string,re.I)        # 搜索字符串，不区分大小写
print(match)                                    # 输出匹配结果
```

运行结果如下。

```
<re. Match object; span=(0, 7), match='MR_SHOP'>
<re. Match object; span=(4, 11), match='MR_SHOP'>
```

从上面的运行结果中可以看出，search( )方法不仅在字符串的起始位置搜索，其他位置的匹配值也可以被搜索到。

3. 使用 findall( )方法进行匹配

findall( )方法用于在整个字符串中搜索匹配正则表达式的所有字符串，并以列表的形式返回。如果搜索到字符串，则返回包含字符串的列表，否则返回空列表。其语法格式如下。

```
re.findall(pattern, string, [flags])
```

参数说明如下。

❑　pattern：表示模式字符串，由要匹配的正则表达式转换而来。

❑　string：表示要匹配的字符串。

❑　flags：可选参数，表示标志位，用于控制匹配方式。

【例 6-10】　在 IDLE 中创建 Python 文件，名称为 findallstring.py，实现应用 findall( )方法搜索以指定字符开头的字符串。（实例位置：资源包\MR\源码\第 6 章\6-10）

搜索以"mr_"开头的字符串，代码如下。

```python
import re
pattern = r'mr_\w+'                          # 模式字符串
string = 'MR_SHOP mr_shop'                    # 要匹配的字符串
match = re.findall(pattern,string,re.I)       # 搜索字符串，不区分大小写
print(match)                                   # 输出匹配结果
string = '项目名称MR_SHOP mr_shop'
match = re.findall(pattern,string)            # 搜索字符串，区分大小写
print(match)                                    # 输出匹配结果
```

运行结果如下。

```
['MR_SHOP', 'mr_shop']
['mr_shop']
```

如果指定的模式字符串包含分组，则返回与分组匹配的文本列表，如下面的代码。

```python
import re
pattern = r'[1-9]{1,3}(\.[0-9]{1,3}){3}'     # 模式字符串
str1 = '127.0.0.1 192.168.1.66'              # 要匹配的字符串
match = re.findall(pattern,str1)             # 搜索字符串，区分大小写
print(match)
```

执行后，将显示以下运行结果。

```
['.1', '.66']
```

从上面的结果中可以看出，并没有返回匹配的 IP 地址，这是因为在模式字符串中出现了分组，所以得到的结果是根据分组进行匹配的结果，即根据 "(\.[0-9]{1,3})" 进行匹配的结果。如果想获取整个模式字符串的匹配结果，可以将整个模式字符串使用一对圆括号进行分组，然后在获取结果时，只取返回值列表的每一项（是一个元组）的第 1 个元素，如下面的代码。

```
import re
pattern = r'([1-9]{1,3}(\.[0-9]{1,3}){3})'    # 模式字符串
str1 = '127.0.0.1 192.168.1.66'               # 要匹配的字符串
match = re.findall(pattern,str1)              # 搜索字符串，区分大小写
for item in match:
    print(item[0])
```

执行后将显示以下运行结果。

```
127.0.0.1
192.168.1.66
```

6.3.2 替换字符串

替换字符串

sub( ) 方法用于实现字符串替换。其语法格式如下。

```
re.sub(pattern, repl, string, count, flags)
```

参数说明如下。

- ❑ pattern：表示模式字符串，由要匹配的正则表达式转换而来。
- ❑ repl：表示替换的字符串。
- ❑ string：表示要被替换的原始字符串。
- ❑ count：可选参数，表示模式匹配后替换的最大次数，默认值为 0，表示全部替换。
- ❑ flags：可选参数，表示标志位，用于控制匹配方式。

【例 6-11】 在 IDLE 中创建 Python 文件，名称为 replacestring.py，实现隐藏中奖信息中的手机号码。（实例位置：资源包\MR\源码\第 6 章\6-11）

隐藏中奖信息中的手机号码，代码如下。

```
import re
pattern = r'1[34578]\d{9}'                     # 定义要替换的模式字符串
string = '中奖号码为：84978981 联系电话为：13611111111'
result = re.sub(pattern,'1××××××××××',string)  # 替换字符串
print(result)
```

运行结果如下。

```
中奖号码为：84978981 联系电话为：1××××××××××
```

6.3.3 使用正则表达式分割字符串

使用正则表达式
分割字符串

split( ) 方法用于实现使用正则表达式分割字符串，并以列表的形式返回。其作用与 6.1.4 小节介绍的字符串对象的 split( ) 方法的作用类似，所不同的就是分割符由模式字符串指定。其语法格式如下。

```
re.split(pattern, string, [maxsplit], [flags])
```

参数说明如下。

- ❑ pattern：表示模式字符串，由要匹配的正则表达式转换而来。
- ❑ string：表示要匹配的字符串。
- ❑ maxsplit：可选参数，表示最大的分割次数。
- ❑ flags：可选参数，表示标志位，用于控制匹配方式。

【例 6-12】 在 IDLE 中创建 Python 文件，名称为 splitstring.py，实现从 URL（Uniform Resource Locator，统一资源定位符）中提取出请求地址和各个参数。（实例位置：资源包\MR\源码\第 6 章\6-12）

从给定的 URL 中提取出请求地址和各个参数，代码如下。

```
import re
pattern = r'[?|&]'                      # 定义分割符
url = 'http://www.mingrisoft.com/login.jsp?username="mr"&pwd="mrsoft"'
result = re.split(pattern,url)          # 分割字符串
print(result)
```

运行结果如下。

```
['http://www.mingrisoft.com/login.jsp', 'username="mr"', 'pwd="mrsoft"']
```

6.4　AI 帮你编写实例

6.4.1　使用 AI 编写一个实例：检索并描红输出敏感词

在我们学习 Python 编程的过程中，AI 可以提供有力的支持。下面介绍如何利用 AI 来帮助我们巩固本章所学的知识，设计相应的实例。

以下是在 AI 工具中的一个可能的对话示例。

问题：

编写一个实例，实现检索并描红输出敏感词的功能。

AI 建议：

在 Python 中，可以使用字符串和正则表达式来实现"检索并描红输出敏感词"的功能。具体来说，我们可以通过以下步骤来实现。

步骤 1：定义一个敏感词列表。

步骤 2：使用正则表达式在文本中检索这些敏感词。

步骤 3：将找到的敏感词替换为带有 HTML 标签的字符串，以便在输出时显示为红色。

下面是一段示例代码，展示了如何实现这一功能。

```
import re
def highlight_sensitive_words(text, sensitive_words):
    for word in sensitive_words:
        # 使用正则表达式检索敏感词，使其以红色显示
        text = re.sub(r'\b' + re.escape(word) + r'\b', r'<span style="color: red;">
\g<0></span>', text)
    return text
# 示例文本
text = "这是一个示例文本，包含一些敏感词，如政治、暴力、色情。"
# 敏感词列表
sensitive_words = ["政治", "暴力", "色情"]
# 以红色显示敏感词
```

```
highlighted_text = highlight_sensitive_words(text, sensitive_words)
# 输出结果
print(highlighted_text)
```

【测试结果】

这是一个示例文本，包含一些敏感词，如政治、暴力、色情。

📖 **说明**　在可以将上面的输出结果保存为一个 HTML 文件，然后在浏览器中打开该文件，查看敏感词描红的具体效果。

6.4.2　使用 AI 编写一个实例：验证 IP 地址

下面介绍如何利用 AI 来帮助我们编写一个实例，使我们牢固掌握 Python 中正则表达式的使用方法。

以下是在 AI 工具中的一个可能的对话示例。

问题：

Python 中如何验证 IP 地址是否正确？

AI 建议：

在 Python 中，验证 IP 地址是否正确可以使用多种方法。最简单的方法是使用正则表达式来验证 IPv4 地址，例如：

```
import re
def is_valid_ipv4(ip):
    pattern = r'^(\d{1,3}\.){3}\d{1,3}$'
    if not re.match(pattern, ip):
        return False
    parts = ip.split('.')
    for part in parts:
        if not 0 <= int(part) <= 255:
            return False
    return True
# 测试
ipv4_addresses = ["192.168.1.1", "255.255.255.255", "256.256.256.256", "192.168.1", "192.168.1.1.1"]
for ip in ipv4_addresses:
    print(f"{ip} is valid: {is_valid_ipv4(ip)}")
```

【测试结果】

```
192.168.1.1 is valid: True
255.255.255.255 is valid: True
256.256.256.256 is valid: False
192.168.1 is valid: False
192.168.1.1.1 is valid: False
```

小结

本章首先对字符串常用操作进行了详细的讲解，其中拼接、截取、分割、检索和格式化字符串等都是一名 Python 开发者必须熟悉和掌握的操作方法；然后介绍了正则表达式基础；随后介绍了在 Python 中如何应用 re 模块实现正则表达式操作；最后演示了利用 AI 编写实例。相信通过对本章的学习，读者能够举一反三，对所学知识灵活运用，开发出实用的 Python 程序。

上机指导

本实例将编写一个程序，要求用户输入一个身份证号码，然后输出生日和性别。例如，输入"220***20100314**2*"，则输出信息"2010 年 3 月 14 日女"。程序运行结果如图 6-14 所示。

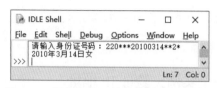

图 6-14　根据身份证号码获取生日和性别

开发步骤如下。

创建 Python 文件，要求用户输入身份证号码，然后先获取对应的年、月、日，组成生日，再判断性别，并且使用字符串替换功能将得到的表示性别的数字转换为"男"或"女"。具体代码如下。

```python
instr = input("请输入身份证号码: ")
newstr = instr[6:10] + "年" + instr[10:12] + "月" + instr[12:14] + "日"
sexstr = int(instr[16]) % 2
sexstr = str(sexstr)
# 因为还没有介绍条件语句，获取性别采用了字符串替换的方法
sexstr = sexstr.replace("1", "男")
sexstr = sexstr.replace("0", "女")
newstr = newstr + sexstr
print(newstr)
```

习题

6-1　请列举出 Python 中各种字符所占的字节数。

6-2　在 Python 中，字符串对象提供了几种字符串检索方法？分别是什么？

6-3　如何删除字符串中的空格和特殊字符？

6-4　Python 提供了哪两种格式化字符串的方法？

6-5　正则表达式中有哪些元字符？

6-6　Python 提供了哪几种通过正则表达式匹配字符串的方法？

6-7　如何使用正则表达式分割字符串？

第7章 函数

本章要点

- ❏ 创建和调用函数
- ❏ 在定义函数时使用位置参数和关键字参数
- ❏ 可变参数的用法
- ❏ 局部变量和全局变量的区别
- ❏ Python 中的内置函数

- ❏ 什么是形式参数和实际参数
- ❏ 为参数设置默认值
- ❏ 为函数设置返回值
- ❏ 使用匿名函数
- ❏ AI 帮你编写实例

7.1 函数的创建和调用

提到函数，读者应该会想到数学中的函数，函数是数学中非常重要的一个模块，贯穿整个数学领域。在 Python 中，函数的应用非常广泛。前面我们已经多次接触过函数，例如，用于输出的 print( )函数、用于输入的 input( )函数，以及用于生成一系列整数的 range( )函数。这些都是 Python 内置的标准函数，可以直接使用。除了可以直接使用的标准函数，Python 还支持自定义函数，即通过将一段有规律的、重复的代码定义为函数，来达到一次编写、多次调用的目的。使用函数可以提高代码的重复利用率。

函数的创建和调用

7.1.1 创建一个函数

创建函数也称为定义函数，可以理解为创建一个具有某种用途的工具。创建函数使用 def 关键字实现，具体的语法格式如下。

```
def functionname([parameterlist]):
    ['''comments''']
    [functionbody]
```

参数说明如下。

- ❏ functionname：函数名，在调用函数时使用。
- ❏ parameterlist：可选参数，用于指定向函数中传递的参数。如果有多个参数，各参数间使用逗号分隔。如果不指定，则表示该函数没有参数，在调用时也不指定参数。

⚠ **注意** 即使函数没有参数，也必须保留一对内容为空的圆括号，否则将显示图 7-1 所示的语法错误对话框。

图 7-1 语法错误对话框

- ❑ "'comments'"：可选参数，表示为函数指定注释，注释的内容通常用于说明该函数的功能、要传递的参数的作用等，可以为用户提供友好提示和帮助信息。

📖 **说明** 在定义函数时，如果指定了"'comments'"参数，那么在调用函数时，输入函数名及左侧的圆括号，就会显示该函数的帮助信息，如图 7-2 所示。这些帮助信息就是由定义的注释提供的。

⚠️ **注意** 如果在输入函数名和左侧的圆括号后，没有显示帮助信息，应检查函数本身是否有误。检查方法可以是在未调用该函数时先按快捷键〈F5〉执行一遍代码。

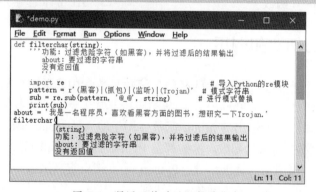

图 7-2 调用函数时显示帮助信息

- ❑ functionbody：可选参数，用于指定函数体，即该函数被调用后要执行的功能代码。如果函数有返回值，可以使用 return 语句返回。

⚠️ **注意** 函数体"functionbody"和注释"'comments'"相对于 def 关键字必须保持一定的缩进。

例如，定义一个根据身高、体重计算 BMI 的函数 fun_bmi()。该函数包括 3 个参数，分别用于指定姓名、身高和体重。该函数根据公式"BMI=体重/(身高×身高)"计算 BMI，并输出结果，代码如下。

```python
def fun_bmi(person,height,weight):
    '''功能：根据身高和体重计算BMI
    person：姓名
    height：身高，单位（米）
    weight：体重，单位（千克）
    '''
    print(person + "的身高：" + str(height) + "米 \t 体重：" + str(weight) + "千克")
    bmi=weight/(height*height)                  # 用于计算BMI
    print(person + "的BMI为："+str(bmi))       # 输出BMI
    # 判断身材是否标准
```

```
    if bmi<18.5:
        print("您的体重过轻 ～@_@～")
    if bmi>=18.5 and bmi<24.9:
        print("正常范围，注意保持 (-_-)")
    if bmi>=24.9 and bmi<29.9:
        print("您的体重过重 ～@_@～")
    if bmi>=29.9:
        print("肥胖 ^@_@^")
```

执行上面的代码，不会显示任何内容，也不会抛出异常，因为 fun_bmi( )函数还没有被调用。

7.1.2　调用函数

调用函数也就是执行函数。如果把创建函数理解为创建一个具有某种用途的工具，那么调用函数就相当于使用该工具。调用函数的基本语法格式如下。

```
functionname([parametersvalue])
```

参数说明如下。

- ❑ functionname：要调用的函数名，该函数必须是已经创建好的。
- ❑ parametersvalue：可选参数，用于指定各个参数的值。如果需要传递多个参数值，则各参数值间使用逗号分隔。如果该函数没有参数，直接写一对圆括号即可。

例如，调用在 7.1.1 小节创建的 fun_bmi()函数，可以使用下面的代码。

```
fun_bmi("匿名",1.76,50)          # 计算匿名的 BMI
```

调用 fun_bmi( )函数后，将显示图 7-3 所示的结果。

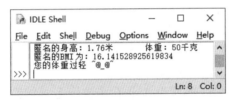

图 7-3　调用 fun_bmi( )函数的结果

7.2　参数传递

在调用函数时，大多数情况下，主调函数和被调用函数之间有参数传递关系。函数参数的作用是传递数据给被调用函数使用，被调用函数利用接收的数据进行具体的操作。

函数参数在定义函数时被放在函数名后面的一对圆括号中，如图 7-4 所示。

图 7-4　函数参数

7.2.1　了解形式参数和实际参数

在使用函数时，我们经常会用到形式参数和实际参数。二者都叫作参数，对于二者之间的区别我们先通过作用来进行理解，再通过一个比喻进行理解。

了解形式参数和
实际参数

1．通过作用理解

形式参数和实际参数在作用上的区别如下。

❑ 形式参数：在定义函数时，函数名后面的圆括号中的参数为"形式参数"，也称形参。

❑ 实际参数：在调用一个函数时，函数名后面的圆括号中的参数为"实际参数"，也就是主调函数提供给被调用函数的参数，也称实参。

通过图 7-5 可以更好地理解二者的区别。

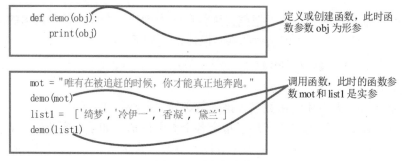

图 7-5 形参和实参

根据实参的不同类型，存在将实参的值传递给形参和将实参的引用传递给形参两种情况。其中，当实参为不可变对象时，进行的是值传递；当实参为可变对象时，进行的是引用传递。值传递和引用传递的基本区别：进行值传递后，改变形参的值，实参的值不变；而进行引用传递后，改变形参的值，实参的值也一同改变。

【例 7-1】 在 IDLE 中创建 Python 文件，名称为 function.py，演示值传递和引用传递的区别。（实例位置：资源包\MR\源码\第 7 章\7-1）

定义一个名为 demo 的函数，然后为 demo( )函数传递一个字符串类型的变量作为参数（代表值传递），并在函数调用前后分别输出该字符串变量，再为 demo( )函数传递一个列表类型的变量作为参数（代表引用传递），并在函数调用前后分别输出该列表变量。代码如下。

```python
# 定义函数
def demo(obj):
    print("原值: ",obj)
    obj += obj
#调用函数
print("=========值传递========")
mot = "唯有在被追赶的时候，你才能真正地奔跑。"
print("函数调用前: ",mot)
demo(mot)    #采用不可变对象——字符串
print("函数调用后: ",mot)
print("=========引用传递 ========")
list1 =   ['大鱼海棠','半壶纱','战台风']
print("函数调用前: ",list1)
demo(list1)   #采用可变对象——列表
print("函数调用后: ",list1)
```

上面的代码的运行结果如下。

```
=========值传递=========
函数调用前： 唯有在被追赶的时候，你才能真正地奔跑。
原值： 唯有在被追赶的时候，你才能真正地奔跑。
函数调用后： 唯有在被追赶的时候，你才能真正地奔跑。
=========引用传递 =========
函数调用前： ['大鱼海棠', '半壶纱', '战台风']
原值： ['大鱼海棠', '半壶纱', '战台风']
函数调用后： ['大鱼海棠', '半壶纱', '战台风', '大鱼海棠', '半壶纱', '战台风']
```

从上面的运行结果可以看出：在进行值传递时，改变形参的值后，实参的值不改变；在进行引用传递时，改变形参的值后，实参的值也发生改变。

2．通过一个比喻理解

函数定义时参数列表中的参数就是形参，而函数调用时传递进来的参数就是实参，就像为剧本的角色选演员一样，剧本的角色相当于形参，而演角色的演员就相当于实参。

7.2.2　位置参数

位置参数

位置参数也称必备参数，必须按照正确的顺序传到函数中，以确保函数调用时参数的数量和位置与定义时的是一致的。下面分别对数量和位置进行介绍。

1．数量必须与定义时的一致

在调用函数时，指定的实参的数量必须与形参的数量一致，否则程序将抛出 TypeError 异常，提示缺少必要的位置参数。

例如，我们定义了一个函数 fun_bmi(person,height,weight)，该函数中有 3 个参数，而在调用时只传递两个参数，代码如下。

```
fun_bmi("路人甲",1.83)          # 计算路人甲的 BMI
```

运行时，将出现图 7-6 所示的异常信息。

图 7-6　缺少必要的位置参数时出现的异常信息

从图 7-6 所示的异常信息中可以看出，抛出的异常类型为 TypeError，该异常信息具体的意思是"fun_bmi( )函数缺少一个必要的位置参数 weight"。

2．位置必须与定义时的一致

在调用函数时，指定的实参的位置必须与形参的位置一致，否则程序可能抛出 TypeError 异常。如果指定的实参与形参的位置不一致，但是它们的数据类型一致，那么程序就不会抛出异常，而是产生结果与预期不符的问题。

例如，调用 fun_bmi(person,height,weight)函数，将第 2 个参数和第 3 个参数调换位置，代码如下。

```
fun_bmi("路人甲",60,1.83)          # 计算路人甲的 BMI
```

函数调用后，将显示图 7-7 所示的结果。从结果中可以看出，虽然没有抛出异常，但是得到的结果与预期不符。

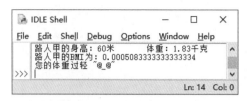

图 7-7　结果与预期不符

> 📖 **说明**　由于调用函数时传递的实参的位置与形参的位置不一致并不总会导致异常，因此在调用函数时一定要确定好位置，否则产生的 bug 不容易被发现。

7.2.3　关键字参数

关键字参数

关键字参数是指使用形参的名字来确定输入的参数。通过该参数指定实参时，不再需要保证实参与形参的位置完全一致，只要将参数名写正确即可。这样可以避免记忆参数位置带来的麻烦，使得函数的调用和参数传递更加灵活、方便。

例如，调用 fun_bmi(person,height,weight)函数，通过关键字参数指定各个实参，代码如下。

```
fun_bmi( height = 1.83, weight = 60, person = "路人甲")        # 计算路人甲的 BMI
```

函数调用后，将显示以下结果。

```
路人甲的身高: 1.83米        体重: 60 千克
路人甲的 BMI 为: 17.916330735465376
您的体重过轻 ～@_@～
```

从上面的结果可以看出，虽然在指定实参时其位置与形参位置不一致，但是运行结果与预期是相符的。

7.2.4　为参数设置默认值

为参数设置默认值

调用函数时，如果没有指定某个实参程序将抛出异常，因此，在定义函数时，最好直接指定形参的默认值。这样，当没有传入参数时，程序会直接使用定义函数时设置的默认值。定义带有默认值参数的函数语法格式如下。

```
def functionname(…,[parameter1 = defaultvalue1]):
    [functionbody]
```

参数说明如下。

- ❏ functionname：函数名，在调用函数时使用。
- ❏ parameter1 = defaultvalue1：可选参数，用于指定向函数中传递的参数，默认值为 defaultvalue1。
- ❏ functionbody：可选参数，用于指定函数体，即该函数被调用后要执行的功能代码。

> ⚠ **注意**　在定义函数时，指定默认值的形参必须放在参数列表的最后，否则将产生语法错误。

> 📖 **说明**　在 Python 中，可以使用"函数名.__defaults__"查看函数的默认值参数的当前值，

其结果是一个元组。例如，查看上面定义的 fun_bmi( )函数的默认值参数的当前值，可以使用"fun_bmi.__defaults__"，结果为"('路人',)"。

另外，使用可变对象作为函数参数的默认值时，多次调用该函数可能会导致意料之外的情况。

【例7-2】在 IDLE 中创建 Python 文件，实现定义带默认值的参数。（实例位置：资源包\MR\源码\第 7 章\7-2）

编写一个名为 demo 的函数，并为其设置一个带默认值的参数，代码如下。

```
def demo(obj=[]):    # 定义函数并为参数 obj 指定默认值
    print("obj 的值: ",obj)
    obj.append(1)
```

调用 demo( )函数，代码如下。

```
demo()    #调用函数
```

显示以下结果。

```
obj 的值:  []
```

连续两次调用 demo( )函数，并且都不指定实参，代码如下。

```
demo()    #调用函数
demo()    #调用函数
```

显示以下结果。

```
obj 的值:  []
obj 的值:  [1]
```

这显然不是我们想要的结果。为了防止出现这种情况，最好使用 None 作为可变对象的默认值，这时还需要加上必要的检查代码。修改后的代码如下。

```
def demo(obj=None):
    if obj==None:
        obj = []
    print("obj 的值: ",obj)
    obj.append(1)
```

再连续两次调用 demo( )函数，将显示以下运行结果。

```
obj 的值:  []
obj 的值:  []
```

📖 **说明**　在定义函数时，为形参设置默认值要牢记一点：默认值必须指向不可变对象。

7.2.5　可变参数

在 Python 中，还可以定义可变参数。可变参数也称不定长参数，即传入函数中的实参可以是零个、一个、两个或任意个。

定义可变参数主要有两种形式，一种是*parameter，另一种是**parameter。下面分别进行介绍。

可变参数

1. *parameter

这种形式表示接收任意多个实参并将其放到一个元组中。

【例7-3】在 IDLE 中创建 Python 文件，名称为 function_param.py，实现定义可以接收任意

多个实参的函数。（实例位置：资源包\MR\源码\第 7 章\7-3）

定义一个函数，让其可以接收任意多个实参，代码如下。

```
def printplayer(*name):    # 定义输出《水浒传》人物的函数
    print('\n《水浒传》人物: ')
    for item in name:
        print(item)    # 输出名字
```

调用 3 次上面的函数，分别指定不同个数的实参，代码如下。

```
printplayer('武松')
printplayer('武松', '鲁智深', '杨志', '卢俊义')
printplayer('阮小二', '阮小五', '阮小七')
```

运行结果如图 7-8 所示。

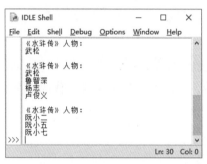

图 7-8　让函数具有可变参数

如果想要使用一个已经存在的列表作为函数的可变参数，可以在列表的名称前加 "*"，如下面的代码。

```
param = ['武松', '鲁智深', '杨志']    # 定义一个列表
printplayer(*param)                      # 通过列表指定函数的可变参数
```

通过上面的代码调用 printplayer( ) 函数后，将显示以下运行结果。

```
《水浒传》人物:
武松
鲁智深
杨志
```

2. **parameter

这种形式表示接收任意多个像关键字参数一样显式赋值的实参，并将其放到一个字典中。

【例 7-4】　在 IDLE 中创建 Python 文件，名称为 function_param.py，实现定义可以接收任意多个显式赋值的实参的函数。（实例位置：资源包\MR\源码\第 7 章\7-4）

定义一个函数，让其可以接收任意多个显式赋值的实参，代码如下。

```
def printsign(**sign):                          # 定义输出姓名和绰号的函数
    print()                                      # 输出一个空行
    for key, value in sign.items():              # 遍历字典
        print("[" + key + "] 的绰号是: " + value)  # 输出组合后的信息
```

调用两次 printsign( ) 函数，代码如下。

```
printsign(武松='行者', 鲁智深='花和尚')
printsign(朱仝='美髯公', 索超='急先锋', 花荣='小李广')
```

运行结果如下。

```
[武松] 的绰号是: 行者
[鲁智深] 的绰号是: 花和尚

[朱仝] 的绰号是: 美髯公
[索超] 的绰号是: 急先锋
[花荣] 的绰号是: 小李广
```

如果想要使用一个已经存在的字典作为函数的可变参数，可以在字典的名称前加"**"。例如下面的代码。

```
dict1 = {'武松': '行者', '鲁智深': '花和尚','花荣':'小李广'}    # 定义一个字典
printsign(**dict1)                                          # 通过字典指定函数的可变参数
```

利用上面的代码调用 printsign( )函数后，将显示以下运行结果。

```
[武松] 的绰号是: 行者
[鲁智深] 的绰号是: 花和尚
[花荣] 的绰号是: 小李广
```

7.3 返回值

到目前为止，我们创建的函数都只用于为我们做一些事，做完了就失去作用。但实际上，有时我们还需要对事情的结果进行获取。这类似于主管向职员下达命令，职员完成相应任务，最后需要将结果报告给主管。为函数设置返回值的作用就是将函数的处理结果返回给调用它的程序。

返回值

在 Python 中，可以在函数体内使用 return 语句为函数指定返回值。该返回值可以是任意数据类型，并且无论 return 语句出现在函数的什么位置，只要该语句得到执行，就会直接结束函数的执行。

return 语句的语法格式如下。

```
result = return [value]
```

参数说明如下。

❑ result：用于保存返回结果。如果返回一个值，那么 result 中保存的就是返回的这个值，该值可以是任意数据类型。如果返回多个值，那么 result 中保存的是一个元组。

❑ value：可选参数，用于指定要返回的值，可以返回一个值，也可以返回多个值。

📖 说明　当函数中没有 return 语句或省略了 return 语句的参数时，函数将返回 None，即返回空值。

【例 7-5】 在 IDLE 中创建 Python 文件，名称为 function_return.py，实现调用函数并获取返回值。(实例位置：资源包\MR\源码\第 7 章\7-5)

定义一个函数，用来根据用户输入的人物名称获取其绰号，然后在函数体外调用该函数，并获取返回值，代码如下。

```
def fun_checkout(name):
    nickName=""
    if  name == "武松":              # 如果输入的是武松
        nickName = "行者"
    elif name == "鲁智深":          # 如果输入的是鲁智深
```

```
        nickName = "花和尚"
    elif name == "花荣":            # 如果输入的是花荣
        nickName = "小李广"
    else:
        nickName = "无法找到您输入的信息"
    return nickName                # 返回人物对应的绰号
# *************************调用函数****************************#
while True:
    name= input("请输入《水浒传》人物名称：")    # 接收用户输入
    nickname= fun_checkout(name)             # 调用函数
    print("人物: ", name, "绰号: ", nickname) # 显示人物及对应绰号
```

运行结果如图 7-9 所示。

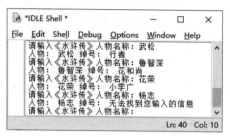

图 7-9　获取函数的返回值

7.4 变量的作用域

变量的作用域是指程序代码能够访问该变量的区域，如果超出该区域，在访问时就会出现错误。在程序中，我们一般会根据变量的作用域将变量分为"全局变量"和"局部变量"。

7.4.1 局部变量

局部变量是指在函数内部定义并使用的变量，它只在函数内部有效。所以，如果在函数外部使用函数内部定义的变量，程序就会抛出 NameError 异常。

例如，首先定义一个名为 f_demo 的函数，在该函数内部定义一个变量 message（称为局部变量），并为其赋值，然后输出该变量的值，最后在函数外部再次输出 message 变量的值，代码如下。

局部变量

```
def f_demo():
    message = '唯有在被追赶的时候，你才能真正地奔跑。'
    print('局部变量 message =',message)    # 输出局部变量的值
f_demo()                                  # 调用函数
print('局部变量 message =',message)        # 在函数外部输出局部变量的值
```

执行上面的代码将出现图 7-10 所示的异常信息。

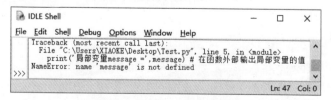

图 7-10　要访问的变量不存在

7.4.2 全局变量

全局变量

与局部变量对应，全局变量为能够作用于函数内外的变量。定义全局变量主要分为以下两种情况。

（1）如果一个变量在函数外部定义，那么它不仅可以在函数外部访问，在函数内部也可以访问。在函数外部定义的变量是全局变量。

例如，定义一个全局变量 message，再定义一个函数，在该函数内部输出全局变量 message 的值，代码如下。

```
message = '唯有在被追赶的时候，你才能真正地奔跑。'        # 全局变量
def f_demo():
    print('函数内部：全局变量 message =',message)          # 在函数内部输出全局变量的值
f_demo()                                                   # 调用函数
print('函数外部：全局变量 message =',message)              # 在函数外部输出全局变量的值
```

执行上面的代码，将显示以下内容。

```
函数内部：全局变量 message = 唯有在被追赶的时候，你才能真正地奔跑。
函数外部：全局变量 message = 唯有在被追赶的时候，你才能真正地奔跑。
```

📖 **说明**　当局部变量与全局变量重名时，对局部变量进行赋值后，不影响全局变量。

（2）在函数内部定义变量并使用 global 关键字修饰，该变量为全局变量。在函数外部可以访问该变量，在函数内部还可以对其进行修改。

【例 7-6】　在 IDLE 中创建 Python 文件，名称为 function_var.py，实现调用函数并获取返回值。（实例位置：资源包\MR\源码\第 7 章\7-6）

定义两个同名的全局变量和局部变量，并输出它们的值，代码如下。

```
message = '唯有在被追赶的时候，你才能真正地奔跑。'        # 全局变量
print('函数外部：message =',message)                      # 在函数外部输出全局变量的值
def f_demo():
    message = '命运给予我们的不是失望之酒，而是机会之杯。'  # 局部变量
    print('函数内部：message =',message)                  # 在函数内部输出局部变量的值
f_demo()    # 调用函数
print('函数外部：message =',message)                      # 在函数外部输出全局变量的值
```

执行上面的代码后，将显示以下内容。

```
函数外部：message = 唯有在被追赶的时候，你才能真正地奔跑。
函数内部：message = 命运给予我们的不是失望之酒，而是机会之杯。
函数外部：message = 唯有在被追赶的时候，你才能真正地奔跑。
```

从上面的结果中可以看出，在函数内部定义的局部变量即使与全局变量重名，也不影响全局变量的值。那么想要在函数内部改变全局变量的值，需要在定义局部变量时使用 global 关键字修饰。例如，将上面的代码修改如下。

```
message = '唯有在被追赶的时候，你才能真正地奔跑。'        # 全局变量
print('函数外部：message =',message)                      # 在函数外部输出全局变量的值
def f_demo():
    global message                                         # 将 message 声明为全局变量
    message = '命运给予我们的不是失望之酒，而是机会之杯。'  # 全局变量
    print('函数内部：message =',message)                  # 在函数内部输出全局变量的值
```

```
f_demo()        # 调用函数
print('函数外部: message =',message)                     # 在函数外部输出全局变量的值
```

执行上面的代码后，将显示以下内容。

```
函数外部: message = 唯有在被追赶的时候，你才能真正地奔跑。
函数内部: message = 命运给予我们的不是失望之酒，而是机会之杯。
函数外部: message = 命运给予我们的不是失望之酒，而是机会之杯。
```

从上面的结果中可以看出，程序在函数内部修改了全局变量的值。

📖 **说明**　尽管 Python 允许全局变量和局部变量重名，但是在实际开发时，不建议这么做，因为这样容易让代码混乱，使我们很难分清哪些是全局变量，哪些是局部变量。

7.5　匿名函数

匿名函数

匿名函数（lambda 函数）是指没有名字的函数，应用在需要一个函数，但是又不想命名这个函数的场合。通常情况下，这样的函数只使用一次。在 Python 中，可使用 lambda 表达式创建匿名函数，其语法格式如下。

```
result = lambda [arg1 [,arg2,…,argn]]:expression
```

参数说明如下。

❑ result：用于调用 lambda 表达式。

❑ [arg1 [,arg2,…,argn]]：可选参数，用于指定要传递的参数列表，多个参数间使用逗号分隔。

❑ expression：必选参数，用于指定一个实现具体功能的表达式。如果有被传递的参数，那么在该表达式中将应用这些参数。

📖 **说明**　使用 lambda 表达式时，参数可以有多个，用逗号分隔，但是表达式只能有一个，即只能返回一个值；而且不能出现其他非表达式语句（如 for 或 while）。

【例 7-7】　在 IDLE 中创建 Python 文件，名称为 function_lambda.py，实现调用函数并获取返回值。（实例位置：资源包\MR\源码\第 7 章\7-7）

定义一个计算圆面积的函数，常规代码如下。

```
import math                 # 导入math模块
def circlearea(r):          # 计算圆面积的函数
    result = math.pi*r*r    # 计算圆面积
    return result           # 返回圆面积
r = 10                      # 半径
print('半径为',r,'的圆面积为: ',circlearea(r))
```

执行上面的代码后，将显示以下内容。

```
半径为 10 的圆面积为:  314.1592653589793
```

使用 lambda 表达式的代码如下。

```
import math                        # 导入math模块
r = 10                             # 半径
result = lambda r:math.pi*r*r      # 计算圆面积的lambda表达式
print('半径为',r,'的圆面积为: ',result(r))
```

执行上面的代码后，将显示以下内容。

半径为 10 的圆面积为: 314.1592653589793

从上面的示例可以看出：虽然使用 lambda 表达式比使用自定义函数的代码减少了一些，但是在使用 lambda 表达式时需要定义一个变量，用于调用该 lambda 表达式。例如，将上面的代码中的最后两行代码修改为以下代码。

```
print(lambda r:math.pi*r*r )    # 计算圆面积的 lambda 表达式
```

将输出如下结果。

```
<function <lambda> at 0x0000000002FDD510>
```

📖 说明　lambda 表达式的重要用途是指定短小的回调函数。

7.6　常用 Python 内置函数

Python 中内置了很多常用的函数，开发人员可以直接使用，常用 Python 内置函数如表 7-1 所示。

常用 Python 内置函数

表 7-1　常用 Python 内置函数

内置函数	作用
dict( )	创建一个字典
help( )	查看函数或模块用途的详细说明
dir( )	不带参数时，返回变量、方法和定义的类型列表；带参数时，返回参数的属性、方法列表。如果参数包含 __dir__( )，该方法将被调用。如果参数不包含 __dir__( )，该方法将最大限度地收集参数信息
hex( )	将十进制整数转换成十六进制整数，并以字符串形式表示
next( )	返回迭代器的下一个项目
divmod( )	把除法运算结果结合起来，返回一个包含商和余数的元组，如(a // b, a % b)
id( )	获取对象的内存地址
sorted( )	对所有可迭代的对象进行排序操作
ascii( )	返回一个表示对象的字符串，但是对于字符串中的非 ASCII 字符则返回通过 repr( )函数使用\x、\u 或\U 编码的字符
oct( )	将十进制整数转换成八进制整数，并以字符串形式表示
bin( )	返回一个整型（数据类型标识符为 int）或者长整型（数据类型标识符为 long int）的二进制数
open( )	打开一个文件
str( )	将对象转换为适合人阅读的形式
sum( )	对序列进行求和计算
filter( )	过滤序列，去掉不符合条件的元素，返回由符合条件的元素组成的新序列
format( )	格式化字符串
len( )	返回对象（如字符、列表、元组等）长度或项目个数
list( )	将元组转换为列表
range( )	返回的是一个可迭代对象
zip( )	将可迭代的对象作为参数，将对象中的元素打包成一个个元组，然后返回由这些元组组成的对象
compile( )	将一个字符串编译为 Python 的可执行代码
map( )	根据提供的函数对指定序列进行映射
reversed( )	返回一个反转的迭代器
round( )	返回浮点数的四舍五入值

7.7.1 使用 AI 编写一个实例：购物车系统

在我们学习 Python 编程的过程中，AI 可以提供有力的支持。下面介绍如何利用 AI 来帮助我们巩固本章所学的知识，设计相应的实例。

以下是在 AI 工具中的一个可能的对话示例。

问题：

编写一个实例，在 Python 中使用函数。

AI 建议：

下面是一个综合性的 Python 函数示例，涵盖了以下常见的函数使用场景。

- 定义一个带有默认参数的函数。

- 使用可变参数。

- 在函数内部处理异常。

- 返回多个值。

- 修改全局变量。

我们将编写一个简单的购物车系统，包含以下功能。

- 添加商品到购物车。

- 计算购物车中商品的总价。

- 输出购物车中的商品信息。

示例代码如下：

```python
# 定义全局变量来存储购物车中的商品
shopping_cart = []
# 向购物车中添加商品
def add_item(item_name, price, quantity=1):
    try:
        # 检查输入类型是否正确
        if not isinstance(item_name, str) or not isinstance(price, (int, float)) or not isinstance(quantity, int):
            raise ValueError("输入类型无效。")
        # 检查价格和数量是否为正数
        if price <= 0 or quantity <= 0:
            raise ValueError("价格和数量必须为正数。")
        # 将商品作为字典添加到购物车列表中
        shopping_cart.append({'item_name': item_name, 'price': price, 'quantity': quantity})
        print(f"已向购物车添加 {quantity}× {item_name}(s)，单价 ¥{price:.2f}。")
    except ValueError as ve:
        print(f"错误：{ve}")
# 计算购物车中所有商品的总价
def calculate_total():
    total_cost = sum(item['price'] * item['quantity'] for item in shopping_cart)
    return total_cost
# 输出购物车中的商品信息
def print_cart_contents():
```

```
        if not shopping_cart:
            print("购物车为空。")
            return
        print("\n购物车内容:")
        for index, item in enumerate(shopping_cart, start=1):
            print(f"{index}. {item['item_name']} - 数量: {item['quantity']}, 单价: ¥{item
['price']:.2f}")
        total = calculate_total()
        print(f"\n总价: ¥{total:.2f}\n")


    # 示例调用
    add_item("苹果", 0.99, 3)
    add_item("香蕉", 0.59, 5)
    add_item("橙子", 1.29)
    print_cart_contents()

    # 尝试添加无效的商品
    add_item("葡萄", -0.99, 2)
    add_item("西瓜", 2.99, "两个")
```

【测试结果】

```
已向购物车添加 3× 苹果(s)，单价 ¥0.99。
已向购物车添加 5× 香蕉(s)，单价 ¥0.59。
已向购物车添加 1× 橙子(s)，单价 ¥1.29。

购物车内容:
1. 苹果 - 数量: 3, 单价: ¥0.99
2. 香蕉 - 数量: 5, 单价: ¥0.59
3. 橙子 - 数量: 1, 单价: ¥1.29

总价: ¥7.21

错误: 价格和数量必须为正数。
错误: 输入类型无效。
```

7.7.2 使用 AI 解决匿名函数的调用问题

在 Python 中，匿名函数通常用在需要一个函数对象的地方，但这个函数只会在一处使用一次。那么，它可以在其他地方调用吗？下面介绍如何利用 AI 来帮助我们解决该问题。

以下是在 AI 工具中的一个可能的对话示例。

> **问题:**
>
> Python 中的匿名函数可以在其他地方调用吗？
>
> **AI 建议:**
>
> 虽然 lambda 函数被称为"匿名"函数，但是它仍然可以被赋值给变量，因此可以在程序的其他地方调用。例如:
>
> ```
> # 定义一个 lambda 函数并赋值给变量
> multiply = lambda x, y: x * y
> # 在其他地方调用这个 lambda 函数
> result = multiply(5, 3)
> print(result) # 输出: 15
> ```

在这个例子中，我们定义了一个匿名函数，它接收两个参数 x 和 y，并返回它们的乘积。然后我们将这个 lambda 函数赋值给了变量 multiply，这样就可以像调用普通函数一样调用它了。

所以，尽管 lambda 函数是匿名的，但是通过将其绑定到一个变量名上，你完全可以像处理普通函数那样在程序的任何位置调用它。不过需要注意的是，由于 lambda 函数的限制（如只能包含一个表达式），它们通常用于简单的操作，并且不适合用来实现复杂的逻辑。对于更复杂的功能，建议使用 def 语句来定义常规函数。

小结

本章首先介绍了自定义函数的相关技术，包括如何创建并调用一个函数，以及如何进行参数传递和指定函数的返回值等，在这些技术中，读者应该重点掌握如何通过不同的方式为函数传递参数，以及什么是形参和实参，并注意区分；然后介绍了变量的作用域和匿名函数，其中，读者应重点掌握变量的作用域，以防止因命名混乱而导致 bug 的产生，对匿名函数简单了解即可；最后演示了利用 AI 编写相关实例。

上机指导

本实例将编写一个根据出生日期判断星座的函数，并调用该函数根据输入的出生日期输出对应的星座。程序运行结果如图 7-11 所示。

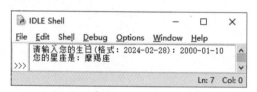

图 7-11　根据出生日期判断星座

开发步骤如下。

（1）创建 Python 文件，在该文件中，定义一个根据出生日期判断星座的函数。具体代码如下。

```python
def function(birthday):
    # 以 1 月 20 日（对应的星座为水瓶座）开始，根据星座的日期间隔，按顺序建立日期列表
    sdate = (20, 19, 21, 20, 21, 22, 23, 23, 23, 24, 23, 21)
    # 根据星座出现的先后顺序，建立星座列表，列表中"摩羯座"出现两次，放到列表最前和最后的位置
    sstar = ("摩羯座","水瓶座", "双鱼座", "白羊座", "金牛座", "双子座", "巨蟹座", "狮子座", "处女座", "天秤座", "天蝎座", "射手座", "摩羯座")
    # 要求用户输入出生日期，以 "-" 分割，注意不能使用中文符号
    instr= birthday.split("-")        # 把输入的出生日期以 "-" 分割成年、月、日
    year = int(instr[0])             # 转换出年
    month = int(instr[1])            # 转换出月
    date = int(instr[2])             # 转换出日
    if date >= sdate[month-1]:       # 如果日数字大于或等于日期列表中月数字对应的前一个日期间隔
        print("您的星座是: " + sstar[month ] ) # 输出月数字对应的星座列表的星座
    else:
        print("您的星座是: " + sstar[month-1]) # 输出月数字对应的星座列表的前一个星座
```

（2）应用 input( )函数输入一个出生日期，然后调用 function( )函数判断并输出该出生日期对应的星座，代码如下。

```
indate = input("请输入您的生日(格式：2024-02-28)：")
function(indate)   # 调用函数
```

习题

7-1   形参和实参有哪些区别？

7-2   什么是位置参数和关键字参数？

7-3   为参数设置默认值有哪些注意事项？

7-4   什么是可变参数？Python 提供了哪两种可变参数？

7-5   如何为函数设置返回值？

7-6   什么是局部变量和全局变量？

7-7   如何使用匿名函数？

第8章 模块

本章要点

- 模块的概念
- 导入模块
- 以主程序的形式执行
- 导入和使用标准模块
- AI 帮你解决问题
- 自定义模块
- 指定模块查找目录
- 创建和使用包
- 下载与安装第三方模块

8.1 模块概述

模块的英文是 Module，可以认为模块是一盒（箱）主题积木，通过它可以拼出某一主题的东西。这与函数不同，一个函数相当于一块积木，而一个模块可以包括很多个函数，也就是很多块积木，所以可以认为一个模块相当于一盒积木。

模块概述

在 Python 中，一个扩展名为.py 的文件就称为一个模块。通常情况下，我们把能够实现某一特定功能的代码放置在一个文件中作为一个模块，从而方便其他程序和脚本导入并使用。另外，使用模块也可以避免函数名和变量名冲突。

经过前面的学习，我们知道 Python 代码可以写在一个文件中。但是随着程序变大，为了便于维护，需要将其分为多个文件（模块），这样可以提高代码的可维护性。另外，使用模块还可以提高代码的可重用性，即编写好一个模块后，只要是实现该模块对应功能的程序，都可以导入这个模块。

8.2 自定义模块

在 Python 中，自定义模块有两个作用：一个是规范代码，让代码更易于阅读；另一个是方便其他程序使用已经编写好的代码，提高开发效率。实现自定义模块主要分为两步，一是创建模块，二是导入模块。下面分别进行介绍。

8.2.1 创建模块

创建模块是指将模块中相关的代码（如变量定义代码和函数定义代码等）编写在一个单独的文件中，并且将该文件以"模块名+.py"的形式命名，也就是说，创建模块，实际就是创建一个.py 文件。

创建模块

⚠ **注意** （1）创建模块时，设置的模块名尽量不要与 Python 自带的标准模块名相同。
（2）模块文件的扩展名必须是.py。

8.2.2　使用 import 语句导入模块

使用 import 语句
导入模块

创建模块后，就可以在其他程序中使用该模块了。要使用模块需要先以模块的形式加载模块中的代码，即导入模块，这可以使用 import 语句实现。import 语句的基本语法格式如下。

```
import modulename [as alias]
```

其中，modulename 为要导入模块的名称；alias 为给模块起的别名，通过该别名也可以使用模块。

例如，导入一个名为 bmi 的模块，并调用该模块中的 fun_bmi( )函数，代码如下。

```
import bmi        # 导入 bmi 模块
bmi.fun_bmi()   # 调用模块中的 fun_bmi() 函数
```

📖 **说明**　在调用模块中的变量、函数或者类时，需要在变量名、函数名或者类名前添加"模块名."作为前缀。例如，上面的代码中的 bmi.fun_bmi( )，表示调用 bmi 模块中的 fun_bmi( )函数。

如果模块名比较长不容易记住，可以在导入模块时，使用 as 关键字为其设置一个别名，然后通过这个别名来调用模块中的变量、函数和类等。例如，将上面导入模块的代码修改如下。

```
import bmi as m                          # 导入 bmi 模块并设置别名为 m
```

在调用 bmi 模块中的 fun_bmi( )函数时，可以使用下面的代码。

```
m.fun_bmi("尹一伊",1.75,120)              # 调用模块中的 fun_bmi() 函数
```

使用 import 语句还可以一次导入多个模块，在导入多个模块时，模块名之间使用逗号进行分隔。例如，我们已经创建了 test.py、tips.py 和 differenttree.py 3 个模块文件，想要将这 3 个模块全部导入，可以使用下面的代码。

```
import test,tips,differenttree
```

8.2.3　使用 from…import 语句导入模块

使用 from…import
语句导入模块

在使用 import 语句导入模块时，每执行一条 import 语句都会创建一个新的命名空间（Namespace），并且在该命名空间中执行与.py 文件相关的所有语句，在执行时，需在具体的变量、函数和类名前加上"模块名."前缀。如果不想在每次导入模块时都创建一个新的命名空间，则可以使用 from…import 语句将模块导入当前的命名空间。使用 from…import 语句导入模块后，不需要再添加前缀，直接通过具体的变量、函数和类名等访问即可。

📖 **说明**　命名空间可以理解为记录对象名和对象的对应关系的空间。目前 Python 的命名空间大部分都是通过字典来实现的。其中，key 是标识符，value 是具体的对象。例如，key 是变量名，value 则是变量的值。

from…import 语句的语法格式如下。

```
from modelname import member
```

参数说明如下。

- ❑ modelname：模块名，区分字母大小写，需要和定义模块时设置的模块名的大小写保持一致。
- ❑ member：用于指定要导入的变量、函数或者类等。可以同时导入多个定义，各个定义之间使用逗号分隔。如果想导入全部定义，也可以使用通配符"*"实现。

📖 **说明** 在导入模块时，如果使用通配符导入全部定义后，想查看具体导入了哪些定义，可以通过输出 dir( ) 函数的值来实现。例如，执行 print(dir( ))语句后将显示类似下面的内容。

```
['__annotations__', '__builtins__', '__doc__', '__file__', '__loader__', '__name__',
'__package__', '__spec__', 'change', 'getHeight', 'getWidth']
```

其中 change、getHeight 和 getWidth 就是我们导入的定义。

例如，通过下面的 3 条语句都可以从模块导入指定的定义。

```
from test import getInfo              # 导入 test 模块的 getInfo()函数
from test import getInfo,showInfo     # 导入 test 模块的 getInfo()和 showInfo()函数
from test import *                    # 导入 test 模块的全部定义（包括变量和函数）
```

⚠ **注意** 在使用 from…import 语句导入模块中的定义时，需要保证所导入的内容在当前的命名空间中是唯一的，否则将出现冲突，后导入的同名变量、函数或者类会覆盖先导入的，这种情况下就需要使用 import 语句进行导入。

8.2.4 模块查找目录

当使用 import 语句导入模块时，默认情况下，程序会按照以下顺序对模块进行查找。

模块查找目录

（1）在当前目录（即执行的 Python 脚本文件所在目录）下查找。

（2）到 PYTHONPATH 环境变量中的每个目录下查找。

（3）到 Python 的默认安装目录下查找。

以上各个目录的具体位置保存在标准模块 sys 的 sys.path 变量中。可以通过以下代码输出具体目录。

```
import sys            # 导入标准模块 sys
print(sys.path)       # 输出具体目录
```

例如，在 IDLE 窗口中，执行上面的代码，将显示图 8-1 所示的结果。

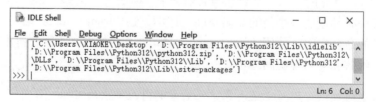

图 8-1 在 IDLE 窗口中查看具体目录

如果要导入的模块不在图 8-1 所示的目录中，那么在导入模块时，将出现图 8-2 所示的异常信息。

图 8-2　找不到要导入的模块

⚠️ **注意**　使用 import 语句导入模块时，模块名是区分字母大小写的。

这时，我们可以通过以下 3 种方式添加指定的目录到 sys.path 中。

1．临时添加

临时添加即在导入模块的 Python 文件中添加。例如，需要将"E:\program\Python\Code\demo"目录添加到 sys.path 中，可以使用下面的代码。

```
import sys                                          # 导入标准模块 sys
sys.path.append('E:\program\Python\Code\demo')
```

执行上面的代码后，输出 sys.path 的值，将得到以下结果。

```
['E:\\program\\Python\\Code', 'G:\\Python\\Python312\\python312.zip', 'G:\\Python\\
Python312\\DLLs', 'G:\\Python\\Python312\\lib', 'G:\\Python\\Python312', 'G:\\Python\\Python3
12\\lib\\site-packages', 'E:\\program\\Python\\Code\\demo']
```

可以在上面的结果中看到新添加的目录。

📖 **说明**　通过该方式添加的目录只在执行当前文件的窗口中有效，窗口关闭后即失效。

2．创建.pth 文件（推荐）

在 Python 安装目录下的 Lib\site-packages 子目录（例如，笔者的 Python 安装在 G:\Python\Python312 目录下，那么该路径为 G:\Python\Python312\Lib\site-packages）中创建一个扩展名为.pth 的文件，文件名任意。这里创建一个 mrpath.pth 文件，在该文件中添加要导入模块所在的目录。例如，将要导入模块所在的目录"E:\program\Python\Code\demo"添加到 mrpath.pth 文件，添加后的文件内容如下。

```
# .pth 文件是我创建的路径文件
E:\program\Python\Code\demo
```

⚠️ **注意**　创建.pth 文件后，需要重新打开要执行的导入模块的 Python 文件，否则新添加的目录不起作用。

📖 **说明**　通过该方式添加的目录只在当前版本的 Python 中有效。

3．在 PYTHONPATH 环境变量中添加

打开"环境变量"对话框，如果没有 PYTHONPATH 环境变量，则需要先创建一个，否则直接选中 PYTHONPATH 环境变量，再单击"编辑"按钮，并在弹出的对话框的"变量值"文本框中添加新的模块所在目录。例如，创建环境变量 PYTHONPATH，并指定模块所在目录为"E:\program\Python\Code\demo"，如图 8-3 所示。

图 8-3　创建 PYTHONPATH 环境变量并指定模块所在目录

⚠️注意　在 PYTHONPATH 环境变量中添加模块所在目录后，需要重新打开要执行的导入模块的 Python 文件，否则新添加的目录不起作用。

📖说明　配置环境变量的方法参见 1.2.2 小节，两处的区别在于此处将变量名设置为 PYTHONPATH，将值设置为要添加的目录。

通过该方式添加的目录可以在不同版本的 Python 中共享。

8.3　以主程序的形式执行

下面通过一个具体的实例演示模块如何以主程序的形式执行。

【例 8-1】　模块以主程序的形式执行。（实例位置：资源包\MR\源码\第 8 章\8-1）

创建一个模块，名称为 christmastree，在该模块中首先定义一个全局变量，然后创建一个名为 fun_christmastree 的函数，最后通过 print( )函数输出一些内容。代码如下。

以主程序的形式执行

```python
pinetree = '我是一棵松树'  # 定义一个全局变量
def fun_christmastree():                                    # 定义函数
    '''功能：一个梦
       无返回值
    '''
    pinetree = '挂上彩灯、礼物……我变成一棵圣诞树 @^.^@ \n'    # 定义局部变量
    print(pinetree)                                         # 输出局部变量的值
''' *********************************函数体外******************************** '''
print('\n下雪了……\n')
print('=============== 开始做梦…… =============\n')
fun_christmastree()                                        # 调用函数
print('=============== 梦醒了…… ===============\n')
pinetree = '我身上落满雪花,' + pinetree + ' -_- '           # 为全局变量赋值
print(pinetree)                                            # 输出全局变量的值
```

在与 christmastree 模块同级的目录下，创建一个名为 main.py 的文件，在该文件中，导入 christmastree 模块，再通过 print( )函数输出模块中的全局变量 pinetree 的值，代码如下。

```python
import christmastree                  # 导入 christmastree 模块
print('全局变量的值为：',christmastree.pinetree)
```

执行上面的代码，将显示图 8-4 所示的内容。

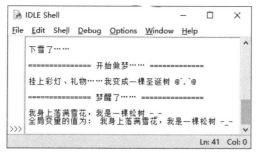

图 8-4　导入模块并输出模块中定义的全局变量的值

从图 8-4 所示的运行结果可以看出，导入模块后，不仅输出了全局变量的值，而且模块中原有的测试代码也被执行了。这个结果显然不是我们想要的。那么如何只输出全局变量的值呢？实际上，可以在模块中，将原本直接执行的测试代码放在一个 if 语句中。因此，可以将模块 christmastree 的代码修改如下。

```python
pinetree = '我是一棵松树'  # 定义一个全局变量
def fun_christmastree():  # 定义函数
    '''功能：一个梦
        无返回值
    '''
    pinetree = '挂上彩灯、礼物……我变成一棵圣诞树 @^.^@ \n'  # 定义局部变量并赋值
    print(pinetree)  # 输出局部变量的值
''' ***********************判断是否以主程序的形式执行*********************** '''
if __name__ == '__main__':
    print('\n 下雪了……\n')
    print('============== 开始做梦…… ==============\n')
    fun_christmastree()  # 调用函数
    print('============== 梦醒了…… ==============\n')
    pinetree = '我身上落满雪花,' + pinetree + ' -_- '  # 为全局变量赋值
    print(pinetree)  # 输出全局变量的值
```

再次执行导入模块的 main.py 文件，将显示图 8-5 所示的结果。从运行结果中可以看出测试代码并没有执行。

此时，如果执行 christmastree.py 文件，将显示图 8-6 所示的结果。

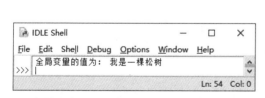

图 8-5　在模块中加入对是否以主程序的形式执行的判断

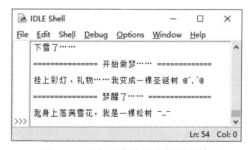

图 8-6　以主程序的形式执行的结果

📖 说明　每个模块的定义中都有一个记录模块名的变量__name__，程序可以检查该变量，以确定模块在哪里执行。如果一个模块不在被导入的其他程序中执行，那么它可能在 Python 解释器的顶级模块中执行。顶级模块的__name__变量的值为__main__。

8.4 Python 中的包

使用模块可以避免函数和变量重名引发的冲突。那么，如果模块名重复应该怎么办呢？Python 提出了包（Package）的概念。包是一个分层次的目录结构，它将一组功能相近的模块组织在一个目录下。这样，既可以起到规范代码的作用，又能避免模块重名引起的冲突。

> 📖 **说明**　对包的简单理解就是"文件夹"，只不过在该文件夹下必须存在一个名为"__init__.py"的文件。

8.4.1 Python 项目的包结构

在开发实际项目时，通常情况下，开发人员会创建多个包用于存放不同类的文件。例如，开发一个网站时，可以创建图 8-7 所示的包结构。

Python 项目的
包结构

图 8-7　一个 Python 项目的包结构

> 📖 **说明**　从图 8-7 可见，开发人员先创建了一个名为 shop 的项目，然后在该项目下创建了 3 个包（admin、home 和 templates）和一个名为 manage.py 的文件，最后在每个包中又创建了相应的模块。

8.4.2 创建和使用包

下面将分别介绍如何创建和使用包。

1. 创建包

创建和使用包

创建包实际上就是创建一个文件夹，并且在该文件夹中创建一个名为"__init__.py"的 Python 文件。在__init__.py 文件中，可以不编写任何代码，也可以编写一些 Python 代码。在__init__.py 文件中所编写的代码，在导入包时会自动执行。

> 📖 **说明**　__init__.py 文件是一个模块文件，模块名为对应的包名。例如，在 settings 包中创建的__init__.py 文件，对应的模块名为 settings。

例如，在 E 盘根目录下创建一个名为 settings 的包，可以按照以下步骤进行。

（1）在计算机的 E 盘根目录下，创建一个名为 settings 的文件夹。

（2）在 IDLE 中，创建一个名为"__init__.py"的文件，保存在 E:\settings 文件夹下，并且在该文件中不写任何内容，然后返回文件资源管理器，如图 8-8 所示。

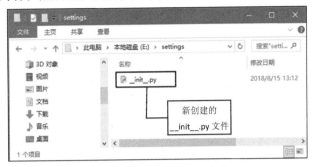

图 8-8　创建 __init__.py 文件

至此，名为 settings 的包就创建完毕了。

2．使用包

创建包以后，就可以在包中创建相应的模块，然后使用 import 语句从包中导入模块。从包中导入模块通常有以下 3 种形式。

（1）通过"import＋完整包名＋模块名"形式导入指定模块。

"import＋完整包名＋模块名"形式是指，假如有一个名为 settings 的包，该包下有一个名为 size 的模块，那么要导入 size 模块，可以使用下面的代码。

```
import settings.size
```

通过该形式导入模块后，在使用其中的变量、函数或类时需要使用完整的名称。例如，在已经创建的 settings 包中创建一个名为 size 的模块，并在该模块中定义两个变量，代码如下。

```
width = 800                          # 宽度
height = 600                         # 高度
```

通过"import＋完整包名＋模块名"形式导入 size 模块后，在调用 width 和 height 变量时，就需要在变量名前加"settings.size."前缀。对应的代码如下。

```
import settings.size            # 导入 settings 包下的 size 模块
if __name__=='__main__':
    print('宽度: ',settings.size.width)
    print('高度: ',settings.size.height)
```

执行上面的代码后，将显示以下内容。

```
宽度： 800
高度： 600
```

（2）通过"from＋完整包名＋import＋模块名"形式导入指定模块。

"from＋完整包名＋import＋模块名"形式是指，假如有一个名为 settings 的包，该包下有一个名为 size 的模块，那么要导入 size 模块，可以使用下面的代码。

```
from settings import size
```

通过该形式导入模块后，在使用其中的变量、函数或类时不需要带包名，但是需要带模块名。例如，想通过"from＋完整包名＋import＋模块名"形式导入上面已经创建的 size 模块，并调用 width 和 height 变量，就可以通过下面的代码实现。

```
from settings import size      # 导入 settings 包下的 size 模块
if __name__=='__main__':
```

```
print('宽度: ',size.width)
print('高度: ',size.height)
```

执行上面的代码后，将显示以下内容。

```
宽度:  800
高度:  600
```

（3）通过"from + 完整包名 + 模块名 + import + 定义名"形式导入指定模块。

"from + 完整包名 + 模块名 + import + 定义名"形式是指，假如有一个名为 settings 的包，该包下有一个名为 size 的模块，那么要导入 size 模块中的 width 和 height 变量，可以使用下面的代码。

```
from settings.size import width,height
```

通过该形式导入模块的函数、变量或类后，在使用它们时直接用函数、变量或类名即可。例如，想通过"from + 完整包名 + 模块名 + import + 定义名"形式导入上面已经创建的 size 模块的 width 和 height 变量，并输出其值，就可以通过下面的代码实现。

```
# 导入 settings 包下 size 模块中的 width 和 height 变量
from settings.size import width,height
if __name__=='__main__':
    print('宽度: ', width)        # 输出宽度
    print('高度: ', height)       # 输出高度
```

执行上面的代码后，将显示以下内容。

```
宽度:  800
高度:  600
```

📖 说明　在通过"from + 完整包名 + 模块名 + import + 定义名"形式导入指定模块时，可以使用通配符"*"代替定义名，表示导入该模块下的全部定义。

【例 8-2】　在指定包中创建通用的设置和获取尺寸的模块。（实例位置：资源包\MR\源码\第 8 章\8-2）

创建一个名为 settings 的包，在该包下创建一个名为 size 的模块，通过该模块实现设置和获取尺寸的通用功能。具体步骤如下。

（1）在 settings 包中，创建一个名为 size 的模块，在该模块中，定义两个保护类型的全局变量，分别代表宽度和高度，然后定义一个 change( )函数，用于修改两个全局变量的值，再定义两个函数，分别用于获取宽度和高度，具体代码如下。

```
_width = 800              # 定义保护类型的全局变量（宽度）
_height = 600             # 定义保护类型的全局变量（高度）
def change(w,h):
    global _width         # 全局变量（宽度）
    _width = w            # 重新给宽度赋值
    global _height        # 全局变量（高度）
    _height = h           # 重新给高度赋值
def getWidth():           # 获取宽度的函数
    global _width
    return _width
def getHeight():          # 获取高度的函数
    global _height
    return _height
```

（2）在 settings 包的上一层目录中创建一个名为 main.py 的文件，在该文件中导入 settings 包下的 size 模块的全部定义，并且调用 change( )函数重新设置宽度和高度，再分别调用 getWidth( )和 getHeight( )函数获取修改后的宽度和高度，具体代码如下。

```
from settings.size import *        # 导入 size 模块下的全部定义
if __name__=='__main__':
    change(1920,1280)             # 调用 change()函数改变尺寸
    print('宽度: ',getWidth())     # 输出宽度
    print('高度: ',getHeight())    # 输出高度
```

执行上面的代码后，将显示图 8-9 所示的结果。

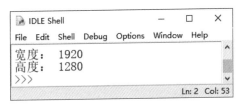

图 8-9　输出修改后的尺寸

8.5 使用其他模块

在 Python 中，除了可以自定义模块，还可以使用其他模块，主要包括使用标准模块和第三方模块。下面分别进行介绍。

8.5.1 导入和使用标准模块

Python 自带了很多实用的模块，称为标准模块（也可以称为标准库）。我们可以直接使用 import 语句将标准模块导入 Python 文件使用。例如，导入标准模块 random（用于生成随机数），可以使用下面的代码。

```
import random        # 导入标准模块 random
```

导入和使用标准模块

📖 **说明**　在导入标准模块时，也可以使用 as 关键字为其指定别名。通常情况下，如果模块名比较长，则可以为其设置别名。

导入标准模块后，可以通过模块名调用其提供的函数。例如，导入 random 模块后，就可以通过模块名 random 调用其 randint( )函数生成一个指定范围中的随机整数。生成一个 0～10（包括 0 和 10）的随机整数的代码如下。

```
import random              # 导入标准模块 random
print(random.randint(0,10)) # 输出 0～10 的随机整数
```

执行上面的代码，输出 0～10 的任意一个整数。

除了 random 模块，Python 还提供了 200 多个内置的标准模块，涵盖 Python 运行时服务、文字模式匹配、操作系统接口、数学运算、对象永久保存、网络和 Internet 脚本，以及 GUI（Graphical User Interface，图形用户界面）建构等方面。Python 常用的内置标准模块如表 8-1 所示。

表 8-1 Python 常用的内置标准模块

模块名	描述
sys	与 Python 解释器及其环境操作相关
time	提供与时间相关的各种函数
os	提供访问操作系统服务功能
calendar	提供与日期相关的各种函数
urllib	用于读取来自网络（服务器）的数据
json	用于使用 JSON 序列化和反序列化对象
re	用于在字符串中执行正则表达式匹配和替换
math	提供标准算术运算函数
decimal	用于进行精确控制运算精度、有效数位和四舍五入操作的十进制运算
shutil	用于进行高级文件操作，如复制、移动和重命名等
logging	提供灵活的记录事件、错误、警告和调试信息的功能
tkinter	使用 Python 进行 GUI 编程

除了表 8-1 所列出的常用标准模块，Python 还提供了很多标准模块，读者可以在 Python 的帮助文档中查看。具体方法是打开 Python 安装路径下的 Doc 目录，该目录中的扩展名为.chm 的文件（如 python370.chm）即为 Python 的帮助文档。打开该文件，找到图 8-10 所示的位置进行查看即可。

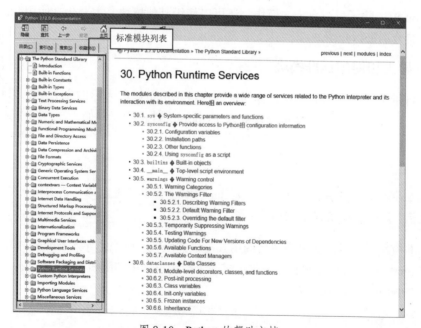

图 8-10 Python 的帮助文档

8.5.2 第三方模块的下载与安装

在进行 Python 程序开发时，除了可以使用 Python 内置的标准模块，还有很多第三方模块可以使用。这些第三方模块可以在 PyPI 网站中找到。

第三方模块需要先安装，然后就可以像使用标准模块一样导入并使用了。本小节主要介绍如何安装第三方模块。安装第三方模块可以使用 Python 提供的

第三方模块的
下载与安装

pip 命令实现。pip 命令的语法格式如下。

```
pip <command> [modulename]
```

参数说明如下。

❑ command：用于指定要执行的命令。常用的参数值有 install（用于安装第三方模块）、uninstall（用于卸载已经安装的第三方模块）、list（用于显示已经安装的第三方模块）等。

❑ modulename：可选参数，用于指定要安装或者卸载的模块名，当 command 为 install 或者 uninstall 时不能省略。

例如，安装第三方 numpy 模块（用于科学计算），可以在命令提示符窗口中输入以下代码。

```
pip install numpy
```

执行上面的代码，将在线安装 numpy 模块，安装完成后，将显示图 8-11 所示的结果。

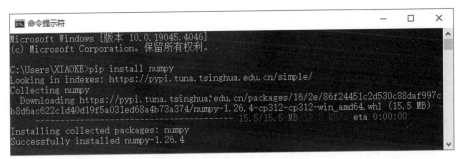

图 8-11 在线安装 numpy 模块

📖 说明　大型程序可能需要导入很多模块，推荐先导入 Python 提供的标准模块，再导入第三方模块，最后导入自定义模块。

如果想要查看 Python 中都有哪些模块（包括标准模块和第三方模块），可以在 IDLE 中执行以下命令。

```
help('modules')
```

如果只是想要查看已经安装的第三方模块，可以在命令提示符窗口中执行以下命令。

```
pip list
```

8.6　AI 帮你解决问题

在我们学习 Python 编程的过程中，AI 可以提供有力的支持。下面介绍如何利用 AI 来帮助我们解决学习模块和和包时遇到的问题。

以下是在 AI 工具中的一个可能的对话示例。

問題：

Python 中的模块、包和.py 文件有什么区别和联系？

AI 建议：

在 Python 中，模块（Module）、包（Package）和.py 文件是组织代码的重要概念。下面是它们之间的区别和联系。

1. .py 文件

定义：.py 文件是最基本的 Python 源码文件之一，包含 Python 代码。

用途：可以包含函数、类、变量等定义，也可以包含可以直接执行的代码。

示例：

```python
# example.py
def greet(name):
    return f"Hello, {name}!"
if __name__ == "__main__":
    print(greet("Alice"))
```

2. 模块

定义：模块是一个包含 Python 代码的文件。每个.py 文件都可以被视为一个模块。

用途：用于组织代码，使其更易于管理和重用。可以通过 import 语句导入其他模块中的内容。

示例：假设有一个名为 math_operations.py 的文件，其内容如下。

```python
# math_operations.py
def add(a, b):
    return a + b
def subtract(a, b):
    return a - b
```

可以在另一个文件中导入并使用这个模块：

```python
# main.py
import math_operations
result_add = math_operations.add(5, 3)
result_subtract = math_operations.subtract(5, 3)
print(f"Addition: {result_add}, Subtraction: {result_subtract}")
```

3. 包

定义：包是一种特殊的模块，可以包含多个模块和其他子包。包通过目录来表示，目录中必须有一个名为 __init__.py 的文件（在 Python 3.3 及以上版本中，该文件可以为空，但建议保留以便明确其所在目录为包）。

用途：用于进一步组织大型项目的代码，使其结构更加清晰和模块化。可以通过点（.）访问包中的模块。

示例：

创建一个名为 my_package 的目录，并在其内部创建一个 __init__.py 文件和一些模块文件。

```
my_package/
├── __init__.py
├── module1.py
└── module2.py
```

module1.py 的内容：

```python
def function1():
    return "This is function1"
```

module2.py 的内容：

```python
def function2():
    return "This is function2"
```

可以在另一个文件中导入并使用这些模块：

```
from my_package import module1, module2
result1 = module1.function1()
result2 = module2.function2()
print(result1, result2)
```

总结
- .py 文件：最基本的 Python 源码文件。
- 模块：一个.py 文件就是一个模块，可以包含函数、类、变量等。
- 包：一种包含多个模块和其他子包的特殊模块，通过目录和__init__.py 文件来表示。

小结

本章首先对模块进行了简要的介绍；然后介绍了如何自定义模块，也就是自己开发一个模块；接下来介绍了如何通过包避免模块重名引发的冲突；随后介绍了如何使用 Python 内置的标准模块和第三方模块；最后演示了利用 AI 解决学习中的问题。本章内容在实际项目开发中经常应用，所以需要读者认真学习，并做到融会贯通，为以后进行项目开发打下良好的基础。

上机指导

本实例将使用 random 模块模拟大乐透号码生成器。选号规则：前区在 1～35 内随机生成不重复的 5 个号码，后区在 1～12 内随机生成不重复的 2 个号码。程序运行结果如图 8-12 所示。

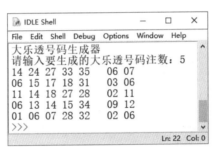

图 8-12　大乐透号码生成器

开发步骤如下。
（1）创建 MyModular 模块，并且在该模块下创建__init__.py 文件，在该文件中，创建生成大乐透号码的函数 Great_lotto( )。用该函数根据大乐透号码规则生成一组大乐透号码并返回。具体代码如下。

```
# 导入 random 模块
import  random
# 生成大乐透号码
def Great_lotto(times):
    # 创建返回的号码空列表
    Greatnumber = []
    # 根据随机数循环
    for i in range(0,times):
        #创建空列表
        numbers = []
        # 创建号码为 1～35 的红色球列表
```

```
        roselist = list(range(1, 36))
        # 在红色球列表中选取 5 个红色球
        numberred=random.sample(roselist, 5)
        # 创建号码为 1～12 的蓝色球列表
        bulelist=list(range(1,13))
        # 在蓝色球列表中选取 2 个蓝色球
        numberbulle=random.sample(bulelist, 2)
        # 按照号码从大到小的顺序排序红色球
        numberred.sort()
        # 按照号码从大到小的顺序排序蓝色球
        numberbulle.sort()
        # 蓝色球和红色球组成随机的号码列表
        numbers=numberred+numberbulle
        # 循环随机的号码
        for n in range(len(numbers)):
            # 判断号码是否小于 10
            if numbers[n]<10:
                # 号码小于 10 的时候在号码前添加 0
                numbers[n]='0'+str(numbers[n])
        # 添加到返回的号码列表中
        Greatnumber.append(numbers)
    # 返回得到的数据
    return Greatnumber
```

（2）在和 MyModular 同级的目录处创建 Python 文件，名称为 lottery.py，用于导入步骤（1）编写的生成大乐透号码的模块，并且循环生成 5 注大乐透号码输出到页面中。代码如下。

```
# 导入模块
import MyModular
print('大乐透号码生成器')
# 提示用户输入要生成大乐透号码的注数并获取输入的内容
time=input('请输入要生成的大乐透号码注数: ')
# 根据注数获取大乐透号码
Greatnumber=MyModular.Great_lotto(int(time))
# 循环输出每注号码
for i in range(0,int(time)):
    # 输出号码
    print(Greatnumber[i][0],Greatnumber[i][1],Greatnumber[i][2],Greatnumber[i][3],
        Greatnumber[i][4],"\t",Greatnumber[i][5],Greatnumber[i][6])
```

习题

8-1　什么是模块？模块的作用是什么？

8-2　请写出两种导入模块的语法格式。

8-3　请写出使用 import 语句导入模块时查找目录的顺序。

8-4　判断模块是否以主程序的形式执行的语句是什么？

8-5　在 Python 中如何创建包？

8-6　从包中导入模块通常有哪几种形式？

8-7　安装第三方模块的命令是什么？

第9章

面向对象程序设计

本章要点

- ❏ 面向对象的概念
- ❏ 创建类的实例
- ❏ 保护属性和私有属性
- ❏ 为属性添加安全保护机制
- ❏ 进行方法重写

- ❏ 类的定义
- ❏ 创建类的成员并访问
- ❏ 通过@property（装饰器）将方法转换为属性
- ❏ 继承的基本语法
- ❏ AI 帮你编写实例

9.1 面向对象概述

面向对象（Object Oriented，OO）是一种设计思想。从 20 世纪 60 年代面向对象的概念被提出到现在，它已经发展成一种比较成熟的编程思想，并且逐步成为目前软件开发领域的主流技术。我们经常听说的面向对象程序设计（Object-Oriented Programming，OOP）就是主要针对大型软件设计而提出的，它可以使软件设计更加灵活，并且能更好地进行代码复用。

面向对象概述

面向对象中的对象（Object），通常是指客观世界中存在的对象，这些对象具有唯一性，各有各的特点，每一个对象都有自己的运动规律和内部状态。对象与对象又是可以相互联系、相互作用的。另外，对象也可以是一个抽象的事物，例如，可以从圆形、正方形、三角形等图形中抽象出"简单图形"这个事物，简单图形就是一个对象，它有自己的属性和行为，图形中边的条数是它的属性，图形的面积也是它的属性，输出图形的面积就是它的行为。概括地讲，面向对象是一种从组织结构上模拟客观世界的方法。

9.1.1 对象

对象是一个抽象概念，表示某个存在的事物。世间万物皆对象！现实世界中，随处可见的种种事物就是对象，如一个人。

对象通常被划分为两个部分，即静态部分与动态部分。静态部分被称为"属性"，任何对象都具备自身属性，这些属性不仅是客观存在的，而且是不能被忽视的，如人的性别。动态部分指的是对象的行为，即对象执行的动作，如人在行走。

> 📖 **说明** 在 Python 中，一切都是对象，即不仅具体的事物是对象，字符串、函数等也都是对象，这说明 Python 从设计之初就是面向对象的。

9.1.2 类

类是封装对象的属性和行为的载体，反过来说，具有相同属性和行为的一类实体被称为类。例如，把雁群看作大雁类，那么大雁类具备喙、翅膀和爪子等属性，以及觅食、飞行和睡觉等行为。

在 Python 语言中，类是一种抽象概念，如定义一个大雁类（Geese），在该类中，可以定义每个对象共有的属性和方法。而一只要从北方飞往南方的大雁则是大雁类的一个对象，对象是类的实例。类的具体实现将在 9.2 节详细介绍。

9.1.3 面向对象程序设计的基本特征

面向对象程序设计具有三大基本特征：封装、继承和多态。下面分别进行描述。

1．封装

封装是面向对象程序设计的核心思想，将对象的属性和行为封装起来，其载体就是类，类通常会对用户隐藏其实现细节，采用的思想就是封装。例如，用户使用计算机时，只需要使用手指按键盘上的按键就可以实现一些功能，而无须知道计算机内部是如何工作的。

采用封装思想保证了类内部数据结构的完整性，使用类的用户不能直接看到类中的数据结构，而只能执行类允许公开的功能，这样就避免了外部对内部数据的影响，提高了程序的可维护性。

2．继承

矩形、菱形、梯形等都是四边形。因为它们具有共同的特征：拥有 4 条边。只要将四边形这个概念适当延伸，就会得到上述图形。以平行四边形为例，如果把平行四边形看作四边形的延伸，那么平行四边形就复用了四边形的属性和行为，同时添加了平行四边形特有的属性和行为，如平行四边形的对边平行且相等。Python 中，可以把平行四边形类看作继承四边形类后产生的类，并且将类似于平行四边形的类称为子类或派生类，将类似于四边形的类称为父类或基类。值得注意的是，在阐述平行四边形和四边形的关系时，可以说平行四边形是特殊的四边形，但不能说四边形是平行四边形。同理，Python 中可以说子类的实例都是父类的实例，但不能说父类的实例都是子类的实例。

综上所述，继承是实现重复利用的重要手段，子类通过继承复用了父类的属性和行为，又添加了子类特有的属性和行为。

3．多态

多态是指在不同的对象上调用相同的方法，根据对象类型的不同，该方法能表现出不同的行为。比如创建一个螺丝类，螺丝类有两个属性，即粗细和螺纹密度；然后创建两个子类，一个是长螺丝类，另一个是短螺丝类，并且它们都继承了螺丝类。这样长螺丝类和短螺丝类不仅具有相同的特征（粗细相同，且螺纹密度也相同），还具有不同的特征（一个长、一个短，长的可以用来固定大型支架，短的可以用来固定生活中的家具）。综上所述，一个螺丝类衍生出不同的子类，子类继承父类特征的同时，也具备了自己的特征，并且能够实现不同的行为，这就是多态化的结构。

9.2 类的定义和使用

在 Python 中，类表示具有相同属性和方法的对象的集合。在使用类时，需要先定义类，再创建类的实例，通过类的实例就可以访问类中的属性和方法了。下面进行具体介绍。

9.2.1 定义类

在 Python 中，类的定义使用 class 关键字来实现，语法格式如下。

定义类

```
class ClassName:
    '''类的帮助信息'''        # 类文档字符串
    statement               # 类体
```

参数说明如下。

- ❑ ClassName：用于指定类名，一般使用大写字母开头，如果类名包括两个单词，则第二个单词的首字母也大写，这是惯例，这种命名方法称为"驼峰式命名法"。当然，也可根据自己的习惯命名，但是一般建议按照惯例来命名。
- ❑ "'类的帮助信息'"：用于指定类文档字符串，定义该字符串后，在创建类的对象时，输入类名和左侧的圆括号后，将显示该信息。
- ❑ statement：类体，主要由类变量（或类成员）、方法和属性等定义语句组成。如果在定义类时尚未想好类的具体功能，也可以在类体中直接使用 pass 语句代替相关语句。

例如，下面以大雁为例定义一个类，代码如下。

```
class Geese:
    '''大雁类'''
    pass
```

9.2.2 创建类的实例

创建类的实例

定义类并不会真正创建一个实例。类有点像汽车的设计图。设计图可以告诉你汽车看起来怎样，但设计图本身不是一辆汽车。你不能开走它，它只能用于制造真正的汽车，而且可以使用它制造很多汽车。那么如何创建实例呢？

class 语句本身并不创建类的任何实例。在类定义完成以后，我们可以创建类的实例，即实例化该类的对象。创建类的实例的语法格式如下。

```
ClassName(parameterlist)
```

其中，ClassName 是必选参数，用于指定具体的类；parameterlist 是可选参数，当创建一个类时没有创建 __init__() 方法（该方法将在 9.2.3 小节详细介绍），或者 __init__() 方法只有一个 self 参数时，parameterlist 可以省略。

例如，创建 9.2.1 小节定义的 Geese 类的实例，可以使用下面的代码。

```
wildGoose = Geese()      # 创建 Geese 类的实例
print(wildGoose)
```

执行上面的代码后，将显示类似下面的内容。

```
<__main__.Geese object at 0x0000000002F47AC8>
```

从上面的运行结果中可以看出，wildGoose 是 Geese 类的实例。

⚠ **注意** Python 中创建实例不使用 new 关键字，这是它与其他面向对象的编程语言的区别。

9.2.3 魔术方法——__init__()

在定义类后，可以手动创建一个 __init__() 方法。该方法是一个特殊的方法，类似 Java 中

的构造方法。每当创建一个类的新实例时，Python 都会自动执行它。__init__( )
方法必须包含一个 self 参数，并且它必须是第一个参数。self 参数是一个指向
实例本身的引用，用于访问类中的属性和方法。方法调用时会自动传递实参
self。因此，当__init__( )方法只有一个参数时，在创建类的实例时就不需要指
定实参了。

魔术方法——
__init__()

📖 **说明** 在 __init__( )方法的名称中，开头和结尾使用双下画线（中间没有空格），这是一种
约定，旨在区分 Python 的默认方法和普通方法。

【**例 9-1**】 定义 Geese 类，并且创建__init__( )方法。（实例位置：资源包\MR\源码\第 9 章\9-1）
代码如下。

```python
class Geese:
    '''大雁类'''
    def __init__(self):          # 构造方法
        print("我是大雁类! ")
wildGoose = Geese()              # 创建 Geese 类的实例
```

执行上面的代码，将输出以下内容。

我是大雁类!

从上面的运行结果可以看出，在创建 Geese 类的实例时，虽然我们没有为__init__( )方法指
定参数，但是该方法会自动执行。

📖 **说明** 在为类创建__init__( )方法时，在开发环境中运行下面的代码。

```python
class Geese:
    '''大雁类'''
    def __init__():              # 构造方法
        print("我是大雁类! ")
wildGoose = Geese()              # 创建大雁类的实例
```

运行结果如图 9-1 所示。该异常的解决方法是在第 3 行代码的圆括号中添加 self。

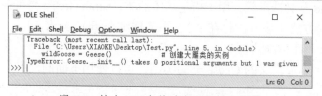

图 9-1 缺少 self 参数时出现的异常信息

在__init__( )方法中，除了 self 参数，还可以自定义一些参数，注意参数间使用逗号进行
分隔。

【**例 9-2**】 创建__init__( )方法，并且为其传递 3 个参数，分别是 beak、wing 和 claw。（实
例位置：资源包\MR\源码\第 9 章\9-2）
代码如下。

```python
class Geese:
    '''大雁类'''
    def __init__(self,beak,wing,claw):               # 构造方法
        print("我是大雁类! 我有以下特征: ")
```

```
        print(beak)                                          # 输出喙的特征
        print(wing)                                          # 输出翅膀的特征
        print(claw)                                          # 输出爪子的特征
beak_1 = "喙的基部较高，长度和头部的长度几乎相等；"            # 喙的特征
wing_1 = "翅膀长而尖；"                                       # 翅膀的特征
claw_1 = "爪子是蹼状的。"                                     # 爪子的特征
wildGoose = Geese(beak_1,wing_1,claw_1)                     # 创建 Geese 类的实例
```

执行上面的代码，将显示图 9-2 所示的运行结果。

图 9-2　创建 __init__() 方法时指定 3 个参数

9.2.4　创建类的成员并访问

类的成员主要由实例方法和数据成员组成。在类中创建了类的成员后，可以通过类的实例进行访问。下面进行详细介绍。

创建类的成员并
访问

1．创建实例方法并访问

实例方法是指在类中定义的函数。该函数是一种在类的实例上操作的函数。同 __init__() 方法一样，实例方法的第一个参数必须是 self，并且必须包含一个 self 参数。创建实例方法的语法格式如下。

```
def functionName(self,parameterlist):
    block
```

参数说明如下。

❑ functionName：用于指定方法名，一般使用小写字母开头。

❑ self：必要参数，表示类的实例，其名称可以是除 self 以外的单词，使用 self 只是一个惯例而已。

❑ parameterlist：用于指定除 self 参数以外的参数，各参数间使用逗号进行分隔。

❑ block：方法体，表示实现的具体功能。

📖 说明　实例方法和 Python 中的函数的主要区别就是，函数实现的是某个独立的功能，而实例方法实现的是类中的一个行为，是类的一部分。

实例方法创建完成后，可以通过类的实例名和点号进行访问。具体的语法格式如下所示。

```
instanceName.functionName(parametervalue)
```

其中，instanceName 为类的实例名；functionName 为要调用的方法名；parametervalue 表示为方法指定对应的实参，其值的个数与创建实例方法时 parameterlist 中的参数个数相同。

2．创建数据成员并访问

数据成员是指在类中定义的变量，即属性，根据定义位置，又可以分为类属性和实例属性。下面分别进行介绍。

（1）类属性是指定义在类中，并且在函数体外的属性。类属性可以在类的所有实例之间共享，也就是在所有实例化的对象中共用。

📖 **说明**　类属性可以通过类名或实例名访问。

【例 9-3】 定义一个大雁类 Geese，在该类中定义 3 个类属性，用于记录 Geese 类的特征。（实例位置：资源包\MR\源码\第 9 章\9-3）

代码如下。

```python
class Geese:
    '''大雁类'''
    neck = "脖子较长；"                           # 定义类属性（脖子）
    wing = "振翅频率高；"                         # 定义类属性（翅膀）
    leg = "腿位于身体的中心支点，行走自如。"      # 定义类属性（腿）
    def __init__(self):                          # 实例方法（相当于构造方法）
        print("我属于大雁类！我有以下特征：")
        print(Geese.neck)                        # 输出脖子的特征
        print(Geese.wing)                        # 输出翅膀的特征
        print(Geese.leg)                         # 输出腿的特征
```

创建上面的 Geese 类，然后创建该类的实例，代码如下。

```python
geese = Geese()                                  # 实例化一个 Geese 类的对象
```

应用上面的代码创建 Geese 类的实例后，将显示以下内容。

```
我属于大雁类！我有以下特征：
脖子较长；
振翅频率高；
腿位于身体的中心支点，行走自如。
```

（2）实例属性是指定义在类的方法中的属性，只作用于当前实例。

【例 9-4】 定义一个大雁类 Geese，在该类的__init__()方法中定义 3 个实例属性，用于记录 Geese 类的特征。（实例位置：资源包\MR\源码\第 9 章\9-4）

代码如下。

```python
class Geese:
    '''大雁类'''
    def __init__(self):                          # 实例方法（相当于构造方法）
        self.neck = "脖子较长；"                  # 定义实例属性（脖子）
        self.wing = "振翅频率高；"                # 定义实例属性（翅膀）
        self.leg = "腿位于身体的中心支点，行走自如。"  # 定义实例属性（腿）
        print("我属于大雁类！我有以下特征：")
        print(self.neck)                         # 输出脖子的特征
        print(self.wing)                         # 输出翅膀的特征
        print(self.leg)                          # 输出腿的特征
```

创建上面的 Geese 类，然后创建该类的实例，代码如下。

```python
geese = Geese()                                  # 实例化一个 Geese 类的对象
```

应用上面的代码创建 Geese 类的实例后，将显示以下内容。

```
我属于大雁类！我有以下特征：
脖子较长；
```

振翅频率高；

腿位于身体的中心支点，行走自如。

📖 **说明** 实例属性只能通过实例名访问。如果通过类名访问实例属性，将出现图 9-3 所示的异常信息。

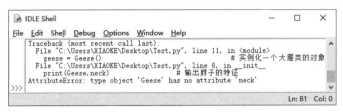

图 9-3 通过类名访问实例属性出现的异常信息

实例属性也可以通过实例名修改，与类属性不同，通过实例名修改实例属性后，并不影响该类的另一个实例中相应的实例属性的值。

【例 9-5】 定义一个大雁类 Geese，并在 __init__( )方法中定义一个实例属性，然后创建两个 Geese 类的实例，并且修改第一个实例的实例属性，最后分别输出定义的实例属性。（实例位置：资源包\MR\源码\第 9 章\9-5）

代码如下。

```python
class Geese:
    '''大雁类'''
    def __init__(self):                          # 实例方法（相当于构造方法）
        self.neck = "脖子较长。"                    # 定义实例属性（脖子）
        print(self.neck)                         # 输出脖子的特征
goose1 = Geese()                                 # 创建 Geese 类的实例 1
goose2 = Geese()                                 # 创建 Geese 类的实例 2
goose1.neck = "脖子没有天鹅的长。"                   # 修改实例属性
print("goose1 的 neck 属性: ",goose1.neck)
print("goose2 的 neck 属性: ",goose2.neck)
```

执行上面的代码，将显示以下内容。

```
脖子较长。
脖子较长。
goose1 的 neck 属性:  脖子没有天鹅的长。
goose2 的 neck 属性:  脖子较长。
```

9.2.5 访问限制

在类内部可以定义属性和方法，而在类外部则可以直接调用属性和方法来操作数据，从而隐藏类内部的复杂逻辑。但是 Python 并没有对属性和方法的访问权限进行限制。为了保证类内部的某些属性或方法不被外部访问，可以在属性或方法名前面添加下画线（如_foo）、双下画线（如__foo）或首尾加双下画线（如

访问限制

__foo__），从而限制访问权限。其中，下画线、双下画线和首尾加双下画线的作用如下。

- ❏ __foo__：首尾加双下画线表示定义特殊方法，一般是系统定义方法，如__init__( )。
- ❏ _foo：以下画线开头的是 protected（保护）类型的成员，只允许类本身和子类进行访问，但不能使用"from module import *"语句导入。

【例 9-6】 创建一个 Swan 类，定义保护属性_neck_swan，并在__init__()方法中访问该属性，然后创建 Swan 类的实例，并通过实例名输出保护属性_neck_swan。（实例位置：资源包\MR\源码\第 9 章\9-6）

代码如下。

```
class Swan:
    '''天鹅类'''
    _neck_swan = '天鹅的脖子很长。'              # 定义保护属性
    def __init__ (self):
        print("__init__():", Swan._neck_swan)    # 在实例方法中访问保护属性
swan = Swan()                                    # 创建 Swan 类的实例
print("直接访问:" , swan._neck_swan)             # 保护属性可以通过实例名访问
```

执行上面的代码，将显示以下内容。

```
__init__(): 天鹅的脖子很长。
直接访问: 天鹅的脖子很长。
```

从上面的运行结果中可以看出：保护属性可以通过实例名访问。

❑ __foo：以双下画线开头的是 private（私有）类型的成员，只允许定义该方法的类本身进行访问，而且也不能通过类的实例进行访问，但是可以通过"实例名.类名__×××"方式访问。

【例 9-7】 创建一个 Swan 类，定义私有属性__neck_swan，并在__init__()方法中访问该属性，然后创建 Swan 类的实例，并通过实例名输出私有属性__neck_swan。（实例位置：资源包\MR\源码\第 9 章\9-7）

代码如下。

```
class Swan:
    '''天鹅类'''
    __neck_swan = '天鹅的脖子很长。'              # 定义私有属性
    def __init__(self):
        print("__init__():", Swan.__neck_swan)    # 在实例方法中访问私有属性
swan = Swan()                                     # 创建 Swan 类的实例
print("加入类名:" , swan._Swan__neck_swan)  # 私有属性，可以通过"实例名.类名__×××"方式访问
print("直接访问:" , swan.__neck_swan)              # 私有属性不能通过实例名访问，否则会出错
```

执行上面的代码后，将输出图 9-4 所示的结果。

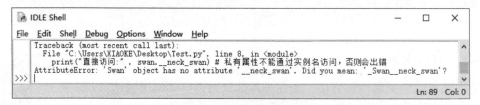

图 9-4　访问私有属性

从上面的运行结果可以看出：私有属性可以通过"类名.属性名"方式访问，也可以通过"实例名.类名__×××"方式访问，但是不能直接通过"实例名.属性名"方式访问。实际上，Python 对所有以双下画线开头的属性进行了变形，形成了新名称"_类名__×××"。通过这个名称可以访问和改变私有属性的值，但是由于这种变形只发生在定义类时，在方法执行时不会发生，所以通过它不能访问和改变方法中调用的私有属性的值。

9.3 属性

本节要介绍的属性（Property）与 9.2.4 小节介绍的类属性和实例属性不同。9.2.4 小节介绍的属性返回所存储的值，而本节要介绍的属性则是一种特殊的属性，访问它时将计算它的值。另外，该属性还可以为其他属性添加安全保护机制。下面分别进行介绍。

9.3.1 创建用于计算的属性

创建用于计算的属性

在 Python 中，可以通过@property（装饰器）将一个方法转换为属性，从而创建用于计算的属性。将方法转换为属性后，可以直接通过方法名来访问，而不需要再添加一对圆括号，这样可以让代码更加简洁。

通过@property 创建用于计算的属性的语法格式如下。

```
@property
def methodname(self):
    block
```

参数说明如下。

- ❏ methodname：用于指定方法名，该名称一般使用小写字母开头，最后将作为创建的属性名。
- ❏ self：必要参数，表示类的实例。
- ❏ block：方法体，表示实现的具体功能。方法体通常以 return 语句结束，用于返回计算结果。

【例 9-8】 定义一个矩形类，在__init__()方法中首先定义两个实例属性，然后定义一个计算矩形面积的方法，并应用@property 将其转换为属性，最后创建类的实例，并访问转换后的属性。（实例位置：资源包\MR\源码\第 9 章\9-8）

代码如下。

```
class Rect:
    def __init__(self,width,height):
        self.width = width           # 矩形的宽
        self.height = height         # 矩形的高
    @property                        # 将方法转换为属性
    def area(self):                  # 计算矩形的面积的方法
        return self.width*self.height  # 返回矩形的面积
rect = Rect(800,600)                 # 创建类的实例
print("面积为: ",rect.area)          # 输出属性的值
```

执行上面的代码，将显示以下结果。

```
面积为: 480000
```

⚠ 注意　通过@property 转换后的属性不能重新赋值，如果对其重新赋值，将出现图 9-5 所示的异常信息。

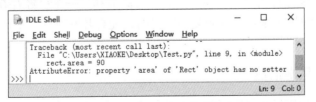

图 9-5　AttributeError 异常信息

9.3.2 为属性添加安全保护机制

在 Python 中，默认情况下，创建的类属性或实例是可以在类体外进行修改的。如果想要限制其不能在类体外修改，可以将其设置为私有的，但设置为私有的后，在类体外也不能直接通过"实例名.属性名"方式获取它的值。如果想要创建一个可以获取，但不能修改的属性，可以使用@property 实现只读属性。

为属性添加安全
保护机制

【例 9-9】 创建一个电视节目类 TVshow，再创建一个 show 属性，用于显示当前播放的节目。（实例位置：资源包\MR\源码\第 9 章\9-9）

代码如下。

```
class TVshow:     # 定义电视节目类
    def __init__(self,show):
        self.__show = show
    @property                          # 将方法转换为属性
    def show(self):                    # 定义 show() 方法
        return self.__show             # 返回私有属性的值
tvshow = TVshow("正在播放《第二十条》。")  # 创建类的实例
print("默认: ",tvshow.show)            # 获取属性值
```

执行上面的代码，将显示以下内容。

```
默认:  正在播放《第二十条》。
```

通过上面的方法创建的 show 属性是只读的，尝试修改该属性的值，再重新获取。在上面的代码的下方添加以下代码。

```
tvshow.show = "正在播放《三大队》。"     # 修改属性值
print("修改后: ",tvshow.show)          # 获取属性值
```

运行后，将显示图 9-6 所示的运行结果。其中的异常信息就是修改属性值时出现的异常信息。

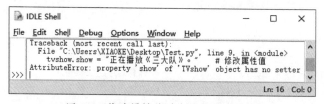

图 9-6　修改属性值时出现的异常信息

通过修改不仅可以将属性设置为只读，而且可以为属性设置拦截器，即允许对属性值进行修改，但修改时受到一定的约束。

9.4 继承

编写类并不是每次都要从空白开始。当要编写的类和另一个已经存在的类之间存在一定的继承关系时，可以通过继承来达到代码复用的目的，提高开发效率。下面介绍如何在 Python 中实现继承。

9.4.1 继承的基本语法

继承是面向对象程序设计最重要的基本特征之一，它源于人们认识客观世界的过程，是自

然界普遍存在的一种现象。例如，我们每个人都从父母那里继承了一些体貌特征，但是每个人又不同于父母，因为每个人身上都存在一些自己的特征，这些特征是每个人独有的，在父母身上并没有体现。在程序设计中实现继承，表示某个类拥有它继承的类的所有公有成员或者保护成员。在面向对象程序设计中，被继承的类称为父类或基类，新的类称为子类或派生类。

继承的基本语法

通过继承不仅可以实现代码的复用，还可以梳理类与类之间的关系。在 Python 中，可以在类定义语句中类名右侧使用一对圆括号将要继承的父类名括起来，从而实现类的继承。具体的语法格式如下。

```
class ClassName(baseclasslist):
    '''类的帮助信息'''          # 类文档字符串
    statement                   # 类体
```

参数说明如下。
- ❑ ClassName：用于指定类名。
- ❑ baseclasslist：用于指定要继承的父类，可以有多个，类名之间用逗号分隔。如果不指定，将使用所有 Python 对象的根类 object。
- ❑ '''类的帮助信息'''：用于指定类文档字符串，定义该字符串后，在创建类的对象时，输入类名和左侧的圆括号后，将显示该信息。
- ❑ statement：类体，主要由类变量（或类成员）、方法和属性等定义语句组成。如果在定义类时尚未想好类的具体功能，也可以在类体中直接使用 pass 语句代替相关语句。

【例 9-10】 定义水果类（父类）及其子类。（实例位置：资源包\MR\源码\第 9 章\9-10）

首先定义一个水果类 Fruit（作为父类），并在该类中定义一个类属性（用于保存水果默认的颜色）和一个 harvest() 方法；然后定义 Apple 类和 Orange 类，都继承自 Fruit 类，最后创建 Apple 类和 Orange 类的实例，并调用 harvest() 方法（在父类中编写），代码如下。

```
class Fruit:                                    # 定义水果类（基类）
    color = "绿色"                              # 定义类属性
    def harvest(self, color):
        print("水果是: " + color + "的! ")       # 输出的是形参 color
        print("水果已经收获……")
        print("水果原来是: " + Fruit.color + "的! ")   # 输出的是类属性 color
class Apple(Fruit):                             # 定义苹果类（子类）
    color = "红色"
    def __init__(self):
        print("我是苹果。")
class Orange(Fruit):                            # 定义橘子类（子类）
    color = "橙色"
    def __init__(self):
        print("\n 我是橘子。")
apple = Apple()                                 # 创建类的实例（苹果）
apple.harvest(apple.color)                      # 调用父类的 harvest() 方法
orange = Orange()                               # 创建类的实例（橘子）
orange.harvest(orange.color)                    # 调用父类的 harvest() 方法
```

执行上面的代码，将显示图 9-7 所示的结果。从该运行结果中可以看出：虽然 Apple 类和 Orange 类中没有 harvest() 方法，但是 Python 允许子类访问父类的方法。

图 9-7　定义水果类（父类）及其子类的运行结果

9.4.2　方法重写

父类的成员都会被子类继承，当父类中的某个方法不完全适用于子类时，就需要在子类中重写父类的这个方法，这和 Java 中的方法重写是一样的。

在【例 9-10】中，父类中定义的 harvest( ) 方法无论子类是什么水果都显示"水果……"，如果想要针对不同水果给出不同的提示，可以在子类中重写 harvest( ) 方法。例如，在定义子类 Orange 时，重写 harvest( ) 方法，代码如下。

方法重写

```python
class Orange(Fruit):                          # 定义橘子类（子类）
    color = "橙色"
    def __init__(self):
        print("\n 我是橘子。")
    def harvest(self, color):
        print("橘子是：" + color + "的！")       # 输出的是形参 color
        print("橘子已经收获……")
        print("橘子原来是：" + Fruit.color + "的！")   # 输出的是类属性 color
```

重写 harvest( ) 方法（即在【例 9-10】中添加上面的代码中的第 5～8 行）后，再次运行程序，将显示图 9-8 所示的运行结果。

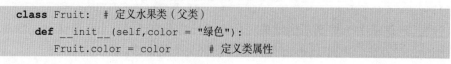

图 9-8　重写 Orange 类的 harvest( ) 方法的运行结果

9.4.3　子类中调用父类的 __init__( ) 方法

在子类中定义 __init__( ) 方法时，不会自动调用父类的 __init__( ) 方法。例如，首先定义一个 Fruit 类，在 __init__( ) 方法中定义类属性 color，然后在 Fruit 类中定义一个 harvest( ) 方法，在该方法中输出类属性 color 的值，再定义继承自 Fruit 类的 Apple 类，最后创建 Apple 类的实例，并调用 harvest( ) 方法，代码如下。

子类中调用父类的 __init__( ) 方法

```python
class Fruit:  # 定义水果类（父类）
    def __init__(self, color = "绿色"):
        Fruit.color = color          # 定义类属性
```

```
    def harvest(self):
        print("水果原来是：" + Fruit.color + "的！")    # 输出的是类属性color
class Apple(Fruit):  # 定义苹果类（子类）
    def __init__(self):
        print("我是苹果。")
apple = Apple()   # 创建类的实例（苹果）
apple.harvest()   # 调用父类的harvest()方法
```

执行上面的代码后，将显示图 9-9 所示的异常信息。

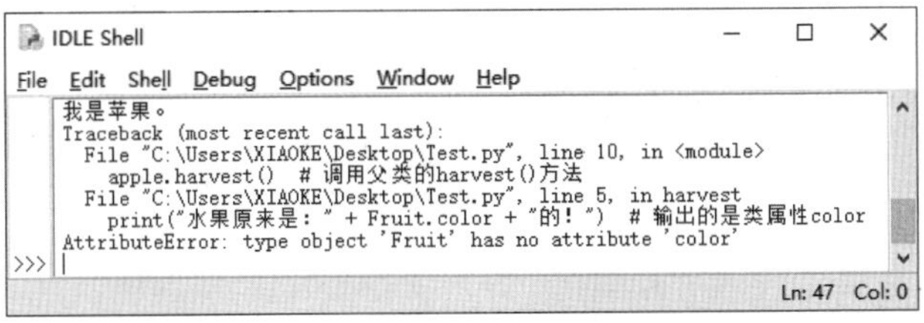

图 9-9　父类的__init__()方法未执行出现的异常信息

因此，要在子类中调用父类的__init__()方法，必须进行初始化，即需要在子类中使用 super()
函数调用父类的__init__()方法。例如，在上面的代码的第 8 行的下方添加以下代码。

```
super().__init__()                                    # 调用父类的__init__()方法
```

⚠ **注意**　在添加上面的代码时，一定要注意缩进的正确性。

9.5　AI 帮你编写实例：用户登录系统

在我们学习 Python 编程的过程中，AI 可以提供有力的支持。下面介绍如何利用 AI 来帮助
我们巩固本章所学的知识，设计相应的实例。

以下是在 AI 工具中的一个可能的对话示例。

问题：

设计一个简单的用户登录系统，体现了 Python 中类的使用。

AI 建议：

下面是一个简单的用户登录系统的示例，体现了 Python 中类的使用。这个系统将包括以
下功能。

- 用户登录。

- 退出。

我们将设计以下两个类来实现这个系统。

- User：表示用户的基本信息。

- UserManager：管理用户登录操作。

示例代码如下：

```
# 用户类，表示系统中的用户
class User:
    def __init__(self, username, password): # 初始化用户信息
        self.username = username
        self.password = password
```

```python
# 用户管理类，负责用户登录操作
class UserManager:
    def __init__(self):  # 初始化用户管理器，并预设一些用户
        self.users = [
            User("alice", "123456"),
            User("bob", "abcdef")
        ]
    def login_user(self, username, password):  # 用户登录
        for user in self.users:
            if user.username == username and user.password == password:
                print(f"用户 '{username}' 登录成功。")
                return True
        print("用户名或密码错误。")
        return False
    def run(self):  # 启动并运行
        while True:
            print("\n请选择操作:")
            print("1. 用户登录")
            print("2. 退出")
            choice = input("请输入选项 (1 或 2): ")
            try:
                choice = int(choice)
                if choice == 1:
                    username = input("请输入用户名: ")
                    password = input("请输入密码: ")
                    self.login_user(username, password)
                elif choice == 2:
                    print("感谢使用，再见！")
                    break
                else:
                    print("无效选项，请重新选择。")
            except ValueError:
                print("无效输入，请输入数字 (1 或 2)。")
# 示例调用
if __name__ == "__main__":
    user_manager = UserManager()
    user_manager.run()
```

【测试结果】

```
请选择操作:
1. 用户登录
2. 退出
请输入选项 (1 或 2): 1
请输入用户名: alice
请输入密码: 123456
用户 'alice' 登录成功。

请选择操作:
1. 用户登录
2. 退出
请输入选项 (1 或 2): 2
感谢使用，再见！
```

小结

本章主要对 Python 面向对象程序设计进行了详细的介绍：首先介绍了面向对象的概念和面向对象程序设计的基本特征；然后详细介绍了如何在 Python 中定义类、使用类；随后介绍了继承的相关知识；最后演示了利用 AI 编写实例。虽然本章对面向对象的概念介绍得很全面、很详细，但读者要想真正明白面向对象思想，必须多动手实践、多动脑思考，注意平时积累。希望读者通过自己的努力，能有所收获。

上机指导

本实例将使用类和对象实现一个银行账户资金交易管理系统，包括存款、取款和退出功能。程序运行结果如图 9-10 所示。

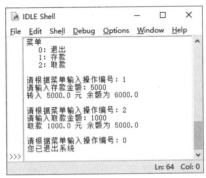

图 9-10　银行账户资金交易管理系统的运行结果

开发步骤如下。

（1）创建 Python 文件，在该文件中，定义一个银行类 Bank，并且在该类中定义一个实例属性 balance（用于保存账户余额）和两个方法，一个是用于实现存款的方法 deposit( )，另一个是用于实现取款的方法 withdrawl( )。具体代码如下。

```python
class Bank:
    def __init__(self):
        """初始化"""
        self.balance = 1000 # 账户余额
    def deposit(self):
        """存款"""
        amount = float(input('请输入存款金额: '))
        self.balance += amount
        print("转入",amount,"元 余额为",self.balance)
    def withdrawl(self):
        """取款"""
        amount = float(input('请输入取款金额: '))
        # 判断余额
        if amount > self.balance:
            print('余额不足')
        else:
            self.balance -= amount
            print("取款",amount,"元 余额为",self.balance)
```

（2）编写自定义函数 show_menu( )，用于显示菜单，代码如下。

```python
def show_menu():
    """显示菜单"""
    menu = '''菜单
0：退出
1：存款
2：取款
'''
    print(menu)
```

（3）创建程序入口。首先显示菜单，并且提供菜单操作方法，然后实例化 Bank 类的对象，最后根据用户选择的菜单项调用 Bank 类的相应方法，执行存款或取款操作。代码如下。

```python
if __name__ == "__main__":
    show_menu()   #显示菜单
    num = float(input('请根据菜单输入操作编号：'))   # 选择要进行的操作
    bank = Bank()   # 实例化类的对象
    while num!= 0 :
        if num == 1:
            bank.deposit()   # 存款操作
        elif num == 2:
            bank.withdrawl()   # 取款操作
        else:
            print('您的输入有误！')
        num = float(input('\n 请根据菜单输入操作编号：'))
    print('您已退出系统')
```

习题

9-1 什么是面向对象？

9-2 简述面向对象程序设计的基本特征。

9-3 什么是__init__( )方法？

9-4 在属性或方法名前面添加下画线、双下画线和首尾加双下画线的作用分别是什么？

9-5 如何实现类的继承？

第10章 文件与目录操作

本章要点

- ❑ 创建、打开和关闭文件
- ❑ 向文件中写入内容
- ❑ 创建、删除、遍历目录
- ❑ 重命名文件和目录
- ❑ AI 帮你解决问题
- ❑ with 语句的使用
- ❑ 读取文件内容
- ❑ 删除文件
- ❑ 获取文件基本信息

10.1 基本文件操作

Python 中内置了文件（File）对象。使用者首先通过内置的 open( )函数创建一个文件对象，然后通过该对象提供的方法进行一些基本文件操作。例如，可以使用文件对象的 write( )方法向文件中写入内容，以及使用 close( )方法关闭文件等。下面介绍如何应用 Python 的文件对象进行基本文件操作。

10.1.1 创建和打开文件

在 Python 中，想要操作文件需要先创建或者打开指定的文件并创建文件对象，这可以通过内置的 open( )函数实现。open( )函数的基本语法格式如下。

创建和打开文件

```
file = open(filename[,mode[,buffering]])
```

参数说明如下。

- ❑ file：被创建的文件对象。
- ❑ filename：要创建或打开的文件的名称，需要使用单引号或双引号标识。如果要打开的文件和当前文件在同一个目录下，那么直接写文件名即可，否则需要指定完整路径。例如，要打开当前路径下的名为 status.txt 的文件，可以使用"status.txt"。
- ❑ mode：可选参数，用于指定文件的打开模式。其参数值如表 10-1 所示。默认的打开模式为只读（即 mode 参数值为 r）。

表 10-1 mode 参数的参数值

参数值	说明	注意
r	以只读模式打开文件。文件指针将会放在文件的开头	文件必须存在
rb	以二进制方式打开文件，并且采用只读模式。文件指针将会放在文件的开头。一般用于非文本文件，如图片文件、音频文件等	
r+	打开文件后，可以读取文件内容，也可以写入新内容覆盖已有内容（从文件开头进行覆盖）	

参数值	说明	注意
rb+	以二进制方式打开文件，并且采用读写模式。文件指针将会放在文件的开头。一般用于非文本文件，如图片文件、音频文件等	文件必须存在
w	以只写模式打开文件	如果文件存在，则将其覆盖，否则创建新文件
wb	以二进制方式打开文件，并且采用只写模式。一般用于非文本文件，如图片文件、音频文件等	
w+	打开文件后，先清空已有内容，使其变为一个空文件，对这个空文件有读写权限	
wb+	以二进制方式打开文件，并且采用读写模式。一般用于非文本文件，如图片文件、音频文件等	
a	以追加模式打开文件。如果该文件已经存在，文件指针将放在文件的末尾（即新内容会被写在已有内容之后），否则，创建新文件用于写入	
ab	以二进制方式打开文件，并且采用追加模式。如果该文件已经存在，文件指针将放在文件的末尾（即新内容会被写在已有内容之后），否则，创建新文件用于写入	
a+	以读写模式打开文件。如果该文件已经存在，文件指针将放在文件的末尾（即新内容会被写在已有内容之后），否则，创建新文件用于读写	
ab+	以二进制方式打开文件，并且采用追加模式。如果该文件已经存在，文件指针将放在文件的末尾（即新内容会被写在已有内容之后），否则，创建新文件用于读写	

❏ buffering：可选参数，用于指定读写文件的缓存模式。值为 0 表示不缓存，值为 1 表示缓存，值大于 1 表示缓冲区的大小。默认值为 1。

open( )函数经常用于实现以下几个功能。

1. 打开一个不存在的文件时先创建该文件

在默认的情况下，使用 open( )函数打开一个不存在的文件，会出现图 10-1 所示的异常信息。

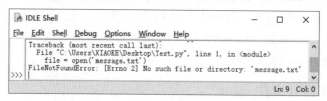

图 10-1　打开不存在的文件时出现的异常信息

要解决图 10-1 所示的异常，主要有以下两种方法。

❏ 在当前目录（即与执行的文件相同的目录）下创建一个名为 status.txt 的文件。

❏ 在调用 open( )函数时，指定 mode 的参数值为 w、w+、a、a+。这样，当要打开的文件不存在时，就可以创建新的文件了。

例如，使用 open( )函数创建并打开一个名为 message.txt 的文件，且输出提示信息，代码如下。

```python
print("\n","="*10,"蚂蚁庄园动态","="*10)
file = open('message.txt','w')                    # 创建并打开保存蚂蚁庄园动态信息的文件
print("\n 即将显示……\n")
```

执行上面的代码，将显示图 10-2 所示的结果，同时在当前 Python 文件所在的目录下创建一个名为 message.txt 的文件，该文件没有任何内容。

图 10-2　创建并打开一个文本文件

2．以二进制方式打开文件

使用 open( ) 函数不仅可以以文本的方式打开文本文件，而且可以以二进制方式打开非文本文件，如图片文件、音频文件、视频文件等。例如，创建一个名为 picture.png 的图片文件，如图 10-3 所示，并应用 open( ) 函数以二进制方式打开该文件。

以二进制方式打开该文件并输出创建的对象，代码如下。

```
file = open('picture.png','rb')     # 以二进制方式打开图片文件
print(file)                         # 输出创建的对象
```

执行上面的代码后，将显示图 10-4 所示的结果。

图 10-3　创建的图片文件

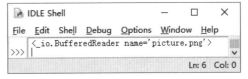

图 10-4　以二进制方式打开图片文件

从图 10-4 中可以看出，这里创建的是一个 BufferedReader 对象。该对象创建后，可以再应用其他的第三方模块进行处理。例如，上面的 BufferedReader 对象是通过打开图片文件创建的，那么就可以将其传入第三方的图像处理库 PIL 的 Image 模块的 open()函数，以便对图片进行处理（如调整大小等）。

3．打开文件时指定编码方式

open( ) 函数打开文件时默认采用 GBK 编码，当被打开的文件不采用 GBK 编码时，将出现图 10-5 所示的异常信息。

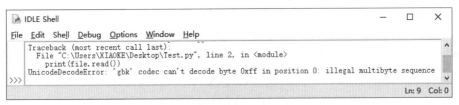

图 10-5　Unicode 解码异常

解决该异常的方法有两种，一种是直接修改文件的编码方式，另一种是在打开文件时指定编码方式。推荐采用后一种方法。下面重点介绍如何在打开文件时指定编码方式。

在调用 open( ) 函数时，通过添加 encoding='utf-8'参数即可实现将编码方式指定为 UTF-8。如果想要指定其他编码方式，可以将单引号中的内容替换为想要指定的编码方式。

例如，打开采用 UTF-8 编码的 notice.txt 文件，可以使用下面的代码。

```
file = open('notice.txt','r',encoding='utf-8')
```

10.1.2　关闭文件

打开文件后，需要及时关闭，以免对文件造成不必要的破坏。关闭文件可以使用文件对象的 close( ) 方法实现。close( ) 方法的语法格式如下。

```
file.close()
```

其中，file 为打开的文件对象。

关闭文件

例如，关闭打开的文件，可以使用下面的代码。

```
file.close()    # 关闭文件
```

📖 **说明** close( )方法先刷新缓冲区中还没有写入的信息，然后关闭文件，这样可以将没有写入文件的内容写入文件。在关闭文件后，便不能再进行写入操作了。

10.1.3 打开文件时使用 with 语句

打开文件后，要及时将其关闭。如果忘记关闭可能会带来意想不到的问题。另外，如果在打开文件时抛出了异常，那么将导致文件不能被及时关闭。为了更好地避免此类问题发生，可以使用 Python 提供的 with 语句，从而实现在处理文件时，无论是否抛出异常，都能保证在 with 语句执行完毕后关闭已经打开的文件。with 语句的基本语法格式如下。

打开文件时使用
with 语句

```
with expression as target:
    with-body
```

参数说明如下。

- ❏ expression：用于指定一个表达式，这里可以是打开文件的 open( )函数。
- ❏ target：用于指定一个变量，并且将 expression 的结果保存到该变量中。
- ❏ with-body：用于指定 with 语句体，可以包含执行 with 语句后的相关操作语句。如果不想执行任何语句，可以直接使用 pass 语句代替。

例如，在打开文件时使用 with 语句，修改后的代码如下。

```
print("\n", "="*10,"Python 经典应用","="*10)
with open('message.txt','w') as file:    # 创建或打开保存 Python 经典应用信息的文件
    pass
print("\n 即将显示……\n")
```

10.1.4 写入文件内容

我们虽然已经创建并打开了一个文件，但是该文件中并没有任何内容，它的大小是 0KB。Python 的文件对象提供了 write( )方法，可以向文件中写入内容。write( )方法的语法格式如下。

写入文件内容

```
file.write(string)
```

其中，file 为打开的文件对象；string 为要写入的字符串。

⚠️ **注意** 调用 write( )方法向文件中写入内容的前提是，打开文件时，指定的打开模式为 w（只写）或者 a（追加），否则，将出现图 10-6 所示的异常信息。

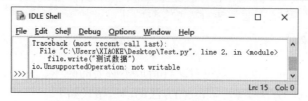

图 10-6　没有写入权限时出现的异常信息

【例 10-1】 向蚂蚁庄园动态文件写入一条信息。（实例位置：资源包\MR\源码\第 10 章\10-1）

在 IDLE 中创建一个名为 antmanor_message_w.py 的文件，然后在该文件中，首先应用 open( ) 函数以写方式创建并打井一个文件，然后调用 write( ) 方法向该文件中写入一条动态信息，最后关闭文件，代码如下。

```
print("\n","="*10,"蚂蚁庄园动态","="*10)
file = open('message.txt','w')        # 创建并打开保存蚂蚁庄园动态信息的文件
# 写入一条动态信息
file.write("你使用了1张加速卡，小鸡"撸起袖子"开始吃饲料，进食速度大大加快。\n")
print("\n 写入了一条动态……\n")
file.flush()                          # 关闭文件对象
```

执行上面的代码，将显示图 10-7 所示的结果，同时在 antmanor_message_w.py 文件所在的目录下创建一个名为 message.txt 的文件，并且在该文件中写入文字"你使用了 1 张加速卡，小鸡"撸起袖子"开始吃饲料，进食速度大大加快。"。

图 10-7　向蚂蚁庄园动态文件写入一条信息

⚠️注意　在写入文件内容后，一定要调用 close( ) 方法关闭文件，否则写入的内容不会保存到文件中。这是因为当我们写入文件内容时，操作系统不会立刻把数据写入磁盘，而是先缓存起来，只有调用 close( ) 方法时，操作系统才会把没有写入的数据全部写入磁盘。

在向文件中写入内容后，如果不想马上关闭文件，也可以调用文件对象提供的 flush( ) 方法，把缓冲区的内容写入磁盘。这样也能保证数据被全部写入磁盘。

10.1.5　读取文件内容

在 Python 中打开文件后，除了可以写入文件内容，还可以读取文件内容。读取文件内容主要分为以下几种情况。

读取文件内容

1．读取指定个数的字符

文件对象提供了 read( ) 方法用于读取指定个数的字符。其语法格式如下。

```
file.read([size])
```

其中，file 为打开的文件对象；size 为可选参数，用于指定要读取的字符个数，如果省略则一次性读取所有内容。

⚠️注意　调用 read( ) 方法读取文件内容的前提是，打开文件时，指定的打开模式为 r（只读）或者 r+（读写），否则，将出现图 10-8 所示的异常信息。

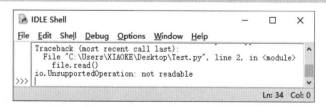

图 10-8　没有读取权限时出现的异常信息

例如，要读取 message.txt 文件中的前 9 个字符，可以使用下面的代码。

```
with open('message.txt','r') as file:  # 打开文件
```

```
    string = file.read(9)                    # 读取前 9 个字符
    print(string)
```

假设 message.txt 的文件内容如下。

Python 的强大，强大到你无法想象!!!

执行上面的代码将显示以下结果。

Python 的强大

使用 read( )方法读取文件时，是从文件头开始读取的。如果想要从其他位置开始读取，可以先使用文件对象的 seek( )方法将文件的指针移动到新的位置，再应用 read( )方法读取。seek( )方法的基本语法格式如下。

```
file.seek(offset[,whence])
```

参数说明如下。

❑ file：表示已经打开的文件对象。
❑ offset：用于指定文件指针移动的字符个数，文件指针具体位置与 whence 有关。
❑ whence：用于指定文件指针的移动从什么位置开始计算。值为 0 表示从文件头开始计算，值为 1 表示从当前位置开始计算，值为 2 表示从文件尾开始计算，默认值为 0。

⚠注意　对于 whence 参数，如果在打开文件时没有使用 b 模式（即 rb），那么只允许从文件头开始计算，试图从文件尾开始计算就会出现图 10-9 所示的异常信息。

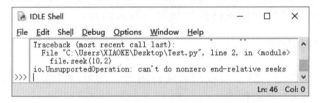

图 10-9　io.UnsupportedOperation 异常信息

例如，想要从文件的第 14 个字符开始读取 8 个字符，可以使用下面的代码。

```
with open('message.txt','r') as file:        # 打开文件
    file.seek(14)                            # 移动文件指针到新的位置
    string = file.read(8)                    # 读取 8 个字符
    print(string)
```

假设 message.txt 的文件内容如下。

Python 的强大，强大到你无法想象!!!

执行上面的代码将显示以下结果。

强大到你无法想象

📖说明　在使用 seek( )方法时，offset 的值是按一个汉字或中文全角标点为两个字符、一个英文字母或数字为一个字符计算的。这与 read( )方法的计算方式不同。

【例 10-2】　显示蚂蚁庄园的动态信息。（实例位置：资源包\MR\源码\第 10 章\10-2）

在 IDLE 中创建一个名为 antmanor_message_r.py 的文件，然后在该文件中，先应用 open( )函数以只读模式打开一个文件，再调用 read( )方法读取全部动态信息，并输出，代码如下。

```
print("\n","="*25,"蚂蚁庄园动态","="*25,"\n")
```

```
with open('message.txt','r',encoding='utf-8') as file:    # 打开保存蚂蚁庄园动态信息的文件
    message = file.read()                      # 读取全部动态信息
    print(message)                             # 输出动态信息
    print("\n","="*29,"over","="*29,"\n")
```

执行上面的代码，将显示图 10-10 所示的结果。

图 10-10　显示蚂蚁庄园的动态信息

2. 读取一行

在使用 read( )方法读取文件内容时，如果文件很大，一次读取全部内容到内存容易造成内存不足，所以通常建议逐行读取内容。文件对象提供了 readline( )方法用于每次读取一行数据。readline( )方法的基本语法格式如下。

```
file.readline()
```

其中，file 为打开的文件对象。同 read( )方法一样，打开文件时，也需要指定打开模式为 r（只读）或者 r+（读写）。

【例 10-3】　逐行显示蚂蚁庄园动态信息。（实例位置：资源包\MR\源码\第 10 章\10-3）

在 IDLE 中创建一个名为 antmanor_message_rl.py 的文件，然后在该文件中，先应用 open( )函数以只读模式打开一个文件，再应用 while 语句创建一个循环，在该循环中调用 readline( )方法读取一条动态信息并输出，另外还需要判断内容是否已经读取完毕，如果读取完毕则应用break 语句跳出循环，代码如下。

```
print("\n","="*26,"蚂蚁庄园动态","="*26,"\n")
with open('message.txt','r',encoding='utf-8') as file:    # 打开保存蚂蚁庄园动态信息的文件
    number = 0       # 记录行号
    while True:
        number += 1
        line = file.readline()
        if line =='':
            break    # 跳出循环
        print(number,line,end= "\n")            # 输出一行内容
print("\n","="*30,"over","="*30,"\n")
```

执行上面的代码，将显示图 10-11 所示的结果。

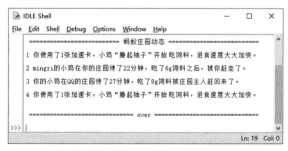

图 10-11　逐行显示蚂蚁庄园动态信息

　　　　　　　　　　　　　　　　　　　文件与目录操作／第 10 章

3．读取全部行

读取全部行的效果与调用 read( )方法时不指定 size 的效果类似，只不过读取全部行时，返回的是一个字符串列表，每个元素为文件的一行内容。读取全部行使用的是文件对象的 readlines( )方法，其语法格式如下。

```
file.readlines()
```

其中，file 为打开的文件对象。同 read( )方法一样，打开文件时，也需要指定打开模式为 r（只读）或者 r+（读写）。

例如，通过 readlines( )方法读取 message.txt 文件中的所有内容，并输出读取结果，代码如下。

```python
print("\n","="*20,"蚂蚁庄园动态","="*20,"\n")
with open('message.txt','r',encoding='utf-8') as file:  # 打开保存蚂蚁庄园动态信息的文件
    message = file.readlines()                           # 读取全部信息
    print(message)                                       # 输出信息
    print("\n","="*25,"over","="*25,"\n")
```

执行上面的代码，将显示图 10-12 所示的结果。

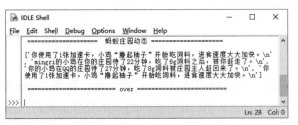

图 10-12　readlines( )方法的运行结果

从该运行结果中可以看出，readlines( )方法的返回值为一个字符串列表。在这个字符串列表中，每个元素记录一行内容。文件比较大时，采用这种方法输出读取的文件内容会很慢。这时可以将列表的内容逐行输出。例如，代码可以修改如下。

```python
print("\n","="*20," 蚂蚁庄园动态","="*20,"\n")
with open('message.txt','r',encoding='utf-8') as file:  # 打开保存蚂蚁庄园动态信息的文件
    messageall = file.readlines()                        # 读取全部信息
    for message in messageall:
        print(message)                                   # 输出一条信息
print("\n","="*25,"over","="*25,"\n")
```

运行结果如图 10-13 所示。

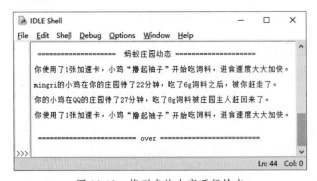

图 10-13　将列表的内容逐行输出

10.2 目录操作

目录也称文件夹，用于分层保存文件。通过目录，人们可以分门别类地存放文件，也可以快速找到想要的文件。Python 并没有提供直接操作目录的函数或者对象，目录操作需要使用内置的 os 和 os.path 模块实现。

📖 **说明** os 模块是 Python 内置的与操作系统功能和文件系统相关的模块。该模块中的语句的运行结果通常与操作系统有关，在不同操作系统上运行，可能会得到不一样的结果。

常用的目录操作主要有判断目录是否存在、创建目录、删除目录和遍历目录等，下面将进行详细介绍。

📖 **说明** 本章的内容都是以 Windows 操作系统为例进行介绍的，所以代码的运行结果也都是在 Windows 操作系统下显示的。

10.2.1 os 和 os.path 模块

Python 内置了 os 模块及其子模块 os.path，用于对目录或文件进行操作。在使用 os 模块或者 os.path 模块时，需要先应用 import 语句将其导入。

导入 os 模块可以使用下面的代码。

os 和 os.path 模块

```
import os
```

📖 **说明** 导入 os 模块后，也可以使用其子模块 os.path。

导入 os 模块后，可以使用该模块提供的通用变量获取与系统有关的信息。常用的通用变量有以下几个。

❑ name：用于获取操作系统类型。

例如，在 Windows 操作系统下输出 os.name，将显示图 10-14 所示的结果。

图 10-14 输出 os.name 的结果

📖 **说明** 输出 os.name 的结果为 nt 表示当前操作系统是 Windows 操作系统，结果为 posix 表示当前操作系统是 Linux、UNIX 操作系统或 macOS。

❑ linesep：用于获取当前操作系统上的换行符。

例如，在 Windows 操作系统下输出 os.linesep，将显示图 10-15 所示的结果。

❑ sep：用于获取当前操作系统所使用的路径分隔符。

例如，在 Windows 操作系统下输出 os.sep，将显示图 10-16 所示的结果。

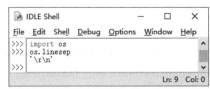

图 10-15 输出 os.linesep 的结果

图 10-16 输出 os.sep 的结果

os 模块还提供了一些与目录操作相关的函数，如表 10-2 所示。

表 10-2　os 模块提供的与目录操作相关的函数

函数	说明
getcwd( )	返回当前工作目录
listdir(path)	返回指定路径下的文件和目录信息
mkdir(path [,mode])	创建目录
makedirs(path1/path2/…[,mode])	创建多级目录
rmdir(path)	删除目录
removedirs(path1/path2/…)	删除多级目录
chdir(path)	把 path 设置为当前工作目录
walk(top[,topdown[,onerror]])	遍历目录树，该方法返回一个元组，包括所有路径名、所有目录列表和文件列表 3 个元素

os.path 模块也提供了一些与目录操作相关的函数，如表 10-3 所示。

表 10-3　os.path 模块提供的与目录操作相关的函数

函数	说明
abspath(path)	用于获取文件或目录的绝对路径
exists(path)	用于判断目录或者文件是否存在，如果存在返回 True，否则返回 False
join(path,name)	将目录与目录或者目录与文件名拼接起来
splitext( )	分离文件名和扩展名
basename(path)	从一个目录中提取文件名
dirname(path)	从一个路径中提取文件路径，不包括文件名
isdir(path)	用于判断 path 是否为路径

10.2.2　路径

用于定位文件或者目录的字符串被称为路径。程序开发通常涉及两种路径，一种是相对路径，另一种是绝对路径。有时我们还需要对路径进行拼接。

路径

1．相对路径

在学习相对路径之前，需要先了解什么是当前工作目录。当前工作目录是指当前文件所在的目录。在 Python 中，可以通过 os 模块提供的 getcwd( )函数获取当前工作目录。例如，在 E:\program\Python\Code 目录下的文件 demo.py 中，编写以下代码。

```python
import os
print(os.getcwd())    # 输出当前工作目录
```

执行上面的代码后，将显示以下路径，该路径就是当前工作目录。

```
E:\program\Python\Code
```

相对路径就是依赖于当前工作目录的。如果当前工作目录下有一个名为 message.txt 的文件，那么在打开这个文件时，就可以直接写文件名，这时采用的就是相对路径，message.txt 文件的绝对路径就是当前工作目录 + 相对路径，即 E:\program\Python\Code\ message.txt。

如果当前工作目录下有一个子目录 demo，并且在该子目录下保存着文件 message.txt，那么在打开这个文件时就可以写 demo/message.txt，如下面的代码。

```
with open("demo/message.txt") as file:          # 通过相对路径打开文件
    pass
```

📖 **说明** 在 Python 中，指定文件路径时需要对路径分隔符"\"进行转义，即将路径分隔符替换为"\\"。例如，相对路径 demo\message.txt 需要使用 demo\\message.txt 代替。另外，也可以将路径分隔符用"/"代替。

📖 **说明** 在指定文件路径时，也可以在表示路径的字符串前面加上字母 r（或 R），那么该字符串将原样输出，这时路径中的分隔符就不需要再转义了。例如，上面的代码也可以修改如下。

```
with open(r"demo\message.txt") as file:          # 通过相对路径打开文件
    pass
```

2. 绝对路径

绝对路径是指文件的实际路径，它不依赖于当前工作目录。在 Python 中，可以通过 os.path 模块提供的 abspath( ) 函数获取一个文件的绝对路径。abspath( ) 函数的基本语法格式如下。

```
os.path.abspath(path)
```

其中，圆括号中的 path 为要获取绝对路径的相对路径，可以是文件的相对路径，也可以是目录的相对路径。

例如，要获取相对路径 demo\message.txt 的绝对路径，可以使用下面的代码。

```
import os
print(os.path.abspath(r"demo\message.txt"))                      # 获取绝对路径
```

如果当前工作目录为 E:\program\Python\Code，那么将得到以下结果。

```
E:\program\Python\Code\demo\message.txt
```

3. 拼接路径

如果想要将两个或者多个路径拼接到一起组成一个新的路径，可以使用 os.path 模块提供的 join( ) 函数实现。join( ) 函数基本语法格式如下。

```
os.path.join(path1[,path2[,…]])
```

其中，path1、path2 代表要拼接的文件路径，这些路径间使用逗号进行分隔。如果要拼接的路径中没有一个绝对路径，那么最后拼接出来的将是一个相对路径。

⚠️ **注意** os.path.join( ) 函数拼接路径时，并不会检测该路径是否真实存在。

例如，需要将 E:\program\Python\Code 和 demo\message.txt 路径拼接到一起，可以使用下面的代码。

```
import os
print(os.path.join(r"E:\program\Python\Code","demo\message.txt"))     # 拼接路径
```

执行上面的代码，将得到以下结果。

```
E:\program\Python\Code\demo\message.txt
```

📖 **说明** 在使用 join( ) 函数时，如果要拼接的路径中存在多个绝对路径，那么以从左到右最后出现的绝对路径为准，并且该路径之前的路径都将被忽略，如下面的代码。

```
import os
# 拼接路径
print(os.path.join("E:\\code","E:\\python\\mr","Code","C:\\","demo"))
```

⚠️ **注意** 把两个路径拼接为一个路径时，不要直接使用字符串拼接，而要使用 os.path.join( ) 函数，这样可以正确处理不同操作系统的路径分隔符。

10.2.3 判断目录是否存在

在 Python 中，有时需要判断给定的目录是否存在，这时可以使用 os.path 模块提供的 exists( )函数实现。exists( )函数的基本语法格式如下。

判断目录是否
存在

```
os.path.exists(path)
```

其中，path 为要判断的目录，可以采用绝对路径，也可以采用相对路径。

返回值：如果给定的目录存在，则返回 True，否则返回 False。

例如，要判断 C:\demo 是否存在，可以使用下面的代码。

```
import os
print(os.path.exists("C:\\demo"))                    # 判断目录是否存在
```

执行上面的代码，如果 C 盘根目录下没有 demo 子目录，则返回 False，否则返回 True。

📖 **说明** os.path.exists( )函数除了可以判断目录是否存在，还可以判断文件是否存在。例如，如果将上面的代码中的 C:\\demo 替换为 C:\\demo\\test.txt，则用于判断 C:\demo\test.txt 文件是否存在。

10.2.4 创建目录

在 Python 中，os 模块提供了两个用于创建目录的函数，一个用于创建一级目录，另一个用于创建多级目录。下面分别进行介绍。

创建目录

1. 创建一级目录

创建一级目录是指一次只能创建一级目录，在 Python 中，这可以使用 os 模块提供的 mkdir( ) 函数实现。通过该函数只能创建指定路径中的最后一级目录，如果该目录的上一级目录不存在，则程序抛出 FileNotFoundError 异常。mkdir( )函数的基本语法格式如下。

```
os.mkdir(path, mode)
```

参数说明如下。

❏ path：用于指定要创建的目录，可以使用绝对路径，也可以使用相对路径。

❏ mode：用于指定数值模式，默认值为 0o777。该参数在非 UNIX 操作系统上无效或被忽略。

例如，在 Windows 操作系统上创建 C:\demo 目录，可以使用下面的代码。

```
import os
os.mkdir("C:\\demo")     # 创建 C:\demo 目录
```

上面的代码将在 C 盘根目录下创建 demo 目录，如图 10-17 所示。

如果所创建目录已经存在，程序将抛出 FileExistsError 异常，例如，将上面的示例代码再执行一次，将出现图 10-18 所示的异常信息。

图 10-17　创建 demo 目录成功

图 10-18　创建 demo 目录失败

要解决上面的问题，可以在创建目录前先判断指定的目录是否存在，只有当目录不存在时才创建。具体代码如下。

```python
import os
path = "C:\\demo"                        # 指定要创建的目录
if not os.path.exists(path):             # 判断目录是否存在
    os.makedirs(path)                    # 创建目录
    print("目录创建成功! ")
else:
    print("该目录已经存在! ")
```

执行上面的代码，将显示"该目录已经存在!"。

⚠ **注意**　如果指定的目录有多级，而且最后一级目录的上级目录中有不存在的目录，则程序抛出 FileNotFoundError 异常，并且目录创建失败。要解决该问题可以使用创建多级目录的方法。

2. 创建多级目录

使用 mkdir( )函数只能创建一级目录，如果想创建多级目录，可以使用 os 模块提供的 makedirs( )函数，该函数用于采用递归的方式创建目录。makedirs( )函数的基本语法格式如下。

```python
os.makedirs(name, mode)
```

参数说明如下。

- ❏　name：用于指定要创建的目录，可以使用绝对路径，也可以使用相对路径。
- ❏　mode：用于指定数值模式，默认值为 0o777。该参数在非 UNIX 操作系统上无效或被忽略。

例如，在 Windows 操作系统上，在刚刚创建的 C:\demo 目录下再创建子目录 test\dir\mr（对应的绝对路径为 C:\demo\test\dir\mr），可以使用下面的代码。

```python
import os
os. makedirs ("C:\\demo\\test\\dir\\mr ")     # 创建 C:\demo\test\dir\mr 目录
```

执行上面的代码后，将在 C:\demo 目录下创建子目录 test，并且在 test 子目录下再创建子目录 dir，在 dir 子目录下再创建子目录 mr。创建后的目录结构如图 10-19 所示。

图 10-19 创建多级目录后的目录结构

10.2.5 删除目录

删除目录可以使用 os 模块提供的 rmdir( )函数实现。通过 rmdir( )函数删除目录时，只有要删除的目录为空才能成功删除。rmdir( )函数的基本语法格式如下。

```
os.rmdir(path)
```

删除目录

其中，path 为要删除的目录，可以使用相对路径，也可以使用绝对路径。

例如，要删除刚刚创建的 C:\demo\test\dir\mr 目录，可以使用下面的代码。

```
import os
os.rmdir("C:\\demo\\test\\dir\\mr")    # 删除 C:\demo\test\dir\mr 目录
```

执行上面的代码后，将删除 C:\demo\test\dir 目录下的 mr 子目录。

⚠注意　如果要删除的目录不存在，那么程序将抛出"FileNotFoundError: [WinError 3] 系统找不到指定的路径……。"异常。因此，在执行 os.rmdir( )函数前，建议先判断目录是否存在，可以使用 os.path.exists( )函数判断。具体代码如下。

```
import os
path = "C:\\demo\\test\\dir\\mr"              # 指定要创建的目录
if os.path.exists(path):                      # 判断目录是否存在
    os.rmdir("C:\\demo\\test\\dir\\mr")       # 删除目录
    print("目录删除成功! ")
else:
print("该目录不存在! ")
```

使用 rmdir( )函数只能删除空的目录，如果想要删除非空目录，则需要使用 Python 内置的标准模块 shutil 的 rmtree( )函数实现。例如，要删除不为空的 C:\\demo\\test 目录，可以使用下面的代码。

```
import shutil
shutil.rmtree("C:\\demo\\test")    # 删除 C:\demo 目录下的 test 子目录及其内容
```

10.2.6 遍历目录

遍历的意思是全部走遍，到处游历。在 Python 中，遍历目录就是把指定的目录下的全部目录（包括子目录）及文件"走"一遍。在 Python 中，os 模块的 walk( )函数用于实现遍历目录的功能。walk( )函数的基本语法格式如下。

遍历目录

```
os.walk(top[, topdown][, onerror][, followlinks])
```

参数说明如下。

- ❑ top：用于指定要遍历内容的根目录。
- ❑ topdown：可选参数，用于指定遍历的顺序。如果值为 True，表示自上而下遍历（即先遍历根目录）；如果值为 False，表示自下而上遍历（即先遍历最后一级子目录）。默认值为 True。
- ❑ onerror：可选参数，用于指定错误处理方式，默认为忽略，如果不想忽略也可以指定一个错误处理函数。通常情况下采用默认方式。
- ❑ followlinks：可选参数，默认情况下，walk( )函数不会解析到目录的符号链接，将该参数值设置为 True，walk( )函数会在支持的系统上访问由符号链接指向的目录。

返回值：返回一个包括 3 个元素（dirpath、dirnames、filenames）的元组生成器对象。其中，dirpath 表示当前遍历的路径，是一个字符串；dirnames 表示当前路径包含的子目录，是一个列表；filenames 表示当前路径包含的文件，也是一个列表。

【例 10-4】 遍历指定目录。（实例位置：资源包\MR\源码\第 10 章\10-4）

要遍历指定目录 E:\program\Python\Code\01，可以使用下面的代码。

```python
import os                      # 导入 os 模块
tuples = os.walk("E:\\program\\Python\\Code\\01")  # 遍历 E:\program\Python\Code\01 目录
for tuple1 in tuples:          # 通过 for 循环输出遍历结果
    print(tuple1 ,"\n")        # 输出包含每一级目录的元组
```

如果 E:\program\Python\Code\01 目录下有图 10-20 所示的内容，执行上面的代码，将显示图 10-21 所示的结果。

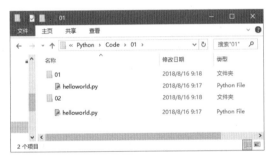

图 10-20 指定目录

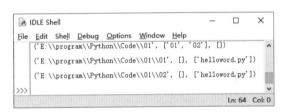

图 10-21 遍历指定目录的结果

⚠ **注意** walk( )函数只在 UNIX 操作系统和 Windows 操作系统中有效。

10.3 高级文件操作

Python 内置的 os 模块除了可以对目录进行操作，还可以对文件进行一些高级操作。该模块提供的与高级文件操作相关的函数如表 10-4 所示。

表 10-4 os 模块提供的与高级文件操作相关的函数

函数	说明
access(path,accessmode)	判断对文件是否有指定的访问权限（包括读取/写入/执行权限）或文件是否存在。accessmode 的值是 R_OK（读取）、W_OK（写入）、X_OK（执行）或 F_OK（文件存在）。如果有指定的权限或文件存在，则返回1，否则返回0
chmod(path,mode)	修改 path 指定的文件的访问权限

函数	说明
remove(path)	删除 path 指定的文件
rename(src,dst)	将文件或目录 src 重命名为 dst
stat(path)	返回 path 指定的文件的信息
startfile(path [, operation])	使用关联的应用程序打开 path 指定的文件

下面对常用的高级文件操作进行详细介绍。

10.3.1　删除文件

删除文件

Python 没有内置的用于删除文件的函数，但是在内置的 os 模块中提供了用于删除文件的函数 remove( )，该函数的基本语法格式如下。

```
os.remove(path)
```

其中，path 为要删除的文件的路径，可以使用相对路径，也可以使用绝对路径。

例如，要删除当前工作目录下的 mrsoft.txt 文件，可以使用下面的代码。

```
import os                    # 导入 os 模块
os.remove("mrsoft.txt")      # 删除当前工作目录下的 mrsoft.txt 文件
```

执行上面的代码后，如果在当前工作目录下存在 mrsoft.txt 文件，则文件被删除，否则将显示图 10-22 所示的异常信息。

图 10-22　要删除的文件不存在

为了避免出现以上异常信息，可以在删除文件前先判断文件是否存在，只有文件存在时才执行删除操作。具体代码如下。

```
import os                       # 导入 os 模块
path = "mrsoft.txt"             # 要删除的文件
if os.path.exists(path):        # 判断文件是否存在
    os.remove(path)             # 删除文件
    print("文件删除完毕! ")
else:
    print("文件不存在! ")
```

执行上面的代码，如果 mrsoft.txt 不存在，则显示以下内容。

```
文件不存在!
```

否则将显示以下内容，同时文件被删除。

```
文件删除完毕!
```

10.3.2　重命名文件和目录

重命名文件和
目录

os 模块提供了用于重命名文件和目录的函数 rename( )，如果指定的路径是文件路径，则重命名文件，如果指定的路径是目录路径，则重命名目录。

rename( )函数的基本语法格式如下。

```
os.rename(src,dst)
```

其中，src 用于指定要进行重命名的文件或目录；dst 用于指定重命名后的文件或目录。

同删除文件一样，在进行文件或目录重命名时，如果指定的文件或目录不存在，程序也将抛出 FileNotFoundError 异常，所以在进行文件或目录重命名时，也建议先判断文件或目录是否存在，只有存在时才进行重命名操作。

【例 10-5】 重命名文件。（实例位置：资源包\MR\源码\第 10 章\10-5）

将 C:\demo\test\dir\mr\mrsoft.txt 文件重命名为 C:\demo\test\dir\mr\mr.txt，可以使用下面的代码。

```
import os                                  # 导入 os 模块
src = "C:\\demo\\test\\dir\\mr\\mrsoft.txt"  # 要重命名的文件
dst = "C:\\demo\\test\\dir\\mr\\mr.txt"      # 重命名后的文件
if os.path.exists(src):                    # 判断文件是否存在
    os.rename(src,dst)                     # 重命名文件
    print("文件重命名完毕! ")
else:
    print("文件不存在! ")
```

执行上面的代码，如果 C:\demo\test\dir\mr\mrsoft.txt 文件不存在，则显示以下内容。

文件不存在!

否则将显示以下内容，同时文件被重命名。

文件重命名完毕!

使用 rename( )函数重命名目录的方法与重命名文件的方法基本相同，只要把原来的文件路径替换为目录路径即可。例如，想要将当前工作目录下的 demo 目录重命名为 test，可以使用下面的代码。

```
import os                      # 导入 os 模块
src = "demo"                   # 要重命名的目录为当前工作目录下的 demo 目录
dst = "test"                   # 重命名后的目录名为 test
if os.path.exists(src):        # 判断目录是否存在
    os.rename(src,dst)         # 重命名目录
    print("目录重命名完毕! ")
else:
    print("目录不存在! ")
```

⚠ 注意 在使用 rename( )函数重命名目录时，只能修改最后一级的目录名，否则将出现图 10-23 所示的异常信息。

图 10-23 重命名的不是最后一级目录

10.3.3 获取文件基本信息

获取文件基本
信息

在计算机上创建文件后，该文件本身就会包含一些信息，如文件的最后一次访问时间、最后一次修改时间、文件大小等基本信息。通过 os 模块的 stat( )函数可以获取文件的这些基本信息。stat( )函数的基本语法格式如下。

```
os.stat(path)
```

其中，path 为要获取基本信息的文件的路径，可以是相对路径，也可以是绝对路径。

stat( )函数的返回值是一个对象，该对象包含表 10-5 所示的属性。通过访问这些属性可以获取文件的基本信息。

表 10-5　stat( )函数返回的对象包含的属性

属性	说明	属性	说明
st_mode	保护模式	st_dev	设备名
st_ino	索引号	st_uid	用户 ID
st_nlink	硬链接号（被链接数目）	st_gid	组 ID
st_size	文件大小，单位为字节	st_atime	最后一次访问时间
st_mtime	最后一次修改时间	st_ctime	最后一次状态变化的时间（系统不同返回结果也不同，例如，在 Windows 操作系统下返回的是文件的创建时间）

【例 10-6】 获取文件基本信息。（实例位置：资源包\MR\源码\第 10 章\10-6）

获取 message.txt 文件的文件完整路径、文件大小和最后一次修改时间，代码如下。

```python
import os                                    # 导入 os 模块
if os.path.exists("message.txt"):            # 判断文件是否存在
    fileinfo = os.stat("message.txt")        # 获取文件基本信息
    print("文件完整路径: ", os.path.abspath("message.txt")) # 获取文件完整路径
    # 输出文件的基本信息
    print("文件大小: ",fileinfo.st_size," 字节")
    print("最后一次修改时间: ",fileinfo.st_mtime)
```

运行结果如图 10-24 所示。

图 10-24　获取文件基本信息

📖 说明　图 10-24 中获取到的最后一次修改时间是一长串数字，可以使用 time 模块中的 strftime()函数对其进行格式化，将其转换为我们平时看到的日期时间形式，如 2024-02-29 14:45:23。

10.4 AI 帮你解决问题

在我们学习 Python 编程的过程中，AI 可以提供有力的支持。下面介绍如何利用 AI 来帮助

我们解决在使用 Python 中的 os.rmdir( )函数删除目录时无法删除子目录和文件的问题。

以下是在 AI 工具中的一个可能的对话示例。

问题：

在 Python 中实现删除目录功能时，如何将其包含的子目录和文件一起删除？

AI 建议：

在 Python 中，要删除一个目录及其包含的所有子目录和文件，可以使用 shutil 模块中的 rmtree()函数。rmtree()函数会递归地删除指定目录及其所有内容。

```python
import shutil
def delete_directory(self, directory_path):
    if os.path.exists(directory_path) and os.path.isdir(directory_path):
        try:
            shutil.rmtree(directory_path)
            print(f"目录 '{directory_path}' 及其所有内容已成功删除。")
        except Exception as e:
            print(f"删除目录 '{directory_path}' 时出错: {e}")
    else:
        print(f"目录 '{directory_path}' 不存在或不是一个有效的目录。")
```

小结

本章首先介绍了如何应用 Python 自带的函数进行基本文件操作；然后介绍了如何应用 Python 内置的 os 模块及其子模块 os.path 进行目录操作；随后介绍了如何应用 os 模块进行高级文件操作，如删除文件、重命名文件和目录，以及获取文件基本信息等；最后演示了利用 AI 解决问题。本章内容都是在 Python 中进行文件操作的基础，在实际开发中，开发人员为了实现更为高级的功能通常会借助其他的模块。例如，要进行文件压缩和解压缩可以使用 shutil 模块。本章没有涉及这些内容，读者可以在掌握了本章介绍的知识后，自行查找相关学习资源。

上机指导

网店为了快速回答买家的问题，设置了自动回复功能，即当有买家咨询时，系统会先使用提前设定好的内容进行回复。本实例将模拟网店客服的自动回复功能，程序运行结果如图 10-25 所示。

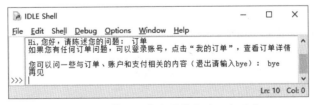

图 10-25　模拟网店客服的自动回复功能

开发步骤如下。

（1）编写一个文本文件，命名为 reply.txt，在该文件中保存提前设定好的关键字和回复内容，关键字和回复内容之间使用 | 分隔，例如，可以在该文件中保存以下内容。

```
订单|如果您有任何订单问题，可以登录账号，点击"我的订单"，查看订单详情
物流|如果您有任何物流问题，可以登录账号，点击"我的订单"，查看商品物流
账户|如果您有任何账户问题，可以联系客服，电话:××××-×××××××××
支付|如果您有任何支付问题，可以联系客服，qq:×××××××××
```

（2）创建 Python 文件，在该文件中编写查找回复内容的函数 find_answer( )。该函数将以只读模式打开文件，并且循环读取每一行的内容，如果发现匹配的关键字，就返回对应的回复内容。代码如下。

```python
def find_answer(question):
    with open('reply.txt','r',encoding='utf-8') as f :   # 以只读模式打开文件
        while True:                                        # 循环
            line = f.readline()                            # 读取一行内容
            if not line:                                   # 如果没有内容
                break                                      # 退出循环
            keyword = line.split("|")[0]                   # 分割字符串并获取关键字
            reply = line.split("|")[1]                     # 分割字符串并获取回复内容
            if keyword in question :                        # 如果关键字匹配
                return reply                               # 返回对应的回复内容
        return False
```

（3）创建程序入口，循环获取提问内容并判断是否有对应的回复内容，如果有，则输出，并且再次获取提问内容，直到用户输入 bye 时，退出。代码如下。

```python
if __name__ == '__main__':
    # 输入问题
    question = input('Hi,您好，请陈述您的问题： ')
    # 文件中匹配
    while True:
        if question == 'bye':
            break
        reply = find_answer(question)
        if not reply:
            question = input('您可以问一些与订单、账户和支付相关的内容（退出请输入bye）： ')
        else :
            print(reply)
            question = input('您可以问一些与订单、账户和支付相关的内容（退出请输入bye）： ')
    print('再见')
```

习题

10-1　Python 中如何创建并打开文件？

10-2　打开文件时如何指定使用的编码方式？

10-3　Python 提供了哪几种读取文件内容的方法？

10-4　Python 中如何拼接路径？

10-5　如何实现遍历目录？

第11章 异常处理与程序调试

本章要点

- ❏ 异常的概念
- ❏ try…except…else 语句的应用
- ❏ 使用 raise 语句抛出异常
- ❏ 使用 assert 语句调试程序
- ❏ 捕获异常的 try…except 语句
- ❏ try…except…finally 语句的应用
- ❏ 使用 IDLE 进行程序调试
- ❏ AI 帮你解决问题

11.1 异常概述

异常概述

在程序运行过程中，经常会出现各种各样的错误，这些错误统称为"异常"。这些异常有的是开发者一时疏忽将关键字输入错误导致的，这类异常多数显示为"SyntaxError: invalid syntax"（无效的语法），这将直接导致程序不能运行。这类异常是显式的，在开发阶段很容易发现。还有一类异常是隐式的，通常和用户的操作有关。

【例 11-1】 执行除法运算。（实例位置：资源包\MR\源码\第 11 章\11-1）

在 IDLE 中创建一个名为 division_num.py 的文件，然后在该文件中定义一个进行除法运算的函数 division( )，该函数要求输入被除数和除数，代码如下。

```python
def division():
    num1 = int(input("请输入被除数: ")) # 提示用户输入，并记录
    num2 = int(input("请输入除数: "))
    result = num1//num2 # 执行除法运算
    print(result)
if __name__ == '__main__':
    division()# 调用函数
```

运行程序，如果输入的除数为 0，将得到图 11-1 所示的结果。

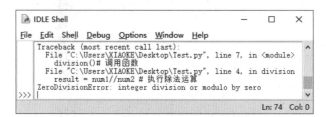

图 11-1　抛出 ZeroDivisionError 异常

抛出 ZeroDivisionError（除数为 0 错误）异常的根源在算术表达式"110/0"中，0 作为除数出现，所以正在执行的程序被中断（第 4 行及以后的代码都不会被执行）。

除了 ZeroDivisionError 异常，Python 中还有很多种异常。表 11-1 所示为 Python 中常见的异常。

表 11-1　Python 中常见的异常

异常	描述
NameError	尝试访问一个没有声明的变量引发的错误
IndexError	索引超出序列范围引发的错误
IndentationError	缩进错误
ValueError	传入的值错误
KeyError	请求一个不存在的字典的键引发的错误
IOError	输入输出错误（如要读取的文件不存在）
ImportError	无法找到模块或无法在模块中找到相应的名称引发的错误
AttributeError	尝试访问未知的对象属性引发的错误
TypeError	类型不合适引发的错误
MemoryError	内存不足引发的错误
ZeroDivisionError	除数为 0 引发的错误

⚠️**注意**　表 11-1 所示的异常并不需要记住，只要简单了解即可。

11.2　异常处理语句

有些错误并不是每次运行程序都会出现。比如 11.1 节中的示例，只要输入的数据符合程序的要求，程序就可以正常运行，但如果输入的数据不符合程序要求，程序就会抛出异常并停止运行。因此，应尽量在开发程序时对可能导致异常的情况进行处理。下面详细介绍 Python 提供的异常处理语句。

11.2.1　try…except 语句

Python 提供了 try…except 语句捕获并处理异常。在使用该语句时，应把可能产生异常的代码放在 try 语句块中，把进行异常处理的代码放在 except 语句块中，如果 try 语句块中的代码出现错误，就会执行 except 语句块中的代码，如果 try 语句块中的代码没有出现错误，那么 except 语句块中的代码将不会执行。具体的语法格式如下。

try…except 语句

```
try:
    block1
except [ExceptionName [as alias]]:
    block2
```

参数说明如下。

❑　block1：表示可能出现错误的代码。

❑　ExceptionName [as alias]：可选参数，用于指定要捕获的异常。其中，ExceptionName 表示要捕获的异常的名称，如果在其右侧加上 [as alias]，则表示为当前的异常指定一个别名，通过该别名，可以记录异常的具体内容。

📖**说明**　在使用 try…except 语句捕获异常时，如果在 except 后面不指定异常名称，则表示捕获全部异常。

❑ block2：表示进行异常处理的代码，可以输出固定的提示信息，也可以通过别名输出异常的具体内容。

📖 说明　使用 try…except 语句捕获异常后，程序在出错时会输出提示信息或异常的具体内容，然后继续执行。

【例 11-2】　对除法运算的异常进行处理。（实例位置：资源包\MR\源码\第 11 章\11-2）
在执行除法运算时，对可能出现的异常进行处理，代码如下。

```python
def division():
    num1 = int(input("请输入被除数: "))          # 提示用户输入，并记录
    num2 = int(input("请输入除数: "))
    result = num1//num2                          # 执行除法运算
    print(result)
if __name__ == '__main__':
    try:                                         # 捕获异常
        division()                               # 调用除法运算的函数
    except ZeroDivisionError:                     # 处理异常
        print("输入错误: 除数不能为 0")           # 输出错误原因
```

目前，我们只处理了除数为 0 的情况，如果输入的不是数字会得到什么结果呢？再次运行上面的程序，输入被除数 qq，将得到图 11-2 所示的结果。

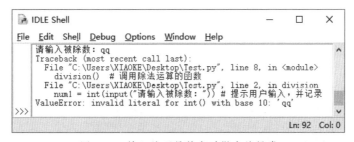

图 11-2　输入的不是数字时抛出的异常

从图 11-2 中可以看出，程序中要求输入数字，而实际输入的是字符串，则抛出 ValueError（传入的值错误）异常。要解决该问题，可以在【例 11-2】的代码中，为 try…except 语句再添加一个 except 语句块，用于处理抛出 ValueError 异常的情况。修改后的代码如下。

```python
def division():
    num1 = int(input("请输入被除数: "))          # 提示用户输入，并记录
    num2 = int(input("请输入除数: "))
    result = num1//num2                          # 执行除法运算
    print(result)
if __name__ == '__main__':
    try:                                         # 捕获异常
        division()                               # 调用除法运算的函数
    except ZeroDivisionError:                     # 处理异常
        print("输入错误: 除数不能为 0")           # 输出错误原因
    except ValueError as e:                       # 处理非数字的情况
        print("输入错误: ", e)
```

再次运行程序，输入的被除数为字符串时，不再直接抛出异常，而是显示较友好的提示，如图 11-3 所示。

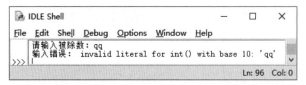

图 11-3　输入的不是数字时显示较友好的提示

📖 **说明**　在捕获异常时，如果需要同时处理多个异常，可以在 except 语句后面使用一对圆括号将可能出现的异常的名称括起来，多个异常名称之间使用逗号分隔。如果想要显示具体的出错原因，则再加上 as 为异常指定一个别名。

11.2.2　try…except…else 语句

Python 中还有另一种异常处理语句，即 try…except…else 语句，也就是在原来 try…except 语句的基础上再添加一个 else 语句块，用于指定在 try 语句块中没有发现异常时要执行的内容。当在 try 语句块中发现异常时，该语句块中的内容将不被执行。例如，对【例 11-2】进行修改，实现在执行除法运算时，若 division( ) 函数在执行后没有抛出异常，则输出文字"程序执行完成……"，代码如下。

try…except…else 语句

```python
def division():
    num1 = int(input("请输入被除数: "))      # 提示用户输入，并记录
    num2 = int(input("请输入除数: "))
    result = num1//num2                       # 执行除法运算
    print(result)
if __name__ == '__main__':
    try:                                      # 捕获异常
        division()                            # 调用除法运算的函数
    except ZeroDivisionError:                 # 处理异常
        print("输入错误: 除数不能为0")         # 输出错误原因
    # 添加处理非数字的情况的代码
    except ValueError as e:                   # 处理非数字的情况
        print("输入错误: ", e)
    else:                                     # 没有抛出异常时执行
        print("程序执行完成……")
```

执行代码，将显示图 11-4 所示的运行结果。

图 11-4　没有抛出异常时提示相应信息

11.2.3　try…except…finally 语句

完整的异常处理语句应该包含 finally 语句块，通常情况下，无论程序中是否有异常产生，finally 语句块中的代码都会被执行。其基本语法格式如下。

try…except…
finally 语句

```python
try:
    block1
```

```
except [ExceptionName [as alias]]:
    block2
finally:
    block3
```

理解 try…except…finally 语句并不难，它只是比 try…except 语句多了一个 finally 语句块，如果程序中有一些在任何情形中都必须执行的代码，那么就可以将它们放在 finally 语句块中。

📖 **说明**　使用 except 语句块是为了处理异常。无论是否引发了异常，通过使用 finally 语句块都可以执行清理。如果分配了有限的资源（如打开文件），则应将释放这些资源的代码放置在 finally 语句块中。

再次对【例 11-2】进行修改，实现无论 division( )函数在执行时是否抛出异常，都输出文字"释放资源，并关闭。"。修改后的代码如下。

```
def division():
    num1 = int(input("请输入被除数："))       # 提示用户输入，并记录
    num2 = int(input("请输入除数："))
    result = num1//num2                        # 执行除法运算
    print(result)
if __name__ == '__main__':
    try:                                       # 捕获异常
        division()                             # 调用除法运算的函数
    except ZeroDivisionError:                  # 处理异常
        print("输入错误：除数不能为 0")         # 输出错误原因
    # 添加处理非数字的情况的代码
    except ValueError as e:                    # 处理非数字的情况
        print("输入错误：", e)
    # 添加 else 语句块
    else:                                      # 没有抛出异常时执行
        print("程序执行完成……")
    # 添加 finally 语句块
    finally:                                   # 无论是否抛出异常都执行
        print("释放资源，并关闭。")
```

执行代码，将显示图 11-5 所示的运行结果。

至此，我们已经介绍了异常处理语句的 try…except、try…except…else 和 try…except…finally 等形式。下面通过图 11-6 说明异常处理语句的不同语句块的执行关系。

图 11-5　无论是否抛出异常都提示相应信息

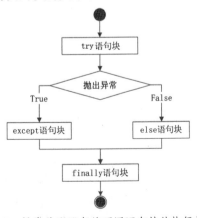

图 11-6　异常处理语句的不同语句块的执行关系

11.2.4 使用 raise 语句抛出异常

如果某个函数或方法可能会产生异常，但我们不想在当前函数或方法中处理这个异常，则可以使用 raise 语句在函数或方法中抛出异常。raise 语句的基本语法格式如下。

使用 raise 语句
抛出异常

```
raise [ExceptionName[(reason)]]
```

其中，ExceptionName[(reason)]为可选参数，用于指定抛出的异常的名称，以及异常信息的相关描述，如果省略，程序就会把当前的异常原样抛出。

📖 **说明** ExceptionName[(reason)]参数中的(reason)也可以省略，如果省略，则在抛出异常时不附带任何描述信息。

【例 11-3】 使用 raise 语句抛出"除数不能为 0"的异常。(实例位置：资源包\MR\源码\第 11 章\11-3)

在执行除法运算时，在 division( )函数中实现当除数为 0 时，应用 raise 语句抛出一个 ValueError 异常，再在最后一行语句的下方添加 except 语句块处理 ValueError 异常，代码如下。

```python
def division():
    num1 = int(input("请输入被除数: ")) # 提示用户输入，并记录
    num2 = int(input("请输入除数: "))
    if num2 == 0:
        raise ValueError("除数不能为 0")
    result = num1//num2 # 执行除法运算
    print(result)
if __name__ == '__main__':
    try:  # 捕获异常
        division()  # 调用函数
    except ZeroDivisionError:  # 处理异常
        print("\n出错了: 除数不能为 0! ")
    except ValueError as e:       # 处理 ValueError 异常
        print("输入错误: ", e)        # 输出错误原因
```

执行上面的代码，当输入的除数为 0 时，将显示图 11-7 所示的结果。

图 11-7　抛出"除数不能为 0"异常

11.3 程序调试

程序开发免不了出错，这些错误有语法方面的，也有逻辑方面的。语法方面的错误比较好检测，因为遇到这种错误程序会直接停止运行，并且给出错误提示。而逻辑错误就不太容易被发现了，因为遇到这种错误程序可能会继续执行，但结果是错误的。所以开发者必须掌握一定的程序调试方法。

程序调试

11.3.1 使用自带的 IDLE 进行程序调试

多数集成开发工具都提供了程序调试功能。例如，我们一直使用的 IDLE 就提供了程序调试功能。使用 IDLE 进行程序调试的基本步骤如下。

（1）打开 IDLE 窗口，在菜单栏中选择 Debug/Debugger 子菜单，将打开 "Debug Control" 窗口，同时 IDLE 窗口中将显示 "[DEBUG ON]"（表示已经处于调试状态），如图 11-8 所示。

（2）在 IDLE 窗口中，选择 File/Open 子菜单，打开要调试的文件，然后添加需要的断点。

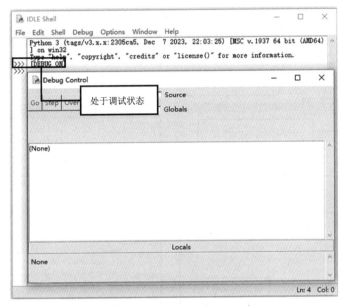

图 11-8　处于调试状态的 IDLE 窗口

> 📖 **说明**　断点的作用：添加断点后，程序执行到断点时会暂时中断执行，但可以随时继续执行。

添加断点的方法是，在想要添加断点的行上单击鼠标右键，在弹出的快捷菜单中选择 "Set Breakpoint" 命令。添加断点的行将带有底纹，如图 11-9 所示。

图 11-9　添加断点

> 📖 **说明**　如果想要删除已经添加的断点，可以选中已经添加断点的行，然后单击鼠标右键，在弹出的快捷菜单中选择 "Clear Breakpoint" 命令。

（3）添加所需的断点（添加断点的原则是，程序执行到某个位置时，如果开发人员想要查看某些变量的值，就在这个位置添加一个断点）后，按快捷键〈F5〉，执行程序。这时"Debug Control"窗口中将显示程序的执行信息，选中"Globals"复选框，将显示全局变量，默认只显示局部变量。此时的"Debug Control"窗口如图11-10所示。

（4）图11-10所示的调试工具栏提供了5个按钮。这里单击"Go"按钮继续执行程序，直到执行到所设置的第一个断点。由于在示例代码.py文件中，执行到第一个断点之前需要获取用户的输入，因此需要先在IDLE窗口中输入除数和被除数。输入后"Debug Control"窗口中的数据将发生变化，如图11-11所示。

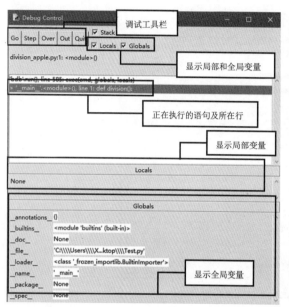

图11-10 显示程序的执行信息

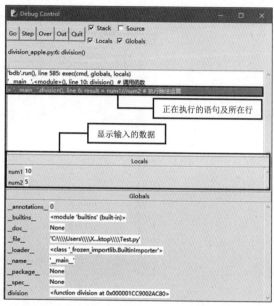

图11-11 显示执行到第一个断点时的变量信息

> 📖 **说明** 调试工具栏中的5个按钮的作用："Go"按钮用于执行至断点；"Step"按钮用于进入要执行的函数；"Over"按钮用于进行单步执行；"Out"按钮用于跳出所在的函数；"Quit"按钮用于结束调试。

> 📖 **说明** 在调试过程中，如果所设置的断点处有函数调用语句，可以单击"Step"按钮进入函数内部，当确定该函数没有问题时，可以单击"Out"按钮跳出该函数。如果在调试的过程中已经发现产生问题的原因，需要进行修改，可以直接单击"Quit"按钮结束调试。另外，如果调试的目的不是很明确（即不确定问题的位置），也可以直接单击"Step"按钮进行单步执行，这样可以清晰地观察程序的执行过程和数据的变化，方便找出问题的位置。

（5）继续单击"Go"按钮，执行到下一个断点，查看变量的变化，直到全部断点都执行完毕。调试工具栏上的按钮将变为不可用状态，如图11-12所示。

（6）程序调试完毕后，可以关闭"Debug Control"窗口，此时在IDLE窗口中将显示"[DEBUG OFF]"（表示已经结束调试）。

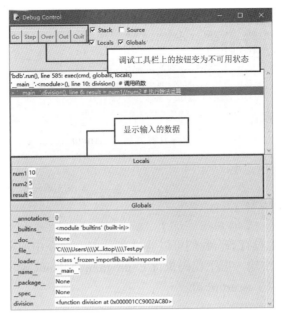

图 11-12　全部断点均执行完毕

11.3.2　使用 assert 语句调试程序

在程序开发过程中，除了使用开发工具自带的调试工具进行调试，还可以在代码中通过 print( )函数将可能出现问题的变量输出进行查看，但是这种方法会产生很多无用信息，调试之后还需要将其删除，比较麻烦。所以，Python 还提供了另外的方法：使用 assert 语句调试程序。

assert 的中文意思是断言，它一般用于对程序在某个时刻必须满足的条件进行验证。assert 语句的基本语法格式如下。

```
assert expression [,reason]
```

参数说明如下。

❏ expression：条件表达式。如果该表达式的值为真，则什么都不做；如果值为假，则抛出 AssertionError 异常。

❏ reason：可选参数，用于对判断条件进行描述。

【例 11-4】 演示使用 assert 语句调试程序。（实例位置：资源包\MR\源码\第 11 章\11-4）

在执行除法运算的 division( )函数中，使用 assert 语句调试程序，代码如下。

```python
def division():
    num1 = int(input("请输入被除数: "))  # 提示用户输入，并记录
    num2 = int(input("请输入除数: "))
    assert num2 != 0, "除数不能为 0"  # 应用 assert 语句调试
    result = num1//num2  # 执行除法运算
    print(result)
if __name__ == '__main__':
    division()  # 调用函数
```

运行程序，输入除数为 0，将抛出图 11-13 所示的 AssertionError 异常。

通常情况下，assert 语句可以和异常处理语句结合使用。所以，可以将上面的代码的最后一行修改如下。

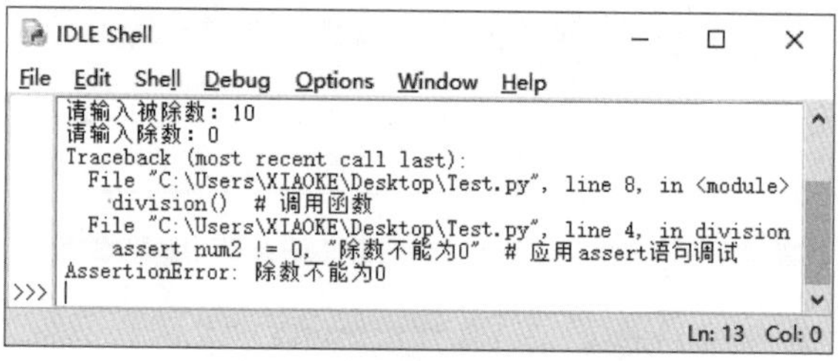

图 11-13　除数为 0 时抛出 AssertionError 异常

```
try:
    division()                          # 调用函数
except AssertionError as e:             # 处理 AssertionError 异常
    print("\n输入有误: ",e)
```

assert 语句只在调试阶段有效。我们可以通过在 python 命令中加 -O 参数来关闭 assert 语句。例如，在命令提示符窗口中输入以下代码执行 E:\program\Python\Code 目录下的 Demo.py 文件，即可关闭 Demo.py 文件中的 assert 语句。

```
cd E:\program\Python\Code
python -O Demo.py
```

11.4　AI 帮你解决问题

11.4.1　使用 AI 解决索引超出范围的异常

在 Python 编程过程中，AI 可以高效地帮我们分析常见异常的产生原因，并给出解决方案。以下是在 AI 工具中的一个可能的对话示例。

问题：

IndexError：list index out of range 异常的解决办法是什么？

AI 建议：

IndexError：list index out of range 是 Python 中常见的异常之一，表示你试图访问列表中不存在的索引。这个错误通常发生在以下几种情况。

- 索引超出列表长度：试图访问的索引大于或等于列表的长度。
- 空列表：试图访问一个空列表中的元素。
- 循环中的索引错误：在循环中使用了不正确的索引。

解决办法如下。

1. 检查列表长度

在访问列表元素之前，先检查列表的长度，确保索引在有效范围内。例如：

```
my_list = [1, 2, 3]
# 检查索引是否在有效范围内
if len(my_list) > 0:
    print(my_list[0])  # 安全访问第一个元素
else:
    print("列表为空")
```

2. 使用 try…except 语句

使用 try…except 语句来捕获并处理 IndexError 异常。例如：

```
my_list = [1, 2, 3]
try:
    print(my_list[3])   # 尝试访问第四个元素
except IndexError:
    print("索引超出范围")
```

3. 使用条件语句

在循环或其他逻辑中使用条件语句来确保索引有效。例如：

```
my_list = [1, 2, 3]
# 使用条件语句确保索引有效
for i in range(len(my_list)):
    print(my_list[i])
```

4. 使用 enumerate 进行迭代

使用 enumerate 可以同时获取索引和元素，避免手动管理索引。例如：

```
my_list = [1, 2, 3]
# 使用 enumerate 进行迭代
for i, value in enumerate(my_list):
    print(f"索引 {i} 的值是 {value}")
```

5. 检查空列表

在访问列表之前，先检查列表是否为空。

```
my_list = []
# 检查列表是否为空
if my_list:
    print(my_list[0])   # 安全访问第一个元素
else:
    print("列表为空")
```

11.4.2　使用 AI 解决文件或目录不存在的异常

以下是在 AI 工具中的一个可能的对话示例。

问题：

FileNotFoundError：[Errno 2] No such file or directory 异常的解决办法是什么？

AI 建议：

FileNotFoundError：[Errno 2] No such file or directory 是 Python 中常见的异常之一，表示你试图访问的文件或目录不存在。这个错误通常发生在以下几种情况。

- 文件路径错误：提供的文件路径不正确或文件不存在。
- 文件权限问题：没有足够的权限访问文件。
- 相对路径问题：使用了相对路径，但当前工作目录不是预期的目录。
- 文件被删除或移动：文件在运行时被删除或移动。

解决办法如下。

1. 检查文件路径

确保提供的文件路径是正确的，并且文件确实存在于该路径下。例如：

```
file_path = '/path/to/your/file.txt'
# 检查文件是否存在
import os
```

```
if os.path.exists(file_path):
    with open(file_path, 'r') as file:
        content = file.read()
        print(content)
else:
    print(f"文件 {file_path} 不存在")
```

2. 使用绝对路径

尽量使用绝对路径，避免因当前工作目录不同而导致的问题。例如：

```
file_path = '/absolute/path/to/your/file.txt'
if os.path.exists(file_path):
    with open(file_path, 'r') as file:
        content = file.read()
        print(content)
else:
    print(f"文件 {file_path} 不存在")
```

3. 检查文件权限

确保你有足够的权限访问文件，可以使用 os.access 来检查文件权限。例如：

```
file_path = '/path/to/your/file.txt'
if os.path.exists(file_path):
    if os.access(file_path, os.R_OK):
        with open(file_path, 'r') as file:
            content = file.read()
            print(content)
    else:
        print(f"没有权限读取文件 {file_path}")
else:
    print(f"文件 {file_path} 不存在")
```

4. 使用 try…except 语句

使用 try…except 语句来捕获并处理 FileNotFoundError 异常。例如：

```
file_path = '/path/to/your/file.txt'
try:
    with open(file_path, 'r') as file:
        content = file.read()
        print(content)
except FileNotFoundError:
    print(f"文件 {file_path} 不存在")
except PermissionError:
    print(f"没有权限读取文件 {file_path}")
```

小结

本章主要对异常处理语句和两种程序调试方法进行了详细讲解，在讲解过程中，重点讲解了如何使用异常处理语句捕获、处理和抛出异常，以及如何使用 IDLE 工具进行程序调试；另外，还介绍了如何使用 assert 语句进行调试。异常处理与程序调试在程序开发过程中起着非常重要的作用，一个完善的程序必然会对可能出现的所有异常进行处理，并进行调试，以保证程序的可用性。通过学习本章内容，读者应掌握 Python 中异常处理语句的使用方法，并能根据需要对开发的程序进行调试。

上机指导

使用 raise 语句可以抛出自定义异常，而使用 try…except 语句可以捕获异常。本实例要求使用这两条语句实现登录信息校验功能，程序运行结果如图 11-14 所示。

开发步骤如下。

（1）创建 Python 文件，在该文件中定义函数，名称为 login。在该函数内，通过 input( )函数获取输入的用户名和密码，并且对其进行判断，如果不符合要求，则通过 raise 语句抛出异常，代码如下。

图 11-14　登录信息校验

```
def login():
    '''
    功能：验证用户名和密码是否符合要求
    规则：用户名长度为 3～8 个字符，密码长度为 8～18 个字符，并且都只能由字母和数字组成
    '''
    user = input("请输入用户名: ")      # 获取用户名
    # 判断用户名
    if not(2 < len(user) < 9):
        raise Exception("用户名长度不是 3～8 个字符! ")
    # 是否由字母和数字组成
    elif not user.isdigit() and not user.isalpha() and not user.isalnum():
        raise Exception("用户名只能由字母和数字组成! ")
    pwd = input("请输入密码: ")              # 获取密码
    # 判断密码
    if not(7 < len(pwd) < 19):
        raise Exception("密码长度不是 8～18 个字符! ")
    # 是否由字母和数字组成
    elif not pwd.isdigit() and not pwd.isalpha() and not pwd.isalnum():
        raise Exception("密码只能由字母和数字组成! ")
```

（2）编写程序入口，调用 login( )函数进行登录信息校验，使用 try…except 语句捕获和处理异常，并显示相应的提示信息。代码如下。

```
if __name__ == '__main__':
    try:  # 捕获异常
        login()  # 调用函数
    except Exception as e:  # 处理异常
        print("\n 出错了: ",e)
```

习题

11-1　请列举出至少 4 种 Python 中常见的异常。

11-2　Python 提供了哪几种异常处理语句?

11-3　在 IDLE 中如何添加和删除断点?

11-4　"Debug Control" 窗口的调试工具栏上各按钮的作用分别是什么?

11-5　Python 中 assert 语句的作用是什么?

第12章 Pygame 游戏编程

本章要点

- ❑ 什么是 Pygame
- ❑ Pygame 的常用模块
- ❑ AI 帮你编写实例
- ❑ 安装 Pygame 模块
- ❑ 使用 Pygame 开发游戏的基本步骤

12.1 初识 Pygame

Pygame 是跨平台的 Python 模块，专为开发包含图像、声音的电子游戏而设计。该模块在 SDL（Simple Directmedia Layer，简易直控媒体层）的基础上创建，允许用户实时开发电子游戏而不被 C 语言或更低级的汇编语言束缚。基于这样一个设想，所有需要实现的游戏功能和理念（主要来自图像方面）都被简化为游戏逻辑本身，所有的资源结构都可以由高级语言（如 Python）提供。

12.1.1 安装 Pygame

在 Pygame 官网可以查找 Pygame 相关文档。Pygame 的安装非常简单，只需要在命令提示符窗口中输入并执行如下命令。

安装 Pygame

```
pip  install  pygame
```

结果如图 12-1 所示。

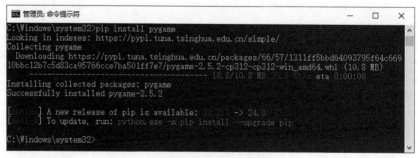

图 12-1　安装 Pygame

接下来，检测一下 Pygame 是否安装成功。打开 IDLE 窗口，执行如下命令。

```
import pygame
pygame.ver
```

如果结果如图 12-2 所示，则说明安装成功。

图 12-2　查看 Pygame 版本以检测是否安装成功

12.1.2　Pygame 常用模块

使用 Pygame 开发游戏的优势在于不需要过多考虑底层相关内容，可以把工作重心放在游戏逻辑上。Pygame 中集成了很多和底层相关的模块，它们的功能有访问显示设备、管理事件、使用字体等。Pygame 常用模块如表 12-1 所示。

Pygame 常用模块

表 12-1　Pygame 常用模块

模块名	功能
pygame.cdrom	访问光驱
pygame.cursors	加载光标
pygame.display	访问显示设备
pygame.draw	绘制形状、线和点
pygame.event	管理事件
pygame.font	使用字体
pygame.image	加载和存储图片
pygame.joystick	使用游戏手柄或者与其类似的物体
pygame.key	读取键盘按键
pygame.mixer	处理声音
pygame.mouse	处理鼠标事件
pygame.movie	播放视频
pygame.music	播放音频
pygame.overlay	访问高级视频叠加
pygame.rect	管理矩形区域
pygame.sndarray	操作声音数据
pygame.sprite	操作移动图像
pygame.surface	管理图像和屏幕
pygame.surfarray	管理点阵图像数据
pygame.time	管理时间和帧信息
pygame.transform	缩放和移动图像

【例 12-1】　创建一个 Pygame 窗体。（实例位置：资源包\MR\源码\第 12 章\12-1）

使用 Pygame 的 display 模块和 event 模块创建一个 Pygame 窗体，代码如下。

```
# -*- coding:utf-8 -*-
import sys                          # 导入 sys 模块
import pygame                       # 导入 Pygame 模块
```

```
pygame.init()                        # 初始化 Pygame
size = width, height = 320, 240      # 设置窗体
screen = pygame.display.set_mode(size) # 显示窗体

# 执行死循环，确保窗体一直显示
while True:
    # 检查事件
    for event in pygame.event.get():     # 遍历所有事件
        if event.type == pygame.QUIT:    # 如果单击关闭按钮关闭窗体，则退出
            pygame.quit()                # 退出 Pygame
            sys.exit()
```

运行结果如图 12-3 所示。

图 12-3　创建的窗体

12.2　Pygame 基本使用

Pygame 有很多模块，每个模块中又有很多方法，限于篇幅在此不能逐一讲解。下面我们通过一个实例来使用 Pygame，再分解代码，讲解代码中的模块。

Pygame 基本使用

【例 12-2】　制作一个"移动的小球"游戏。（实例位置：资源包\MR\源码\第 12 章\12-2）

创建一个游戏窗体，然后在窗体内创建一个小球。以一定的速度移动小球，当小球碰到游戏窗体的边缘时，小球弹回，继续移动。可以按照如下步骤实现该功能。

（1）创建一个游戏窗体，宽度和高度分别设置为 640 像素和 480 像素。代码如下。

```
import sys                           # 导入 sys 模块
import pygame                        # 导入 Pygame 模块

pygame.init()                        # 初始化 Pygame
size = width, height = 640, 480      # 设置窗体
screen = pygame.display.set_mode(size) # 显示窗体
```

以上代码中，首先导入 Pygame 模块，然后调用 init( )方法初始化 Pygame 模块，接下来设置窗体的宽度和高度，最后使用 display 模块显示窗体。display 模块的常用方法如表 12-2 所示。

（2）运行上述代码，会出现一个一闪而过的黑色窗体，这是因为程序执行完成后，窗口会自动关闭。如果想让窗体一直显示，则需要使用 while 语句让程序一直执行。此外，还需要设置

关闭按钮。具体代码如下。

表 12-2　display 模块的常用方法

方法名	功能
pygame.display.init	初始化 display 模块
pygame.display.quit	退出 display 模块
pygame.display.get_init	如果 display 模块已经被初始化，则返回 True
pygame.display.set_mode	初始化一个准备显示的界面
pygame.display.get_surface	获取当前的 Surface 对象
pygame.display.flip	更新整个待显示的 Surface 对象并将其显示到屏幕上
pygame.display.update	更新待显示的 Surface 对象的部分内容并将其显示到屏幕上

```
# -*- coding:utf-8 -*-
import sys                        # 导入 sys 模块
import pygame                     # 导入 Pygame 模块

pygame.init()                     # 初始化 Pygame
size = width, height = 640, 480   # 设置窗体
screen = pygame.display.set_mode(size) # 显示窗体

# 执行死循环，确保窗体一直显示
while True:
    # 检查事件
    for event in pygame.event.get():
        if event.type == pygame.QUIT:    # 如果单击关闭按钮关闭窗体，则退出
            pygame.quit()                # 退出 Pygame
            sys.exit()
```

以上代码中添加了轮询事件检查代码。pygame.event.get( )能够获取事件队列，使用 for 语句遍历事件，然后根据 type 属性判断事件类型。这里的事件处理方式与 GUI 的事件处理方式类似，例如，pygame.QUIT 表示关闭 Pygame 窗体事件，pygame.KEYDOWN 表示键盘按键按下事件，pygame.MOUSEBUTTONDOWN 表示单击事件。

（3）在窗体中添加小球。我们先准备好一张图片 ball.png，然后加载该图片，最后将图片显示在窗体中，具体代码如下。

```
# -*- coding:utf-8 -*-
import sys                # 导入 sys 模块
import pygame             # 导入 Pygame 模块

pygame.init()             # 初始化 Pygame
size = width, height = 640, 480        # 设置窗体
screen = pygame.display.set_mode(size) # 显示窗体
color = (0, 0, 0)                      # 设置颜色

ball = pygame.image.load("ball.png")   # 加载图片
ballrect = ball.get_rect()             # 获取矩形区域

# 执行死循环，确保窗体一直显示
while True:
    # 检查事件
    for event in pygame.event.get():
```

```
        if event.type == pygame.QUIT:        # 如果单击关闭按钮关闭窗体，则退出
            pygame.quit()                     # 退出 Pygame
            sys.exit()

    screen.fill(color)                        # 填充颜色
    screen.blit(ball, ballrect)               # 将 ball Surface 对象画到 screen Surface 对象上
    pygame.display.flip()                     # 更新整个待显示的 Surface 对象并显示
```

以上代码中使用 image 模块的 load( )方法加载图片，返回值 ball 是一个 Surface 对象。Surface 对象是用来代表图片的，可以对一个 Surface 对象进行涂画、变形、复制等各种操作。事实上，屏幕也只是一个 Surface 对象，pygame.display.set_mode 就返回了一个 screen Surface 对象。将 ball Surface 对象画到 screen Surface 对象上需要使用 blit( )方法，最后使用 display 模块的 flip( )方法更新整个待显示的 Surface 对象并将其显示到屏幕上。Surface 对象的常用方法如表 12-3 所示。

表 12-3　Surface 对象的常用方法

方法名	功能
pygame.Surface.blit	将一个图像画到另一个图像上
pygame.Surface.convert	转换图像的像素格式
pygame.Surface.convert_alpha	转换图像的像素格式，包含 alpha 通道的转换
pygame.Surface.fill	使用颜色填充 Surface 对象
pygame.Surface.get_rect	获取 Surface 对象的矩形区域

运行上述代码，结果如图 12-4 所示。

（4）下面该让小球动起来了。ball.get_rect( )方法的返回值 ballrect 是一个 Rect 对象，该对象有一个 move( )函数可以用于移动矩形区域。move(x,y)函数有两个参数，第一个参数是矩形区域沿 x 轴方向移动的距离，第二个参数是矩形区域沿 y 轴方向移动的距离。窗体左上角坐标为(0,0)，如果使用 move(100,50)，效果如图 12-5 所示。

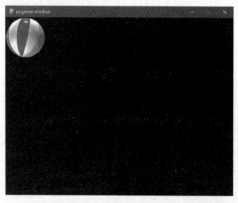

图 12-4　在窗体中添加小球

图 12-5　移动后的坐标

为实现小球不停地移动，将 move( )函数添加到 while 循环内，具体代码如下。

```
# -*- coding:utf-8 -*-
import sys                                    # 导入 sys 模块
import pygame                                 # 导入 Pygame 模块

pygame.init()                                 # 初始化 Pygame
```

```
size = width, height = 640, 480          # 设置窗体
screen = pygame.display.set_mode(size)   # 显示窗体
color = (0, 0, 0)    # 设置颜色

ball = pygame.image.load("ball.png")     # 加载图片
ballrect = ball.get_rect()               # 获取矩形区域

speed = [5,5]                            # 设置沿 x 轴、y 轴移动的距离
# 执行死循环，确保窗体一直显示
while True:
    # 检查事件
    for event in pygame.event.get():
        if event.type == pygame.QUIT:    # 如果单击关闭按钮关闭窗体，则退出
            pygame.quit()                # 退出 Pygame
            sys.exit()

    ballrect = ballrect.move(speed)      # 移动小球
    screen.fill(color)                   # 填充颜色
    screen.blit(ball, ballrect)          # 将 ball Surface 对象画到 screen Surface 对象上
    pygame.display.flip()                # 更新整个待显示的 Surface 对象并显示
```

（5）运行上述代码，会发现小球在屏幕中一闪而过。小球并没有真正消失，而是移动到了窗体之外。此时需要添加碰撞检测的功能，当小球与窗体任一边缘发生碰撞时，更改小球的移动方向。具体代码如下。

```
# -*- coding:utf-8 -*-
import sys                               # 导入 sys 模块
import pygame                            # 导入 Pygame 模块

pygame.init()                            # 初始化 Pygame
size = width, height = 640, 480          # 设置窗体
screen = pygame.display.set_mode(size)   # 显示窗体
color = (0, 0, 0)    # 设置颜色

ball = pygame.image.load("ball.png")     # 加载图片
ballrect = ball.get_rect()               # 获取矩形区域

speed = [5,5]                            # 设置沿 x 轴、y 轴移动的距离
# 执行死循环，确保窗体一直显示
while True:
    # 检查事件
    for event in pygame.event.get():
        if event.type == pygame.QUIT:    # 如果单击关闭按钮关闭窗体，则退出
            pygame.quit()                # 退出 Pygame
            sys.exit()

    ballrect = ballrect.move(speed)      # 移动小球
    # 碰到左、右边缘
    if ballrect.left < 0 or ballrect.right > width:
        speed[0] = -speed[0]
    # 碰到上、下边缘
    if ballrect.top < 0 or ballrect.bottom > height:
        speed[1] = -speed[1]
```

```
screen.fill(color)                      # 填充颜色
screen.blit(ball, ballrect)             # 将 ball Surface 对象画到 screen Surface 对象上
pygame.display.flip()                   # 更新整个待显示的 Surface 对象并显示
```

以上代码中，添加了碰撞检测功能。如果小球碰到左、右
边缘，更改 x 轴数据为负数；如果小球碰到上、下边缘，更
改 y 轴数据为负数。运行结果如图 12-6 所示。

（6）运行上述代码，会发现好像有多个小球在飞快移动，
这是因为运行上述代码的时间非常短，导致肉眼观察出现错
觉，因此需要添加一个 Pygame 时钟来控制代码运行的时间。这
时就需要使用 Pygame 的 time 模块。使用 Pygame 时钟之前，必
须先创建 Clock 对象的一个实例，然后在 while 循环中设置运
行一次代码的时间。具体代码如下。

图 12-6　小球不停地移动

```
# -*- coding:utf-8 -*-
import sys                              # 导入 sys 模块
import pygame                           # 导入 Pygame 模块

pygame.init()                           # 初始化 Pygame
size = width, height = 640, 480         # 设置窗体
screen = pygame.display.set_mode(size)  # 显示窗体
color = (0, 0, 0)                       # 设置颜色

ball = pygame.image.load("ball.png")    # 加载图片
ballrect = ball.get_rect()              # 获取矩形区域

speed = [5,5]                           # 设置沿 x 轴、y 轴移动的距离
clock = pygame.time.Clock()             # 设置时钟
# 执行死循环，确保窗体一直显示
while True:
    clock.tick(60)                      # 每秒执行 60 次
    # 检查事件
    for event in pygame.event.get():
        if event.type == pygame.QUIT:   # 如果单击关闭按钮关闭窗体，则退出
            pygame.quit()               # 退出 Pygame
            sys.exit()

    ballrect = ballrect.move(speed)     # 移动小球
    # 碰到左、右边缘
    if ballrect.left < 0 or ballrect.right > width:
        speed[0] = -speed[0]
    # 碰到上、下边缘
    if ballrect.top < 0 or ballrect.bottom > height:
        speed[1] = -speed[1]

    screen.fill(color)                  # 填充颜色
    screen.blit(ball, ballrect)         # 将 ball Surface 对象画到 screen Surface 对象上
    pygame.display.flip()               # 更新整个待显示的 Surface 对象并显示
```

至此，就完成了“移动的小球”游戏的制作。

12.3 AI 帮你编写实例：游戏中播放音频

在我们学习 Python 编程的过程中，AI 可以提供有力的支持。下面介绍如何利用 AI 来帮助我们巩固本章所学的知识，设计相应的实例。

以下是在 AI 工具中的一个可能的对话示例。

问题：

设计一个在 Pygame 游戏中播放音频的实例。

AI 建议：

下面是一个完整的 Pygame 示例程序，展示了如何加载并播放音频。这个实例还包括基本的用户界面，允许用户通过按键来控制音频的播放、暂停和停止。

```python
import pygame
import sys

# 初始化 Pygame 和混音器
pygame.init()
pygame.mixer.init()
# 设置窗体大小
screen = pygame.display.set_mode((600, 400))
pygame.display.set_caption("Pygame Audio Player")
# 加载音频文件
audio_file = 'path_to_your_audio_file.mp3'
pygame.mixer.music.load(audio_file)
# 设置字体
font = pygame.font.Font(None, 36)
# 定义颜色
WHITE = (255, 255, 255)
BLACK = (0, 0, 0)
# 定义文本函数
def draw_text(text, pos):
    text_surface = font.render(text, True, WHITE)
    screen.blit(text_surface, pos)
# 主循环
running = True
while running:
    for event in pygame.event.get():
        if event.type == pygame.QUIT:
            running = False
        elif event.type == pygame.KEYDOWN:
            if event.key == pygame.K_SPACE:
                if pygame.mixer.music.get_busy():
                    pygame.mixer.music.pause()
                else:
                    pygame.mixer.music.unpause()
            elif event.key == pygame.K_RETURN:
                pygame.mixer.music.stop()
            elif event.key == pygame.K_p:
                pygame.mixer.music.play(loops=0)
    # 绘制背景
    screen.fill(BLACK)
    # 绘制文本
    draw_text("Press SPACE to pause/resume", (100, 150))
```

```
    draw_text("Press ENTER to stop", (100, 200))
    draw_text("Press P to play", (100, 250))
    # 更新屏幕
    pygame.display.flip()
# 结束程序
pygame.quit()
sys.exit()
```

小结

本章主要讲解如何使用 Pygame 开发游戏。读者通过一个"移动的小球"游戏了解了 Pygame 的基本用法（下面还会在"上机指导"中利用 Pygame 逐步开发一个更为复杂的游戏）。通过对本章的学习，读者可以掌握 Pygame 的基础知识，并使用 Python 面向对象的思维方式开发 Python 小游戏，进一步体会 Python 编程的乐趣。

上机指导

"Flappy Bird"是一款鸟类飞行游戏，在游戏中，玩家用一根手指来操控鸟飞行，并躲避障碍。本实例要求使用 Pygame 模块实现一款与之类似的游戏，程序运行结果如图 12-7 所示。

图 12-7　运行结果

开发步骤如下。

（1）首先定义鸟类和管道类这两个类，类中具体的方法可以先使用 pass 语句代替，然后定义一个绘制地图的函数 createMap( )，最后在主程序中加载背景图片。关键代码如下。

```
import pygame
import sys
import random
class Bird(object):
    """定义一个鸟类"""
    def __init__(self):
        """定义初始化方法"""
        pass
    def birdUpdate(self):
        pass
```

```
class Pipeline(object):
    """定义一个管道类"""
    def __init__(self):
        """定义初始化方法"""
        pass
    def updatePipeline(self):
        """水平移动"""
        pass
def createMap():
    """定义绘制地图的方法"""
    screen.fill((255, 255, 255))                          # 填充颜色
    screen.blit(background, (0, 0))                        # 填入背景
    pygame.display.update()                               # 更新显示
if __name__ == '__main__':
    """主程序"""
    pygame.init()                                         # 初始化 Pygame
    size   = width, height = 400, 720                     # 设置窗体
    screen = pygame.display.set_mode(size)                # 显示窗体
    clock  = pygame.time.Clock()                          # 设置时钟
    Pipeline = Pipeline()                                 # 实例化管道类
    Bird = Bird()                                         # 实例化鸟类
    while True:
        clock.tick(60)                                    # 每秒执行 60 次
        # 轮询事件
        for event in pygame.event.get():
            if event.type == pygame.QUIT:
                sys.exit()
        background = pygame.image.load("assets/background.png")   # 加载背景图片
        createMap()                                       # 绘制地图
    pygame.quit()                                         # 退出
```

（2）创建鸟类。该类需要初始化很多参数。首先，定义一个__init__()方法，用来初始化各种参数，包括鸟飞行的几种状态、鸟所在的 x 轴坐标和 y 轴坐标、鸟上升速度等。然后，定义 birdUpdate()方法，该方法用于实现鸟的上升和下降。接下来，在主程序的轮询事件中添加键盘按键按下事件或鼠标单击事件，使鸟上升。最后，在 createMap()方法中，显示鸟的图像。关键代码如下。

```
import pygame
import sys
import random
class Bird(object):
    """定义一个鸟类"""
    def __init__(self):
        """定义初始化方法"""
        self.birdRect = pygame.Rect(65, 50, 50, 50) # 鸟的矩形区域
        # 定义鸟的 3 种飞行状态的列表
        self.birdStatus = [pygame.image.load("assets/1.png"),
                           pygame.image.load("assets/2.png"),
                           pygame.image.load("assets/dead.png")]
        self.status = 0         # 默认飞行状态
        self.birdX = 120        # 鸟所在 x 轴坐标
        self.birdY = 350        # 鸟所在 y 轴坐标
        self.jump = False       # 默认情况下鸟自动下降
```

```python
            self.jumpSpeed = 10  # 上升速度
            self.gravity = 5     # 重力
            self.dead = False    # 默认鸟生命状态为活着
    def birdUpdate(self):
        if self.jump:
            # 鸟上升
            self.jumpSpeed -= 1                    # 上升速度递减，上升越来越慢
            self.birdY -= self.jumpSpeed           # 鸟的 y 轴坐标减小，鸟上升
        else:
            # 鸟下降
            self.gravity += 0.2                    # 下降越来越快
            self.birdY += self.gravity             # 鸟的 y 轴坐标增大，鸟下降
        self.birdRect[1] = self.birdY              # 更改鸟的 y 轴坐标
class Pipeline(object):
    """定义一个管道类"""
    def __init__(self):
        """定义初始化方法"""
        pass
    def updatePipeline(self):
        """水平移动"""
        pass
def createMap():
    """定义绘制地图的方法"""
    screen.fill((255, 255, 255))                   # 填充颜色
    screen.blit(background, (0, 0))                 # 填入背景
    # 显示鸟
    if Bird.dead:                                   # 撞管道状态
        Bird.status = 2
    elif Bird.jump:                                 # 起飞状态
        Bird.status = 1
    screen.blit(Bird.birdStatus[Bird.status], (Bird.birdX, Bird.birdY)) # 设置鸟的坐标
    Bird.birdUpdate()                               # 鸟飞行
    pygame.display.update()                         # 更新显示
if __name__ == '__main__':
    """主程序"""
    pygame.init()                                   # 初始化 Pygame
    size   = width, height = 400, 680               # 设置窗体
    screen = pygame.display.set_mode(size)          # 显示窗体
    clock  = pygame.time.Clock()                    # 设置时钟
    Pipeline = Pipeline()                           # 实例化管道类
    Bird = Bird()                                   # 实例化鸟类
    while True:
        clock.tick(60)                              # 每秒执行 60 次
        # 轮询事件
        for event in pygame.event.get():
            if event.type == pygame.QUIT:
                sys.exit()
            if (event.type == pygame.KEYDOWN or event.type == pygame.MOUSEBUTTONDOWN)
                                and not Bird.dead:
                Bird.jump = True                    # 上升
                Bird.gravity = 5                    # 重力
                Bird.jumpSpeed = 10                 # 上升速度
    background = pygame.image.load("assets/background.png") # 加载背景图片
```

```
            createMap()                                       # 绘制地图
        pygame.quit()
```

（3）创建管道类。同样，首先，在__init__()方法中初始化各种参数，包括设置管道的坐标、加载上/下管道图片等。然后，在updatePipeline()方法中，定义管道向左移动的速度，并且当管道移出屏幕时，重新绘制下一组管道。最后，在createMap()函数中显示管道。关键代码如下。

```
import pygame
import sys
import random
class Bird(object):
    # 省略部分代码
class Pipeline(object):
    """定义一个管道类"""
    def __init__(self):
        """定义初始化方法"""
        self.wallx    = 400;                                        # 管道的 x 轴坐标
        self.pineUp   = pygame.image.load("assets/top.png")         # 加载上管道图片
        self.pineDown = pygame.image.load("assets/bottom.png")      # 加载下管道图片
    def updatePipeline(self):
        """"管道移动方法"""
        self.wallx -= 5          # 管道的 x 轴坐标递减，即管道向左移动
        # 当管道移动到一定位置，即鸟飞过管道时，得分加 1，并且重置管道
        if self.wallx < -80:
            self.wallx = 400
def createMap():
    """定义绘制地图的方法"""
    screen.fill((255, 255, 255))                                # 填充颜色
    screen.blit(background, (0, 0))                             # 填入背景
    # 显示管道
    screen.blit(Pipeline.pineUp,(Pipeline.wallx,-300));        # 上管道坐标
    screen.blit(Pipeline.pineDown,(Pipeline.wallx,500));      # 下管道坐标
    Pipeline.updatePipeline()                                  # 管道移动
    # 显示鸟
    if Bird.dead:                                              # 撞管道状态
        Bird.status = 2
    elif Bird.jump:                                           # 起飞状态
        Bird.status = 1
    screen.blit(Bird.birdStatus[Bird.status], (Bird.birdX, Bird.birdY))#设置鸟的坐标
    Bird.birdUpdate()                                         # 鸟飞行
    pygame.display.update()                                   # 更新显示
if __name__ == '__main__':
    #省略部分代码
    while True:
        clock.tick(60)    # 每秒执行 60 次
        # 轮询事件
        for event in pygame.event.get():
            if event.type == pygame.QUIT:
                sys.exit()
            if (event.type == pygame.KEYDOWN or event.type == pygame.MOUSEBUTTONDOWN)
                                and not Bird.dead:
                Bird.jump = True       # 上升
                Bird.gravity = 5       # 重力
                Bird.jumpSpeed = 10 # 上升速度
```

```
        background = pygame.image.load("assets/background.png")  # 加载背景图片
        createMap()  # 绘制地图
    pygame.quit()
```

（4）计算得分。当小鸟飞过管道时，玩家得分加1。这里对飞过管道的代码做了简化处理：当管道移动到窗体左侧一定位置时，默认小鸟飞过管道，使得分加1，并显示在屏幕上。在updatePipeline( )方法中已经实现该功能，关键代码如下。

```
import pygame
import sys
import random
class Bird(object):
    # 省略部分代码
class Pipeline(object):
    # 省略部分代码
    def updatePipeline(self):
        """管道移动方法"""
        self.wallx -= 5                # 管道的 x 轴坐标递减，即管道向左移动
        # 当管道移动到一定位置，即鸟飞过管道时，得分加1，并且重置管道
        if self.wallx < -80:
            global score
            score += 1
            self.wallx = 400
def createMap():
    """定义绘制地图的方法"""
    # 省略部分代码
    # 显示得分
    screen.blit(font.render(str(score),-1,(255, 255, 255)),(200, 50))#设置颜色及坐标
    pygame.display.update()          # 更新显示
if __name__ == '__main__':
    """主程序"""
    pygame.init()                    # 初始化 Pygame
    pygame.font.init()               # 初始化字体
    font = pygame.font.SysFont(None, 50)      # 设置默认字体和大小
    size   = width, height = 400, 680         # 设置窗体
    screen = pygame.display.set_mode(size)    # 显示窗体
    clock  = pygame.time.Clock()              # 设置时钟
    Pipeline = Pipeline()  # 实例化管道类
    Bird = Bird()                    # 实例化鸟类
    score = 0                        # 初始化得分
    while True:
        # 省略部分代码
```

（5）当鸟与管道相撞（即它们的矩形区域相撞）时，鸟的颜色变为灰色，生命状态变为死亡，游戏结束，并且显示得分。在checkDead( )函数中通过pygame.Rect( )可以分别获取鸟的矩形区域对象和管道的矩形区域对象，通过colliderect( )方法可以判断两个矩形区域是否相撞。如果相撞，则设置Bird.dead属性为True。此外，当鸟飞出窗体上、下边界时，也设置Bird.dead属性为True。最后，用两行文字显示得分。关键代码如下。

```
import pygame
import sys
import random
class Bird(object):
    # 省略部分代码
```

```
class Pipeline(object):
    # 省略部分代码
def createMap():
    # 省略部分代码
def checkDead():
    # 上管道的矩形区域坐标
    upRect = pygame.Rect(Pipeline.wallx,-300,
                    Pipeline.pineUp.get_width() - 10,
                    Pipeline.pineUp.get_height())
    # 下管道的矩形区域坐标
    downRect = pygame.Rect(Pipeline.wallx,500,
                    Pipeline.pineDown.get_width() - 10,
                    Pipeline.pineDown.get_height())
    # 检测鸟与上、下管道是否相撞
    if upRect.colliderect(Bird.birdRect) or downRect.colliderect(Bird.birdRect):
        Bird.dead = True
    # 检测鸟是否飞出窗体上、下边界
    if not 0 < Bird.birdRect[1] < height:
        Bird.dead = True
        return True
    else :
        return False
def getResutl():
    final_text1 = "Game Over"
    final_text2 = "Your final score is:  " + str(score)
    ft1_font = pygame.font.SysFont("Arial", 70)        # 设置第一行文字字体
    ft1_surf = font.render(final_text1, 1, (242,3,36))    # 设置第一行文字颜色
    ft2_font = pygame.font.SysFont("Arial", 50)        # 设置第二行文字字体
    ft2_surf = font.render(final_text2, 1, (253, 177, 6))  # 设置第二行文字颜色
    # 设置第一行文字显示位置
    screen.blit(ft1_surf, [screen.get_width()/2 - ft1_surf.get_width()/2, 100])
    # 设置第二行文字显示位置
    screen.blit(ft2_surf, [screen.get_width()/2 - ft2_surf.get_width()/2, 200])
    pygame.display.flip()        # 更新整个待显示的 Surface 对象并将其显示到屏幕上
if __name__ == '__main__':
    """主程序"""
    # 省略部分代码
    while True:
        # 省略部分代码
        background = pygame.image.load("assets/background.png") # 加载背景图片
        if checkDead() : # 检测鸟生命状态
            getResutl()    # 如果鸟生命状态为死亡，显示游戏得分
        else :
            createMap()   # 绘制地图
    pygame.quit()
```

习题

12-1   什么是 Pygame？

12-2   安装 Pygame 模块的命令是什么？

12-3   创建一个 Pygame 窗体应该使用 Pygame 的哪几个模块？

12-4   简述 Surface 对象的作用。

12-5   Pygame 的 display 模块的常用方法有哪些？

第13章 网络爬虫

本章要点

- ❑ 什么是网络爬虫
- ❑ 网络爬虫的基本原理
- ❑ 网络爬虫的常用框架
- ❑ AI 帮你编写实例

- ❑ 网络爬虫的分类
- ❑ 网络爬虫的常用技术
- ❑ Scrapy 爬虫框架的使用

13.1 初识网络爬虫

13.1.1 网络爬虫概述

网络爬虫（简称爬虫，又被称作网络蜘蛛、网络机器人，在一些网络社区中经常被称为网页追逐者）可以按照指定的规则（网络爬虫的算法）自动浏览或爬取网络中的信息。通过 Python 可以很轻松地编写爬虫程序或者脚本。

初识网络爬虫

在生活中网络爬虫经常出现，搜索引擎就离不开网络爬虫。例如，百度搜索引擎的网络爬虫叫作百度蜘蛛（Baidu Spider）。百度蜘蛛是百度搜索引擎的一个自动程序。它每天都会在海量的互联网信息中进行爬取，收集并整理互联网上的网页、图片和视频等信息。当用户在百度搜索引擎中输入关键词时，百度搜索引擎将从收集的网络信息中找出相关的内容，按照一定的顺序将信息展现给用户。百度搜索引擎会构建一个调度程序来调度百度蜘蛛的工作。调度程序都需要使用一定的算法来实现，使用不同的算法，爬虫的工作效率不同，爬取的结果也会有所差异。所以，在学习爬虫的时候不仅需要了解爬虫的实现过程，还需要了解一些常见的爬虫算法。在特定的情况下，开发者还要自己制定相应的算法。

13.1.2 网络爬虫的分类

网络爬虫按照实现的技术和结构可以分为以下几种类型：通用网络爬虫、聚焦网络爬虫、增量式网络爬虫、深层网络爬虫等。在实际应用中，通常需要使用这几类爬虫的组合体。

1．通用网络爬虫

通用网络爬虫（Scalable Web Crawler）又叫作全网爬虫，通用网络爬虫的爬取范围广，由于其爬取的数据是海量数据，因此对爬取速度和存储空间要求较高。通用网络爬虫对爬取页面的顺序要求相对较低，同时，由于待刷新的页面太多，通用网络爬虫通常采用并行工作方式，需要较长时间才可以刷新一次页面。这种网络爬虫主要应用于大型搜索引擎，有非常高的应用价值。通用网络爬虫主要由初始 URL 集合、URL 队列、页面爬取模块、页面分析模块、页面数据库、链接过滤模块等构成。

2．聚焦网络爬虫

聚焦网络爬虫（Focused Web Crawler）也叫主题网络爬虫（Topical Web Crawler），是指按照预先定义好的主题有选择地进行相关网页爬取的一种爬虫。和通用网络爬虫相比，它不会将目标资源定位在整个互联网中，而是只爬取与主题相关的页面。这极大地节省了硬件和网络资源，爬取速度也由于页面数量少而更快了。聚焦网络爬虫主要应用于特定信息的爬取，为某一类特定的人群提供服务。

3．增量式网络爬虫

所谓增量式，即增量式更新。增量式更新指的是在更新的时候只更新改变的地方，而未改变的地方则不更新。增量式网络爬虫（Incremental Web Crawler）只会在需要的时候爬取新产生或发生更新的页面，对原有的没有发生更新的页面则不会爬取。这样可有效减少数据下载量，以及时间和空间的耗费，但是在爬取算法上增加了一些难度。

4．深层网络爬虫

在互联网中，网页按存在方式可以分为表层网页（Surface Web）和深层网页（Deep Web）。表层网页指的是不需要提交表单、使用静态的超链接就可以直接访问的静态页面。深层网页指的是大部分内容不能通过静态的超链接获取的、隐藏在搜索表单后面的、需要用户提交一些关键词才能获得的网页。深层网页包含的信息数量是表层网页信息数量的几百倍，所以深层网页是主要的爬取对象。

深层网络爬虫主要由 6 个基本功能模块（爬取控制器、解析器、表单分析器、表单处理器、响应分析器、LVS 控制器）和两个爬虫内部数据结构（URL 列表、LVS）等部分构成。其中 LVS（Label Value Set，标签数值集合）用来表示填充表单的数据源。

13.1.3　网络爬虫的基本原理

通用的网络爬虫基本工作流程如图 13-1 所示。

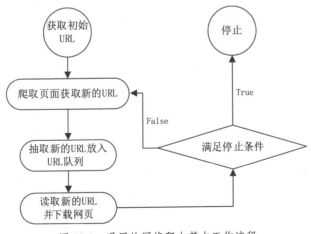

图 13-1　通用的网络爬虫基本工作流程

网络爬虫的基本工作流程如下。

（1）获取初始 URL，该 URL 对应用户自己指定的初始爬取网页。

（2）爬取对应 URL 的网页时，获取新的 URL。

（3）将新的 URL 放入 URL 队列。

（4）从 URL 队列中读取新的 URL，然后依据新的 URL 下载网页。

（5）判断是否满足停止条件，如果不满足，重复（2）～（5）的爬取步骤。

注意设置停止条件。如果没有设置停止条件，爬虫会一直爬取，直到无法获取新的 URL。设置了停止条件后，爬虫将会在满足停止条件时停止爬取。

13.2 网络爬虫的常用技术

13.2.1 Python 的网络请求

13.1.3 小节提到了获取 URL 与下载网页，这两个功能是网络爬虫必备而又关键的功能。这两个功能，离不开与 HTTP（Hypertext Transfer Protocol，超文本传送协议）打交道。本小节将介绍在 Python 中实现 HTTP 网络请求常用的 3 个模块：urllib、urllib3 以及 requests。

Python 的网络请求

1．urllib 模块

urllib 是 Python 自带模块，该模块提供了一个 urlopen( )方法，开发人员可以通过该方法指定 URL 发送网络请求来获取数据。urllib 提供了多个子模块，具体如表 13-1 所示。

表 13-1　urllib 中的子模块

子模块	描述
urllib.request	该模块定义了打开 URL（主要使用 HTTP）的方法和类，用于身份验证、重定向、cookie 等
urllib.error	该模块主要包含异常类，基本的异常类是 URLError
urllib.parse	该模块定义的功能分为两大类，即 URL 解析和 URL 引用
urllib.robotparser	该模块用于解析 robots.txt 文件

【例 13-1】 使用 urllib.request 模块发送 GET 请求。（实例位置：资源包\MR\源码\第 13 章\13-1）

通过 urllib.request 模块实现发送 GET 请求并读取网页内容，示例代码如下。

```
import urllib.request        # 导入模块
# 打开指定需要爬取的网页
response = urllib.request.urlopen('http://www.baidu.com')
html = response.read()       # 读取网页内容
print(html[:1252])           # 输出读取的部分内容
```

【例 13-2】 使用 urllib.request 模块发送 POST 请求。（实例位置：资源包\MR\源码\第 13 章\13-2）

使用 urllib.request 模块发送 POST 请求实现获取网页内容，示例代码如下。

```
import urllib.parse
import urllib.request

# 将数据用 urlencode()处理后，再用 encoding 设置编码方式为 UTF-8 编码
data = bytes(urllib.parse.urlencode({'word': 'hello'}), encoding='utf8')
# 打开指定需要爬取的网页
response = urllib.request.urlopen('http://httpbin.org/post', data=data)
html = response.read()       # 读取网页内容
print(html)                  # 输出读取内容
```

2. urllib3 模块

urllib3 是一个功能强大、条理清晰、用于 HTTP 客户端的 Python 库，许多 Python 的原生系统已经开始使用 urllib3。urllib3 提供了很多 Python 标准库里没有的重要功能特性，列举如下。

- ❑ 线程安全。
- ❑ 连接池。
- ❑ 客户端 SSL（Secure Socket Layer，安全套接字层）/TLS（Transport Layer Security，传输层安全协议）验证。
- ❑ 使用多部分编码（Multipart Encoding）上传文件。
- ❑ Helpers 用于重试请求并处理 HTTP 重定向。
- ❑ 支持 gzip 和 deflate 编码。
- ❑ 支持 HTTP 和 SOCKS（Socket Secure，套接字安全）代理。
- ❑ 100%的测试覆盖率。

【例 13-3】 使用 urllib3 模块发送 GET 请求。（实例位置：资源包\MR\源码\第 13 章\13-3）
通过 urllib3 模块实现发送 GET 请求，示例代码如下。

```python
import urllib3

# 创建 PoolManager 对象，用于处理与线程池的连接以及线程安全的所有细节
http = urllib3.PoolManager()
# 对需要爬取的网页发送请求
response = http.request('GET','https://www.baidu.com/')
print(response.data)         #输出读取内容
```

【例 13-4】 使用 urllib3 模块发送 POST 请求。（实例位置：资源包\MR\源码\第 13 章\13-4）
通过 urllib3 模块实现发送 POST 请求获取网页内容，关键代码如下。

```python
# 对需要爬取的网页发送请求
response = http.request('POST',
                        'http://httpbin.org/post'
                        ,fields={'word': 'hello'})
```

⚠ **注意** 在使用 urllib3 模块前，需要在命令提示符窗口中通过 "pip install urllib3" 命令进行模块的安装。

3. requests 模块

requests 是 Python 中实现 HTTP 请求的一种方式，requests 是第三方模块，该模块在实现 HTTP 请求时比 urllib 模块简单很多，操作更加人性化。在使用 requests 模块前需要通过执行 "pip install requests" 命令进行该模块的安装。requests 功能特性如下。

- ❑ Keep-Alive 和连接池。
- ❑ Unicode 响应体。
- ❑ 国际化域名和 URL。
- ❑ 支持 HTTP(S)代理。
- ❑ 带持久 cookie 的会话。

- ❏ 文件分块上传。
- ❏ 浏览器式的 SSL 认证。
- ❏ 流下载。
- ❏ 自动内容解码。
- ❏ 连接超时。
- ❏ 基本/摘要式的身份认证。
- ❏ 分块请求。
- ❏ 简洁的"键值对"cookie。
- ❏ 支持.netrc。
- ❏ 自动解压。

【例 13-5】 使用 requests 模块发送 GET 请求。(实例位置:资源包\MR\源码\第 13 章\13-5)
以 GET 请求方式为例,输出多种请求信息的示例代码如下。

```python
import requests              # 导入模块

response = requests.get('https://www.baidu.com')
print(response.status_code)  # 输出状态码
print(response.url)          # 输出请求 URL
print(response.headers)      # 输出头部信息
print(response.cookies)      # 输出 cookie 信息
print(response.text)         # 以文本形式输出网页源码
print(response.content)      # 以字节流形式输出网页源码
```

【例 13-6】 使用 requests 模块发送 POST 请求。(实例位置:资源包\MR\源码\第 13 章\13-6)
以 POST 请求方式发送 HTTP 网络请求的示例代码如下。

```python
import requests

data = {'word': 'hello'}  # 表单参数
# 对需要爬取的网页发送请求
response = requests.post('http://httpbin.org/post', data=data)
print(response.content)        # 以字节流形式输出网页源码
```

requests 模块不仅提供了以上两种常用的请求方式,还提供以下多种网络请求方式。各方式的示例代码如下。

```python
requests.put('http://httpbin.org/put',data = {'key':'value'}) #PUT 请求
requests.delete('http://httpbin.org/delete') #DELETE 请求
requests.head('http://httpbin.org/get') #HEAD 请求
requests.options('http://httpbin.org/get') #OPTIONS 请求
```

如果需要请求的 URL 中参数在问号的后面,如"httpbin.org/get?key=val",requests 模块提供了传递参数的方法,允许使用 params 关键字参数,以一个字符串字典来提供这些参数。例如,想传递"key1=value1"和"key2=value2"到"httpbin.org/get",可以使用如下代码。

```python
import requests

payload = {'key1': 'value1', 'key2': 'value2'}        # 传递的参数
# 对需要爬取的网页发送请求
response = requests.get("http://httpbin.org/get", params=payload)
print(response.content)                                # 以字节流形式输出网页源码
```

13.2.2 请求 headers 处理

有时在请求一个网页的内容时，无论采用 GET、POST 还是其他请求方式，都会出现 403 错误。这种现象多数由服务器拒绝访问导致，服务器拒绝访问是因为这些网页为了防止恶意采集信息使用了反爬虫设置。此时可以通过模拟浏览器的 headers 信息来进行访问，这样就能解决以上反爬虫设置的问题。下面以 requests 模块为例介绍请求 headers 处理，具体步骤如下。

请求 headers 处理

（1）通过浏览器的网络监视器查看 headers 信息。首先通过火狐浏览器打开对应的网页，然后按快捷键〈Ctrl + Shift + E〉打开网络监视器，最后刷新当前页面，网络监视器将显示图 13-2 所示的数据变化。

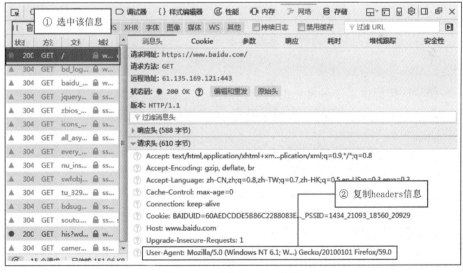

图 13-2 网络监视器显示的数据变化

（2）选中第一条信息，右侧的"消息头"面板中将显示请求 headers 信息，然后复制该信息，如图 13-3 所示。

图 13-3 复制 headers 信息

（3）实现代码。首先创建一个需要爬取的网页的 URL，然后创建 headers 信息，再发送网络请求等待响应，最后输出网页源码。实现代码如下。

```
import requests
url = 'https://www.baidu.com/'        # 创建需要爬取的网页的 URL
# 创建 headers 信息
```

```
headers = {'User-Agent':'OW64; rv:59.0) Gecko/20100101 Firefox/59.0'}
response = requests.get(url, headers=headers)       # 发送网络请求
print(response.content)                              # 以字节流形式输出网页源码
```

13.2.3　网络超时

在访问一个网页时，如果该网页长时间未响应，系统就会判断网络超时，无法打开网页。下面通过代码来模拟一个网络超时的现象，代码如下。

网络超时

```
import requests
# 循环发送请求 50 次
for a in range(0, 50):
    try:      # 捕获异常
        # 设置时间为 0.5 秒
        response = requests.get('https://www.baidu.com/', timeout=0.5)
        print(response.status_code)                  # 输出状态码
    except Exception as e:                           # 处理异常
        print('异常'+str(e))                          # 输出异常信息
```

输出结果如图 13-4 所示。

```
200
200
200
异常HTTPSConnectionPool(host='www.baidu.com', port=443): Read timed out. (read timeout=1)
200
200
200
```

图 13-4　异常信息

📖 **说明**　上面的代码模拟进行了 50 次循环请求，并且设置时间为 0.5 秒，所以在 0.5 秒内服务器未响应将被视为超时，异常信息输出在控制台中。可以在不同的情况下设置不同的timeout 值。

requests 模块同样提供了 3 种常见的网络异常类，下面通过具体的实例演示。

【例 13-7】　使用 requests 模块处理网络异常。（实例位置：资源包\MR\源码\第 13 章\13-7）

```
import requests
# 导入 requests.exceptions 模块中的 3 种网络异常类
from requests.exceptions import ReadTimeout,HTTPError,RequestException
# 循环发送请求 50 次
for a in range(0, 50):
    try:      # 捕获异常
        # 设置时间为 0.5 秒
        response = requests.get('https://www.baidu.com/', timeout=0.5)
        print(response.status_code)                  # 输出状态码
    except ReadTimeout:                              # 超时异常
        print('连接超时')
    except HTTPError:                                # HTTP 异常
        print('httperror')
    except RequestException:                         # 请求异常
        print('reqerror')
```

执行上面的代码，显示效果如图 13-5 所示。

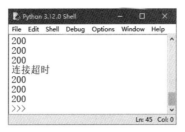

图 13-5　出现网络异常

13.2.4　代理服务

代理服务

在爬取网页的过程中，经常会出现不久前可以爬取的网页现在无法爬取的现象，这是因为本机的 IP 地址被目标网站的服务器屏蔽了。代理服务可以解决这一问题。设置代理服务时，首先需要找到代理地址，如 122.114.31.177，对应的端口号为 808，完整的格式为 122.114.31.177:808。示例代码如下。

```python
import requests

proxy = {'http': '122.114.31.177:808',
         'https': '122.114.31.177:8080'}   # 设置代理地址与对应的端口号
# 对需要爬取的网页发送请求
response = requests.get('http://www.mingrisoft.com/', proxies=proxy)
print(response.content)   # 以字节流形式输出网页源码
```

⚠ **注意**　示例中的代理地址是免费的，超出可使用的时间范围该地址将失效。在代理地址失效或错误时，控制台将显示图 13-6 所示的错误提示信息。

```
Traceback (most recent call last):
  File "C:\Users\Administrator\AppData\Local\Programs\Python\Python36\lib\site-packages\urllib3\connection.py", line 141, in _new_conn
    (self.host, self.port), self.timeout, **extra_kw)
  File "C:\Users\Administrator\AppData\Local\Programs\Python\Python36\lib\site-packages\urllib3\util\connection.py", line 83, in create_connection
    raise err
  File "C:\Users\Administrator\AppData\Local\Programs\Python\Python36\lib\site-packages\urllib3\util\connection.py", line 73, in create_connection
    sock.connect(sa)
TimeoutError: [WinError 10060] 由于连接方在一段时间后没有正确答复或连接的主机没有反应，连接尝试失败。
```

图 13-6　代理地址失效或错误时的错误提示信息

13.2.5　使用 BeautifulSoup 解析 HTML

使用 BeautifulSoup
解析 HTML

BeautifulSoup 是一个用于从 HTML（HyperText Markup Language，超文本标记语言）和 XML（eXtensible Markup Language，可扩展标记语言）文件中提取数据的 Python 库。BeautifulSoup 提供了一些简单的函数来实现导航、搜索、修改分析树等功能。BeautifulSoup 的查找提取功能非常强大，而且使用非常便捷，它通常可以节省开发者数小时甚至数天的工作时间。

BeautifulSoup 可以自动将输入文档的编码方式转换为 Unicode 编码，将输出文档的编码方式转换为 UTF-8 编码，开发者不需要考虑编码方式。当文档没有指定编码方式时，BeautifulSoup 就不能自动转换了，这时只需要说明一下原始编码方式。

1．BeautifulSoup 的安装

BeautifulSoup 3 已经停止开发，目前推荐使用的是 BeautifulSoup 4，不过它已经被移植到 bs4 中了，所以在导入它时需要执行"from bs4 import BeautifulSoup"。安装 BeautifulSoup 有以

下 3 种方式。

- ❑ 如果使用的是较新版本的 Debian 或 Ubuntu Linux 操作系统，则可以使用系统软件包管理器安装 BeautifulSoup，安装命令为"apt-get install python-bs4"。
- ❑ BeautifulSoup 4 是通过 PyPI 发布的，可以通过 easy_install 或 pip 来安装它。它的包名是 beautifulsoup4，兼容 Python 2 和 Python 3，安装命令为"easy_install beautifulsoup4"或"pip install beautifulsoup4"。

⚠注意 在使用 BeautifulSoup 4 之前需要先通过命令"pip install bs4"进行 bs4 库的安装。

- ❑ 如果当前的 BeautifulSoup 不是想要的版本，可以通过下载源码的方式进行 BeautifulSoup 安装。在命令提示符窗口中打开源码的指定路径，执行命令"python setup.py install"即可，如图 13-7 所示。

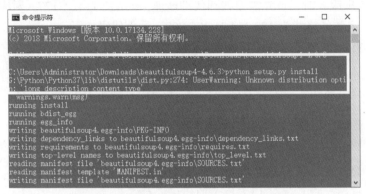

图 13-7 通过下载源码安装 BeautifulSoup

BeautifulSoup 支持 Python 标准库包含的 HTML 解析器，同时也支持许多第三方 Python 解析器，包括 lxml 解析器和 html5lib 解析器。在不同的操作系统上，用户可以使用以下命令之一安装 lxml。

- ❑ apt-get install python-lxml。
- ❑ easy_install lxml。
- ❑ pip install lxml。

html5lib 解析器可以按照 Web 浏览器的方式解析 HTML。用户可以使用以下命令之一安装 html5lib。

- ❑ apt-get install python-html5lib。
- ❑ easy_install html5lib。
- ❑ pip install html5lib。

表 13-2 总结了每个 Python 解析器的优缺点。

表 13-2 Python 解析器的比较

Python 解析器	用法	优点	缺点
Python 标准库中的 HTML 解析器	BeautifulSoup(markup, "html.parser")	Python 标准库，速度适中	（在 Python 2.7.3 之前的 Python 2.x 版本或 Python 3.2.2 之前的 Python 3.x 版本中）文档容错能力差
lxml 的 HTML 解析器	BeautifulSoup(markup, "lxml")	速度快，文档容错能力强	需要安装 C 语言库
lxml 的 XML 解析器	BeautifulSoup(markup, "lxml-xml") BeautifulSoup(markup, "xml")	速度快，唯一支持 XML 的 Python 解析器	需要安装 C 语言库

Python 解析器	用法	优点	缺点
html5lib	BeautifulSoup(markup, "html5lib")	具有最好的文档容错能力，以浏览器的方式解析文档，生成 HTML5 格式的文档	速度慢，不依赖外部扩展

2. BeautifulSoup 的使用

下面通过一个实例介绍如何通过 BeautifulSoup 库进行 HTML 代码的解析工作。

【例 13-8】 通过 BeautifulSoup 库进行 HTML 代码的解析，具体步骤如下。（实例位置：资源包\MR\源码\第 13 章\13-8）

（1）导入 bs4 库，然后创建一个模拟 HTML 代码的字符串，代码如下。

```python
from bs4 import BeautifulSoup  # 导入 BeautifulSoup 库

# 创建模拟 HTML 代码的字符串
html_doc = """
<html><head><title>The Dormouse's story</title></head>
<body>
<p class="title"><b>The Dormouse's story</b></p>

<p class="story">Once upon a time there were three little sisters; and their names were
<a href="http://example.com/elsie" class="sister" id="link1">Elsie</a>,
<a href="http://example.com/lacie" class="sister" id="link2">Lacie</a> and
<a href="http://example.com/tillie" class="sister" id="link3">Tillie</a>;
and they lived at the bottom of a well.</p>

<p class="story">···</p>
"""
```

（2）创建 BeautifulSoup 对象，并指定 Python 解析器为 lxml，然后通过输出的方式将解析的 HTML 代码显示在控制台中，代码如下。

```python
# 创建一个 BeautifulSoup 对象，获取页面正文
soup = BeautifulSoup(html_doc, features="lxml")
print(soup)                      # 输出解析的 HTML 代码
```

运行结果如图 13-8 所示。

```
<html><head><title>The Dormouse's story</title></head>
<body>
<p class="title"><b>The Dormouse's story</b></p>
<p class="story">Once upon a time there were three little sisters; and their names were
<a class="sister" href="http://example.com/elsie" id="link1">Elsie</a>,
<a class="sister" href="http://example.com/lacie" id="link2">Lacie</a> and
<a class="sister" href="http://example.com/tillie" id="link3">Tillie</a>;
and they lived at the bottom of a well.</p>
<p class="story">···</p>
</body></html>
```

图 13-8 显示解析的 HTML 代码

📖 说明 如果将 html_doc 字符串中的代码保存在 index.html 文件中，可以通过打开 HTML 文件的方式进行代码的解析，并且可以通过 prettify( )方法进行代码的格式化处理，代码如下。

```python
# 创建 BeautifulSoup 对象并打开需要解析的 HTML 文件
```

```
soup = BeautifulSoup(open('index.html'),'lxml')
print(soup.prettify())      # 输出格式化后的代码
```

13.3 网络爬虫的常用框架

网络爬虫的常用
框架

　　爬虫框架就是一些爬虫项目的半成品，将爬虫常用的功能写好，然后留下
一些接口。开发人员可针对不同的爬虫项目调用合适的接口，再编写少量的代
码实现自己需要的功能。因为已经实现了爬虫常用的功能，所以爬虫框架为开
发人员节省了很多精力与时间。

13.3.1 Scrapy 爬虫框架

　　Scrapy 是一套比较成熟的 Python 爬虫框架，简单轻巧，使用方便，可以高效率地爬取网页
并从页面中提取结构化的数据。Scrapy 是一套开源的框架，所以在使用时不需要担心收取费用的
问题。Scrapy 的官网页面如图 13-9 所示。

📖 说明　Scrapy 开源框架为开发者提供了非常贴心的开发文档，文档中详细地介绍了 Scrapy
开源框架的安装以及使用方法。

图 13-9　Scrapy 的官网页面

13.3.2 Crawley 爬虫框架

　　Crawley 也是基于 Python 开发出的爬虫框架，该框架致力于改变人们从互联网中提取数据
的方式。Crawley 的具体功能特性如下。

- ❑ 基于 Eventlet 构建的高速网络爬虫框架。
- ❑ 可以将数据存储在关系数据库中，如 PostgreSQL、MySQL、Oracle、SQLite 等。
- ❑ 可以将爬取的数据导出为 JSON（JavaScript Object Notation，JavaScript 对象表示法）、
  XML 格式。
- ❑ 支持非关系数据库，如 MongoDB 和 CouchDB。
- ❑ 支持命令提示符工具。
- ❑ 用户可以使用喜欢的工具进行数据的提取，如 XPath 或 PyQuery 工具。
- ❑ 支持使用 cookie 登录或访问那些登录后才可以访问的网页。
- ❑ 简单易学（可以参照示例）。

Crawley 的官网页面如图 13-10 所示。

图 13-10　Crawley 的官网页面

13.3.3　PySpider 爬虫框架

相对于 Scrapy 而言，PySpider 是一个新秀。该爬虫框架采用 Python 编写，具有分布式架构，支持多种数据库后端，拥有强大的 WebUI，支持脚本编辑器、任务监视器、项目管理器以及结果查看器。PySpider 的具体功能特性如下。

- ❑ 可以用 Python 脚本控制，可以用任何 HTML 解析包（内置 PyQuery）。
- ❑ 支持通过 Web 界面编写、调试、起停脚本，监控执行状态，查看活动历史及获取结果产出。
- ❑ 支持 MySQL、MongoDB、Redis、SQLite、Elasticsearch、PostgreSQL 与 SQLAlchemy。
- ❑ 支持 RabbitMQ、Beanstalk、Redis 和 Kombu 作为消息队列。
- ❑ 支持抓取 JavaScript 页面。
- ❑ 具有强大的调度控制能力，支持超时重爬及优先级设置。
- ❑ 组件可替换，支持单机/分布式部署，支持 Docker 部署。

13.4　Scrapy 爬虫框架的使用

搭建 Scrapy
爬虫框架

13.4.1　搭建 Scrapy 爬虫框架

Scrapy 爬虫框架依赖的库比较多，尤其是在 Windows 操作系统下，其必须依赖的库有 Twisted、lxml、pyOpenSSL 以及 pywin32。搭建 Scrapy 爬虫框架的具体步骤如下。

1．安装 Twisted 模块

打开命令提示符窗口，然后执行 "pip install Twisted" 命令，安装 Twisted 模块，如图 13-11 所示。

2．安装 Scrapy 框架

打开命令提示符窗口，然后执行 "pip install Scrapy" 命令，安装 Scrapy 爬虫框架。

📖 说明　在安装 Scrapy 爬虫框架的过程中，lxml 与 pyOpenSSL 模块也会被安装在 Python 环境中。

3．安装 pywin32 模块

打开命令提示符窗口，然后执行 "pip install pywin32" 命令，安装 pywin32 模块。

图 13-11　安装 Twisted 模块

13.4.2　创建 Scrapy 项目

在任意路径下创建一个保存项目的文件夹，例如，创建 F:\PycharmProjects 文件夹，然后在该文件夹内打开命令提示符窗口，执行"scrapy startproject scrapyDemo"命令，即可创建一个名为"scrapyDemo"的项目，如图 13-12 所示。

创建 Scrapy 项目

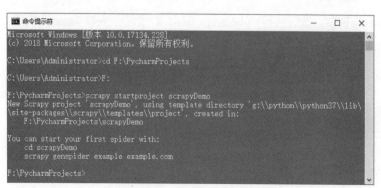

图 13-12　创建 Scrapy 项目

为了提高开发效率，笔者使用 PyCharm 第三方开发工具打开刚刚创建的项目 scrapyDemo，项目打开后，在左侧的文件夹组织结构中可以看到图 13-13 所示的内容。

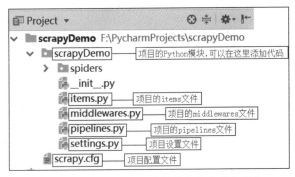

图 13-13　scrapyDemo 项目的文件夹组织结构

创建和启动爬虫

13.4.3　创建和启动爬虫

在创建爬虫时，首先需要创建一个爬虫模块文件，该文件需要放置在 spiders 文件夹中。爬虫模块是用于从一个网站或多个网站中爬取数据的类，它需要继承 scrapy.Spider 类。

【例 13-9】　爬取网页代码保存到本地。（实例位置：资源包\MR\源码\第 13 章\13-9）

在项目的 spiders 文件夹中创建 crawl.py 文件，实现爬取网页后将网页的代码以 HTML 文件的形式保存至项目文件夹中，代码如下。

```python
import scrapy    # 导入框架
class QuotesSpider(scrapy.Spider):
    name = "quotes"   # 定义爬虫名称

    def start_requests(self):
        # 设置爬取目标的 URL
        urls = [
            'http://quotes.toscrape.com/page/1/',
            'http://quotes.toscrape.com/page/2/',
        ]
        # 获取所有 URL，有几个 URL 就发送几次请求
        for url in urls:
            # 发送网络请求
            yield scrapy.Request(url=url, callback=self.parse)
    def parse(self, response):
        # 获取页数
        page = response.url.split("/")[-2]
        # 根据页数设置文件名
        filename = 'quotes-%s.html' % page
        # 以只写模式打开文件，如果没有该文件将创建该文件
        with open(filename, 'wb') as f:
            # 向文件中写入爬取的 HTML 代码
            f.write(response.body)
        # 输出保存文件的名称
        self.log('Saved file %s' % filename)
```

在启动 Scrapy 所创建的爬虫时，需要在命令提示符窗口中输入并执行 "scrapy crawl quotes" 命令，其中 "quotes" 是自定义的爬虫名称。笔者使用了 PyCharm 第三方开发工具，所以需要在底部的 Terminal 窗口中输入启动爬虫的命令，启动完成以后将显示图 13-14 所示的信息。

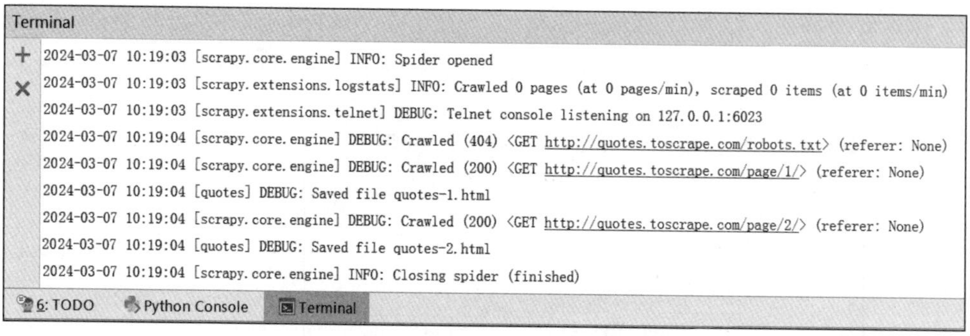

图 13-14　显示启动爬虫后的信息

除了在命令提示符窗口中输入并执行命令"scrapy crawl quotes", Scrapy 还提供了在程序中启动爬虫的 API（Application Program Interface, 应用程序接口), 也就是 CrawlerProcess 类。首先需要在 CrawlerProcess 初始化时传入项目设置信息, 然后在 crawl( )方法中传入爬虫的名称, 最后通过 start( )方法启动爬虫。代码如下。

```python
# 导入 CrawlerProcess 类
from scrapy.crawler import CrawlerProcess
# 导入获取项目设置信息的函数
from scrapy.utils.project import get_project_settings


# 程序入口
if __name__ == '__main__':
    # 创建 CrawlerProcess 类对象并传入项目设置信息参数
    process = CrawlerProcess(get_project_settings())
    # 设置需要启动的爬虫名称
    process.crawl('quotes')
    # 启动爬虫
    process.start()
```

⚠ 注意　如果在启动 Scrapy 所创建的爬虫时, 出现"SyntaxError:invalid syntax"异常信息, 如图 13-15 所示, 说明当前版本的 Python 将"async"识别成了关键字。要解决此类错误, 需要打开 Python312\Lib\site-packages\twisted\conch\manhole.py 文件, 然后将该文件中的所有"async"修改成与关键字无关的标识符, 如"async_"。

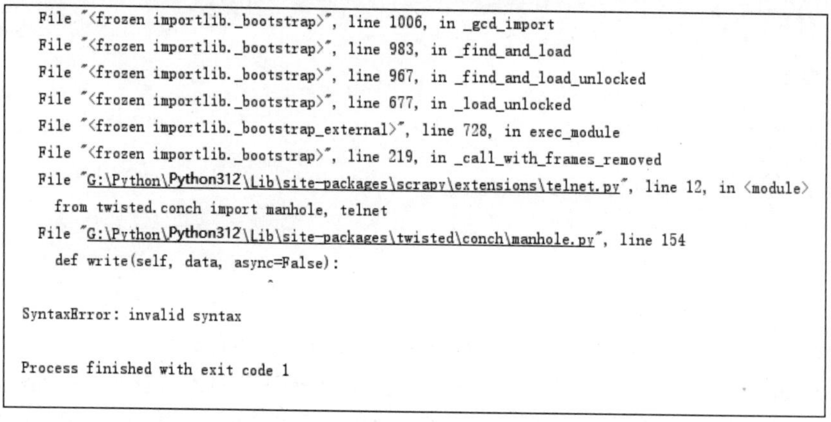

图 13-15　Scrapy 框架常见异常信息

13.4.4 爬取数据

Scrapy 爬虫框架可以通过特定的 CSS（Cascading Style Sheets，串联样式表）表达式或者 XPath 表达式来选择 HTML 文件中的某一处，并爬取相应的数据。CSS 用于控制 HTML 页面布局、字体、颜色、背景以及其他效果。XPath 是一门可以在 XML 文件中根据元素和属性查找信息的语言。

爬取数据

1．CSS 表达式爬取数据

使用 CSS 表达式爬取 HTML 文件中的某一处数据时，可以指定 HTML 文件中的标签名称，例如，要爬取【例 13-9】中网页的 title 标签，可以使用如下代码。

```
response.css('title').extract()
```

爬取结果如图 13-16 所示。

```
2024-03-07 11:22:09 [scrapy.core.engine] DEBUG: Crawled (200) <GET http://quotes.toscrape.com/page/1/> (referer: None)
['<title>Quotes to Scrape</title>']
2024-03-07 11:22:09 [scrapy.core.engine] DEBUG: Crawled (200) <GET http://quotes.toscrape.com/page/2/> (referer: None)
['<title>Quotes to Scrape</title>']
```

图 13-16　使用 CSS 表达式爬取 title 标签

> 📖 **说明**　以上代码执行后返回的内容为 CSS 表达式所对应节点的标签列表，所以在爬取标签中的数据时，可以使用
>
> ```
> response.css('title::text').extract_first()
> ```
>
> 或
>
> ```
> response.css('title::text')[0].extract()
> ```

2．XPath 表达式爬取数据

使用 XPath 表达式爬取 HTML 文件中的某一处数据时，需要根据 XPath 表达式的语法规定来爬取指定的数据，例如，同样是爬取 title 标签内的信息，可以使用如下代码。

```
response.xpath('//title/text()').extract_first()
```

【例 13-10】实现使用 XPath 表达式爬取多条信息。（实例位置：资源包\MR\源码\第 13 章\13-10）

在【例 13-9】的基础上实现使用 XPath 表达式爬取多条信息，修改 parse( )函数的代码为以下代码。

```python
# 响应信息
def parse(self, response):
    # 爬取所有信息
    for quote in response.xpath(".//*[@class='quote']"):
        # 爬取名人名言文字信息
        text = quote.xpath(".//*[@class='text']/text()").extract_first()
        # 爬取作者名称
        author = quote.xpath(".//*[@class='author']/text()").extract_first()
        # 爬取标签
        tags = quote.xpath(".//*[@class='tag']/text()").extract()
        # 以字典形式输出信息
        print(dict(text=text, author=author, tags=tags))
```

3. 翻页爬取数据

前面我们已经实现了爬取网页中的数据，如果需要爬取整个网站的所有信息，就要使用翻页功能。例如，爬取整个网站的作者名称，可以使用以下代码。

```python
# 响应信息
def parse(self, response):
    # div.quote
    # 爬取所有信息
    for quote in response.xpath(".//*[@class='quote']"):
        # 爬取作者名称
        author = quote.xpath(".//*[@class='author']/text()").extract_first()
        print(author)  # 输出作者名称

    # 实现翻页
    for href in response.css('li.next a::attr(href)'):
            yield response.follow(href, self.parse)
```

4. 创建 Item

爬取网页数据的过程就是从非结构性的数据源中爬取结构性数据的过程。例如，在 QuotesSpider 类的 parse( )方法中已经爬取 text、author 以及 tags 等信息，如果需要将这些数据包装成结构性数据，就要用到 Scrapy 所提供的 Item 类。Item 对象是一个简单的容器，用于保存爬取到的数据，它提供了一个类似于字典的 API，用于声明其可用字段。Item 使用简单的类定义语法和 Field 对象来创建。在创建 scrapyDemo 项目时，项目的文件夹组织结构中就已经自动创建了一个 items.py 文件，用来定义存储数据的 Item 类，它需要继承 scrapy.Item。示例代码如下。

```python
import scrapy
class ScrapydemoItem(scrapy.Item):
    # define the fields for your item here like:
    # 定义爬取的名人名言文字信息
    text = scrapy.Field()
    # 定义爬取的作者名称
    author =scrapy.Field()
    # 定义爬取的标签
    tags = scrapy.Field()
    pass
```

Item 类创建完成以后，需要回到自己编写的爬虫代码中，在 parse( )方法中创建 Item 对象，然后输出信息，代码如下。

```python
# 响应信息
def parse(self, response):
    # 爬取所有信息
    for quote in response.xpath(".//*[@class='quote']"):
        # 爬取名人名言文字信息
        text = quote.xpath(".//*[@class='text']/text()").extract_first()
        # 爬取作者名称
        author = quote.xpath(".//*[@class='author']/text()").extract_first()
        # 爬取标签
        tags = quote.xpath(".//*[@class='tag']/text()").extract()
        # 创建 Item 对象
        item = ScrapydemoItem(text=text, author=author, tags=tags)
        yield item # 输出信息
```

13.5 AI 帮你编写实例

13.5.1 使用 AI 编写一个实例：爬取网页标题和内容

在我们学习 Python 编程的过程中，AI 可以提供有力的支持。下面介绍如何利用 AI 来帮助我们巩固本章所学的知识，设计相应的实例。

以下是在 AI 工具中的一个可能的对话示例。

问题：

帮我编写一个使用 Python 爬取网页数据的完整实例，供参考。

AI 建议：

下面是一个使用 Python 爬取网页数据的完整实例。我们将使用 requests 模块来发送 HTTP 请求，使用 BeautifulSoup 库来解析 HTML 内容。这个实例将爬取一个简单的网页，提取其中的标题和段落内容，并将其输出。

```python
import requests
from bs4 import BeautifulSoup
# 目标 URL
url = 'https://example.com'
# 发送 GET 请求
response = requests.get(url)
# 检查请求是否成功
if response.status_code == 200:
    # 解析 HTML 内容
    soup = BeautifulSoup(response.content, 'html.parser')
    # 提取页面标题
    title = soup.find('title').get_text()
    print(f"页面标题: {title}")
    # 提取所有的段落
    paragraphs = soup.find_all('p')
    for i, paragraph in enumerate(paragraphs):
        print(f"段落 {i+1}: {paragraph.get_text()}")
else:
    print(f"请求失败，状态码: {response.status_code}")
```

追加问题：

完善上面的代码，将爬取的数据保存到数据库中。

AI 建议：

为了将爬取的数据保存到数据库中，我们可以使用 SQLite 数据库，因为它不需要单独的服务器进程并且允许直接通过 Python 操作。首先确保安装了 sqlite3 模块（Python 自带），然后根据以下步骤完善代码。

步骤 1：创建数据库和表。

在插入数据之前，我们需要创建一个数据库和相应的表来存储网页的标题和段落内容。

步骤 2：修改现有代码以保存数据到数据库。

下面是修改后的完整示例代码，包括发送请求、解析 HTML 内容、提取数据以及将这些数据保存到 SQLite 数据库中。

```python
import requests
from bs4 import BeautifulSoup
import sqlite3
# 数据库初始化函数
def init_db():
    conn = sqlite3.connect('web_content.db')  # 创建或连接 SQLite 数据库
    cursor = conn.cursor()
    # 创建表结构
    cursor.execute('''CREATE TABLE IF NOT EXISTS web_content (
                        id INTEGER PRIMARY KEY AUTOINCREMENT,
                        title TEXT NOT NULL,
                        paragraph TEXT NOT NULL)''')
    conn.commit()
    conn.close()
# 插入数据到数据库
def insert_data(title, paragraphs):
    conn = sqlite3.connect('web_content.db')
    cursor = conn.cursor()
    for paragraph in paragraphs:
        cursor.execute("INSERT INTO web_content (title, paragraph) VALUES (?, ?)",
                    (title, paragraph))
    conn.commit()
    conn.close()
# 爬取并保存数据
def fetch_and_save_web_content(url):
    response = requests.get(url)
    if response.status_code == 200:
        soup = BeautifulSoup(response.content, 'html.parser')
        title = soup.find('title').get_text()
        print(f"页面标题: {title}")
        paragraphs = [p.get_text() for p in soup.find_all('p')]
        for i, paragraph in enumerate(paragraphs):
            print(f"段落 {i+1}: {paragraph}")
        # 将数据保存到数据库
        insert_data(title, paragraphs)
    else:
        print(f"请求失败，状态码: {response.status_code}")
if __name__ == '__main__':
    url = 'https://example.com'  # 替换为想要爬取的目标网址
    init_db()  # 初始化数据库
    fetch_and_save_web_content(url)
```

这段代码提供了一个基本框架，读者可以根据自己的具体需求进行调整和扩展。例如，可以增加更多字段、优化数据存储方式、改进用户界面等。

13.5.2　使用 AI 解决网站的反爬问题

网站可能会采取各种措施来防止被爬虫频繁访问，那么，我们在实际开发爬虫程序时，如何来解决网站的反爬问题呢？下面介绍如何利用 AI 来帮助我们解决该问题。

以下是在 AI 工具中的一个可能的对话示例。

问题：

在爬取数据时，如何避免网站的反爬？

AI 建议：

为了有效应对这些反爬措施，可以采取以下几种策略。

1. 设置 User-Agent

很多网站会根据 User-Agent 来判断请求是否来自浏览器。你可以设置一个常见的浏览器 User-Agent 来模拟真实的用户访问。

2. 添加请求间隔

频繁的请求可能会被网站识别为爬虫行为。通过添加适当的请求间隔，可以降低这种风险。

3. 使用代理服务

使用代理服务可以隐藏你的真实 IP 地址，降低被封禁的风险。

4. 处理 cookie

有些网站会通过 cookie 来跟踪用户的会话。你可以手动管理 cookie 来模拟登录状态。

5. 使用 Selenium

对于使用 JavaScript 动态生成内容的网站，可以使用 Selenium 来模拟浏览器行为。

6. 验证码处理

如果网站使用验证码，可以考虑使用第三方服务来识别验证码，但这通常需要额外的成本。

7. 遵守 robots.txt 规则

遵守 robots.txt 规则，避免爬取禁止访问的页面。

8. 使用 CDN

有些网站会使用 CDN（内容分发网络）来分发内容，你可以尝试从 CDN 节点获取数据，而不是直接访问源服务器。

9. 分布式爬虫

如果单个 IP 地址被限制，可以考虑使用分布式爬虫，从多个 IP 地址发起请求。

小结

本章首先介绍了什么是网络爬虫、网络爬虫的分类与基本原理；然后介绍了网络爬虫的常用技术，如网络请求、headers 处理、网络超时、代理服务以及解析 HTML 的常用模块等；最后演示了利用 AI 编写实例。在编写网络爬虫程序时，可以使用第三方开源的爬虫框架，通过框架中原有的接口实现自己需要的功能。通过学习本章内容，读者可以对 Python 网络爬虫有一定的了解，初步学会使用网络爬虫，为今后网络爬虫项目的开发打下良好的基础。

上机指导

有些网页中的信息是动态加载的，例如，图 13-17 所示的某网页中，商品价格就不是加载页面时直接加载的。如果使用爬虫技术爬取这样的信息，是需要单独发送请求的。本实例要求使用爬虫技术爬取网页中动态加载的可用数据，程序运行结果如图 13-18 所示。

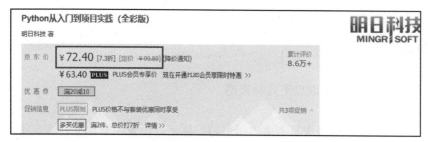

图 13-17 某网页商品价格

当前售价为： 72.40
定价为： 99.80
会员价为： 63.40

图 13-18 爬取动态加载的
商品价格

开发步骤如下。

（1）在浏览器的网络监视器中根据动态加载的技术选择网络类型。首先在浏览器中按快捷键〈F12〉打开"开发者工具"，然后选择"Network"（网络监视器）并在网络类型中选择"JS"，最后按快捷键〈F5〉刷新网络监视器，如图 13-19 所示。

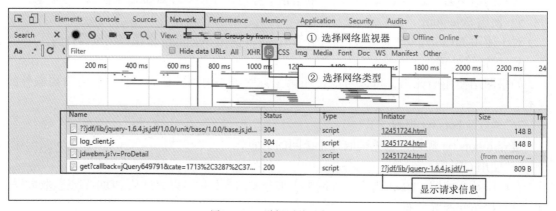

图 13-19 刷新网络监视器

（2）通过逐个核对的方式找到请求结果中的关键数据。首先在请求信息的列表中，依次单击每个请求信息，然后在对应的"Preview"（请求结果预览）中核对请求结果中的数据是否为需要爬取的动态加载数据，如图 13-20 所示。

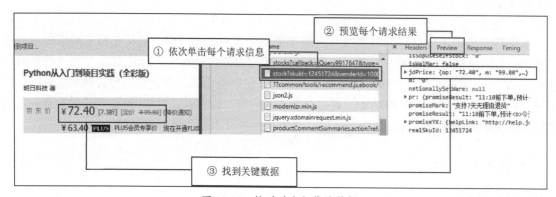

图 13-20 核对动态加载的数据

（3）动态加载的数据核对完成后，单击"Headers"查看当前的请求地址以及请求参数，如图 13-21 所示。

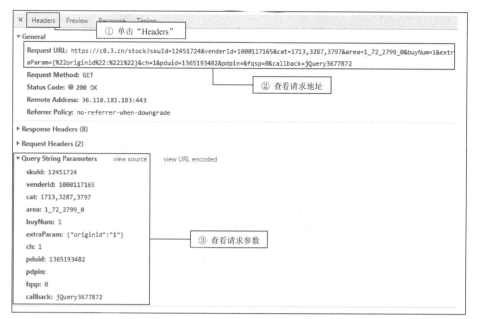

图 13-21　查看请求地址与请求参数

（4）根据获取的请求地址发送网络请求，并从返回的 JSON 数据中提取商品价格信息。代码如下。

```python
import requests  # 网络请求模块

# header 信息
header = {'User-Agent':'Mozilla/5.0 (Windows NT 10.0; Win64; x64) AppleWebKit/537.36
(KHTML, like Gecko) Chrome/72.0.3626.121 Safari/537.36'}
# 爬取商品价格的请求地址，因为 callback 参数不是必要参数，所以在实现网络请求时可以删除该参数
url = 'https://c0.3.cn/stock?skuId=12451724&venderId=1000117165&' \
      'cat=1713,3287,3797&area=1_72_2799_0&buyNum=1&extraParam={%22originid%22:%221%22}' \
      '&ch=1&pduid=1365193482&pdpin=&fqsp=0'
# 发送网络请求
re = requests.get(url,headers = header)
json = re.json()     # 解析 JSON 数据
print('当前售价为: ',json['stock']['jdPrice']['op'])    # 当前售价
print('定价为: ',json['stock']['jdPrice']['m'])         # 定价
print('会员价为: ',json['stock']['jdPrice']['tpp'])     # 会员价
```

📖 **说明** 爬取动态加载的数据时，需要根据不同的网页使用不同的方式进行数据的爬取。如果在运行源码时出现了错误，请根据上述步骤获取新的请求地址。

习题

13-1　简述网络爬虫的基本工作流程。

13-2　Python 提供了哪几种常见的网络请求方式？

13-3　简述使用 BeautifulSoup 解析 HTML 文档的基本步骤。

13-4　网络爬虫的常用框架有哪几个？

13-5　在 Windows 操作系统下，Scrapy 爬虫框架至少需要依赖哪几个库？

第**14**章 数据分析

本章要点
- ❏ 什么是数据分析
- ❏ pandas 模块的使用
- ❏ AI 帮你解决问题
- ❏ NumPy 模块的使用
- ❏ Matplotlib 模块的使用

14.1 什么是数据分析

什么是数据分析

数据分析是将数学、统计学理论与科学的统计分析方法（如线性回归分析方法、聚类分析方法、方差分析方法、时间序列分析方法等）相结合，对数据库中的数据、Excel 中的数据、收集的大量数据、从网页中爬取的数据等进行分析，从中提取有价值的信息形成结论并进行展示的过程。数据分析的目的在于将隐藏在一大堆看似杂乱无章的数据背后的有用信息提取出来，总结出数据的内在规律，以帮助在实际工作中的管理者做出决策和判断。

数据分析是大数据技术中最重要的部分之一，随着大数据技术的不断发展，数据分析将应用于各个方面。在互联网方面，使用数据分析可以根据客户意向进行商品推荐以及有针对性的广告投放等。在医学方面，使用数据分析可以实现智能医疗、健康指数评估以及 DNA（Deoxyribonudeic Acid，脱氧核糖核酸）对比等。在网络安全方面，使用数据分析可以建立具有潜在攻击性的分析模型，监测大量的网络访问数据与访问行为，快速地识别出可疑的网络访问，起到有效的防御作用。在交通方面，使用数据分析可以根据交通状况数据与 GPS（Global Positioning System，全球定位系统）数据有效地预测实时路况信息。在通信方面，使用数据分析可以统计骚扰电话，进行骚扰电话的拦截与黑名单的设置。

14.2 NumPy 模块

14.2.1 NumPy 的诞生

NumPy 的诞生

Numeric 模块是 NumPy 模块的前身，在 1995 年由吉姆·胡古宁（Jim Hugunin）与其他协作者共同开发。随后又出现了 Numarray 模块，该模块与 Numeric 模块相似，都是用于数组计算的，但是这两个模块都有各自的优势，对于开发者来说，需要根据不同的需求选择开发效率更高的模块。

在 2006 年，特拉维斯·奥利芬特（Travis Oliphant）在 Numeric 模块中结合了 Numarray 模块的优势，并加入了其他扩展，从而开发了 NumPy 模块的第一个版本。NumPy 开放源码，使

用了 BSD（Berkeley Software Distribution，伯克利软件套件）许可证授权，由众
多开发者共同开发和维护。

14.2.2　NumPy 的安装

NumPy 模块为第三方模块，所以 Python 官网中的发行版本是不包含该模
块的。

NumPy 的安装

使用 pip 安装 NumPy 模块时，需要先进入命令提示符窗口，然后在该窗口中执行如下代码。

```
python -m pip install numpy
```

NumPy 模块安装完成以后，在 Python 窗口中输入以下代码测试是否可以正常导入已经安装
的 NumPy 模块。

```
import numpy
```

14.2.3　NumPy 的数据类型

NumPy 模块支持的数据类型有很多，比 Python 内置的数据类型还要多。
NumPy 模块常用的数据类型如表 14-1 所示。

NumPy 的数据类型

表 14-1　NumPy 模块常用的数据类型

数据类型	描述
np.bool	布尔类型（True 或 False）
np.int_	默认的整数类型（与 C 语言中的 long 相同，通常为 int32 或 int64）
np.intc	与 C 语言中的整数类型一样（通常为 int32 或 int64）
np.intp	用于索引的整数类型（与 C 语言中的 size_t 相同，通常为 int32 或 int64）
np.int8	字节（−128～127）
np.int16	整数（−32768～32767）
np.int32	整数（−2147483648～2147483647）
np.int64	整数（−9223372036854775808～9223372036854775807）
np.uint8	无符号整数（0～255）
np.uint16	无符号整数（0～65535）
np.uint32	无符号整数（0～4294967295）
np.uint64	无符号整数（0～18446744073709551615）
np.half/np.float16	半精度浮点数，包括 1 个符号位、5 个指数位、10 个小数位
np.float32	单精度浮点数，包括 1 个符号位、8 个指数位、23 个小数位
np.float64/np.float_	双精度浮点数，包括 1 个符号位、11 个指数位、52 个小数位
np.complex64	复数，表示两个 32 位浮点数（实数部分和虚数部分）
np.complex128/np.complex_	复数，表示两个 64 位浮点数（实数部分和虚数部分）

14.2.4　数组对象 ndarray

ndarray 对象是 NumPy 模块的基础对象，也是用于存放同类型元素的多
维数组对象。ndarray 中的每个元素在内存中都有相同大小的存储区域，而
数据类型是由 dtype 对象指定的，每个 ndarray 只有一种 dtype 类型。

ndarray 有一个比较重要的属性是 shape（数组的形状），数组的维数与元
素的数量就是通过 shape 来确定的。shape 是由 N 个正整数组成的元组，元组

数组对象 ndarray

的每个元素对应数组每一维的大小。数组在创建时被指定大小后，其大小将不会再发生改变，而 Python 中的列表大小是可以改变的，这也是数组与列表较明显的区别。

创建一个 ndarray 只需调用 NumPy 的 array( )函数，语法格式如下。

```
numpy.array(object, dtype=None, copy=True, order='K', subok=False, ndmin=0)
```

array( )函数的参数说明如表 14-2 所示。

表 14-2　array( )函数的参数说明

参数	说明
object	数组或嵌套序列的对象
dtype	数组所需的数据类型
copy	对象是否需要复制
order	指定数组的内存布局，其值的含义：C 为以行方向排列，F 为以列方向排列，A 为以任意方向排列（默认）
subok	默认返回一个类型与基类类型一致的数组
ndmin	指定生成数组的最小维度

【例 14-1】　使用 array( )函数创建一个 ndarray 时，需要将 Python 列表作为参数，而列表中的元素即 ndarray 的元素。（实例位置：资源包\MR\源码\第 14 章\14-1）

代码如下。

```python
a = np.array([1,2,3,4,5])          # 定义 ndarray
print('数组内容为: ',a)              # 输出数组内容
print('数组类型为: ',a.dtype)       # 输出数组类型
print('数组的形状为: ',a.shape)     # 输出数组的形状
print('数组的维数为: ',a.ndim)      # 输出数组的维数
print('数组的长度为: ',a.size)      # 输出数组的长度
```

运行结果如下。

```
数组内容为: [1 2 3 4 5]
数组类型为: int32
数组的形状为: (5,)
数组的维数为: 1
数组的长度为: 5
```

NumPy 的 ndarray 对象中除了以上实例所使用的属性，还有几个比较重要的属性，如表 14-3 所示。

表 14-3　ndarray 对象的其他属性

属性	说明
ndarray.itemsize	ndarray 对象中每个元素的大小，以字节为单位
ndarray.flags	ndarray 对象的内存信息
ndarray.real	ndarray 元素的实数部分
ndarray.imag	ndarray 元素的虚数部分
ndarray.data	包含实际数组元素的缓冲区，由于一般通过数组的索引获取元素，因此通常不需要使用这个属性

14.2.5　数据类型对象 dtype

数据类型对象 dtype 是 numpy.dtype 类的实例，用来描述与数组对应的内存区域，dtype 对

象的语法格式如下。

```
numpy. dtype(obj[, align, copy])
```

参数说明如下。

❑ obj：要转换为的数据类型对象。

❑ align：如果为 True，填充字段使其类似 C 语言中的结构体。

❑ copy：复制得到的 dtype 对象，如果为 False，则是对内置数据类型对象的引用。

数据类型对象
dtype

例如，查看数组类型时可以使用如下代码。

```
a = np.random.random(4)      # 生成随机浮点型数组
print(a.dtype)               # 查看数组类型
```

运行结果如下。

```
float64
```

每个 ndarray 对象都有一个与其关联的 dtype 对象，例如，需要定义一个复数数组时，可以通过与数组关联的 dtype 对象指定数组类型，代码如下。

```
a = np.array([[1,2,3,4,5],[6,7,8,9,10]],dtype=complex)    # 创建复数数组
print('数组内容为: ',a)                                    # 输出数组内容
print('数组类型为: ',a.dtype)                              # 输出数组类型
```

运行结果如下。

```
数组内容为:  [[ 1.+0.j  2.+0.j  3.+0.j  4.+0.j  5.+0.j]
 [ 6.+0.j  7.+0.j  8.+0.j  9.+0.j 10.+0.j]]
数组类型为:  complex128
```

14.3 pandas 模块

pandas 模块开源并通过 BSD 许可证授权，主要为 Python 语言提供了高性能、易于使用的数据结构和数据分析工具。在安装 pandas 模块时可以使用 pip 安装方式，首先需要进入命令提示符窗口，然后在该窗口中执行如下代码。

pandas 模块

```
python -m pip install --upgrade pandas
```

pandas 模块安装完成以后，在 Python 窗口中输入以下代码测试是否可以正常导入已经安装的 pandas 模块。

```
import pandas
```

pandas 的数据结构中有两大核心，分别是 Series 与 DataFrame。其中 Series 是一维数组，它和 NumPy 中的一维数组类似。这两种一维数组与 Python 中的数据类型列表相似。Series 可以保存多种数据类型的数据，如布尔值、字符串、数字等。DataFrame 是一种二维的表格形式的数据结构，它类似于 Excel 表格。

14.3.1 Series 对象

1. 创建 Series 对象

在创建 Series 对象时，只需要将数组形式的数据传入 Series( )构造函数。示例代码如下。

Series 对象

```
import pandas                    # 导入 pandas 模块

data = ['A','B','C']             # 创建数据数组

series = pandas.Series(data)     # 创建 Series 对象
print(series)                    # 输出 Series 对象内容
```

运行结果如图 14-1 所示。

```
0    A
1    B
2    C
dtype: object
```

图 14-1　输出 Series 对象内容

📖 **说明**　在图 14-1 所示的输出结果中，左侧的数字为索引，右侧的字母为索引对应的元素。Series 对象在没有指定索引时，将默认生成从 0 开始依次递增的索引。

在创建 Series 对象时是可以指定索引的，例如，指定索引为 a、b 或 c。示例代码如下。

```
import pandas                                 # 导入 pandas 模块

data = ['A','B','C']                          # 创建数据数组
index = ['a','b','c']                         # 创建索引数组
series = pandas.Series(data,index=index)      # 创建指定索引的 Series 对象
print(series)                                 # 输出指定索引的 Series 对象内容
```

运行结果如图 14-2 所示。

```
a    A
b    B
c    C
dtype: object
```

图 14-2　输出指定索引的 Series 对象内容

2. 访问数据

在访问 Series 对象中的数据时，可以单独访问索引数组或者数据数组。

【例 14-2】　单独访问索引数组或者数据数组。（实例位置：资源包\MR\源码\第 14 章\14-2）代码如下。

```
print('索引数组为: ',series.index)            # 输出索引数组
print('数据数组为: ',series.values)           # 输出数据数组
```

运行结果如下。

```
索引数组为:  Index(['a', 'b', 'c'], dtype='object')
数据数组为:  ['A' 'B' 'C']
```

如果需要获取指定下标的数组元素，可以直接通过 "Series 对象[下标]" 的方式进行数组元素的获取，数组下标从 0 开始递增。

【例 14-3】　指定下标、索引，获取对应的数组元素。（实例位置：资源包\MR\源码\第 14 章\14-3）代码如下。

```
print('指定下标的数组元素为：',series[1])          # 输出指定下标的数组元素
print('指定索引的数组元素为：',series['a'])        # 输出指定索引的数组元素
```

运行结果如下。

```
指定下标的数组元素为： B
指定索引的数组元素为： A
```

如果需要获取多个下标对应的 Series 对象，可以指定下标范围。

【例 14-4】 获取指定下标范围的 Series 对象。（实例位置：资源包\MR\源码\第 14 章\14-4）

代码如下。

```
# 输出下标为 0、1、2 的 Series 对象
print('获取多个下标对应的 Series 对象：\n',series[0:3])
```

运行结果如下。

```
获取多个下标对应的 Series 对象：
a    A
b    B
c    C
dtype: object
```

除了通过指定下标范围的方式获取 Series 对象，还可以通过指定多个索引的方式获取 Series
对象。

【例 14-5】 通过指定多个索引的方式获取 Series 对象。（实例位置：资源包\MR\源码\第 14
章\14-5）

代码如下。

```
# 输出索引为 a、b 的 Series 对象
print('获取多个索引对应的 Series 对象:\n',series[['a','b']])
```

运行结果如下。

```
获取多个索引对应的 Series 对象：
a    A
b    B
dtype: object
```

3．修改元素值

在修改 Series 对象的元素值时，同样可以通过指定下标或者指定索引的方式来实现。

【例 14-6】 修改 Series 对象的元素值。（实例位置：资源包\MR\源码\第 14 章\14-6）

代码如下。

```
series[0] = 'D'                             # 修改下标为 0 的元素值
print('修改下标为 0 的元素值：\n',series)    # 输出修改元素值以后的 Series 对象
series['b'] = 'A'                           # 修改索引为 b 的元素值
print('修改索引为 b 的元素值：\n',series)    # 输出修改元素值以后的 Series 对象
```

运行结果如下。

```
修改下标为 0 的元素值：
a    D
b    B
c    C
dtype: object
修改索引为 b 的元素值：
```

```
a    D
b    A
c    C
dtype: object
```

14.3.2　DataFrame 对象

DataFrame 对象

在创建 DataFrame 对象时，需要通过字典来实现。其中每列的名称为键，而每个键对应的是一个数组，这个数组作为值。示例代码如下。

```
import pandas                              # 导入 pandas 模块

data = {'A': [1, 2, 3, 4, 5],
        'B': [6, 7, 8, 9, 10],
        'C':[11,12,13,14,15]}
data__frame = pandas.DataFrame(data)       # 创建 DataFrame 对象
print(data__frame)                         # 输出 DataFrame 对象内容
```

运行结果如图 14-3 所示。

```
   A   B   C
0  1   6  11
1  2   7  12
2  3   8  13
3  4   9  14
4  5  10  15
```

图 14-3　输出创建的 DataFrame 对象内容

📖 **说明**　在图 14-3 所示的输出结果中，左侧单独的数字为索引，在没有指定索引时，DataFrame 对象默认的索引将从 0 开始递增。右侧 A、B、C 列的名称为键，键对应的值为数组。

DataFrame 对象同样可以单独指定索引，指定方式与 Series 对象的指定方式类似。示例代码如下。

```
import pandas                                          # 导入 pandas 模块

data = {'A': [1, 2, 3, 4, 5],
        'B': [6, 7, 8, 9, 10],
        'C':[11,12,13,14,15]}
index = ['a','b','c','d','e']                          # 自定义索引
data__frame = pandas.DataFrame(data,index = index)     # 创建自定义索引的 DataFrame 对象
print(data__frame)                                     # 输出 DataFrame 对象内容
```

运行结果如下。

```
   A   B   C
a  1   6  11
b  2   7  12
c  3   8  13
d  4   9  14
e  5  10  15
```

如果数据中有不需要的数据列，可以在创建 DataFrame 对象时指定需要的数据列名来创建 DataFrame 对象。示例代码如下。

```
import pandas                                                           # 导入 pandas 模块

data = {'A': [1, 2, 3, 4, 5],
        'B': [6, 7, 8, 9, 10],
        'C':[11,12,13,14,15]}
data__frame = pandas.DataFrame(data,columns=['B','C'])     # 创建指定列名的 DataFrame 对象
print(data__frame)                                         # 输出 DataFrame 对象内容
```

运行结果如下。

```
   B   C
0  6  11
1  7  12
2  8  13
3  9  14
4 10  15
```

14.4 Matplotlib 模块

Matplotlib 模块主要用于将已经分析的数据绘制成可视化图表。使用 pip 安装方式安装 Matplotlib 模块时，首先需要进入命令提示符窗口，然后在该窗口中执行如下代码。

```
python -m pip install matplotlib
```

14.4.1 pyplot 子模块的绘图流程

在学习使用 pyplot 子模块绘图时，需要先了解该模块的绘图流程，根据绘图流程调用 pyplot 子模块中对应的方法即可实现绘制大多数常用的图表。pyplot 子模块的绘图流程如图 14-4 所示。

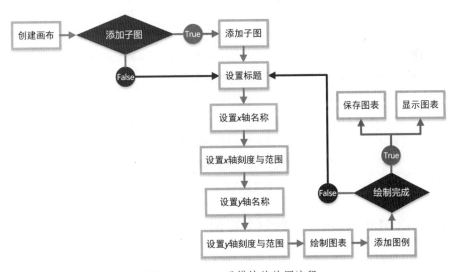

图 14-4　pyplot 子模块的绘图流程

14.4.2 pyplot 子模块的常用函数

1. 创建画布与添加子图

使用 pyplot 子模块实现图表的绘制时，首先可以创建一个空白的画布，如

pyplot 子模块的
常用函数

果需要将整个画布分割成多个部分，就可以使用添加子图的方式来实现。通过 pyplot 子模块创建画布以及添加子图所使用的函数如表 14-4 所示。

表 14-4　pyplot 子模块创建画布与添加子图的函数

函数	描述
pyplot.figure()	该函数用于创建一个空白的画布
figure. add_subplot()	该函数用于实现在画布中添加子图，可以指定子图的行数、列数和图表的编号。例如，在 add_subplot() 函数中传入 221 代表将画布分割成 2 行 2 列，图表绘制在从左到右、从上到下的第 1 个部分
pyplot.subplots()	该函数用于实现分图展示，就是在一个绘图窗体中展示多个图表，例如，在 subplots() 函数中传入 121 代表在画布中绘制 1 行 2 列的图表 1
pyplot.subplot2grid()	该函数用于实现非等分画布形式的图表展示，通过设置 subplot2grid() 函数中的 rowspan 和 colspan 参数，可以让子图跨越固定网格布局的多个行和列，实现不同的子图布局

2．绘制图表内容

在绘制图表内容时，多数情况下需要添加以下几个属性：图表的标题、坐标轴名称、坐标轴刻度以及图例等。因此，在使用 pyplot 绘图时，需要首先设置标题、x 轴和 y 轴的名称、x 轴和 y 轴的刻度与范围；然后绘制图表，并添加图例。图表绘制完成后，可以实现图表的保存或者图表的显示。pyplot 子模块绘制图表内容的常用函数如表 14-5 所示。

表 14-5　pyplot 子模块绘制图表内容的常用函数

函数	描述
pyplot.title()	该函数用于设置图表的标题文字，可以为其指定位置、颜色以及字体大小等参数
pyplot.xlabel()	该函数用于设置图表中 x 轴的名称，可以为其指定位置、颜色以及字体大小等参数
pyplot.ylabel()	该函数用于设置图表中 y 轴的名称，可以为其指定位置、颜色以及字体大小等参数
pyplot.xlim()	该函数用于设置当前图表 x 轴的范围，为区间值，不可以是一个字符串
pyplot.ylim()	该函数用于设置当前图表 y 轴的范围，为区间值，不可以是一个字符串
pyplot.xticks()	该函数用于设置当前图表 x 轴的刻度或文本标签
pyplot.yticks()	该函数用于设置当前图表 y 轴的刻度或文本标签
pyplot.legend()	该函数用于设置当前图表的图例，可以为其指定图例的大小、位置以及标签等参数
pyplot.plot()	该函数用于绘制图表，调用此函数需要填写绘制点的 x 轴与 y 轴坐标
pyplot.savafig()	该函数用于保存绘制的图表，可以为其指定图表的分辨率、边缘颜色等参数
pyplot.show()	该函数用于显示当前已经绘制完成的图表

14.4.3　使用 Matplotlib 模块绘制条形图

条形图又叫作直方图，是一种以长方形的长度为变量的统计图表。该图表方向分为水平与垂直两种，多数情况下用于比较多个项目分类的数据大小，通过该图表可以比较直观地看出每个项目分类的数据分布状态。使用 pyplot 子模块绘制条形图时，需要调用 bar() 函数来实现。该函数的语法格式如下。

使用 Matplotlib 模块绘制条形图

```
matplotlib.pyplot.bar(x, height, width=0.8, bottom=None, *, align=
'center', data=None, **kwargs)
```

该函数的常用参数说明如表 14-6 所示。

表 14-6　bar()函数的常用参数说明

参数	说明
x	x 轴的数据，一般采用 arange() 函数产生一个序列作为该数据
height	y 轴的数据，也就是条形图的高度，一般就是需要展示的数据
width	条形图的宽度，可以设置为 0～1 的浮点数，默认值为 0.8
alpha	条形图的透明度
color	条形图的颜色
edgecolor	长方形边框的颜色
linewidth	长方形边框的宽度

【例 14-7】　实现绘制"看店宝"项目中出版社占有比例的水平条形图。（实例位置：资源包 \MR\源码\第 14 章\14-7）

代码如下。

```python
# 图形画布
from matplotlib.backends.backend_qt5agg import FigureCanvasQTAgg as FigureCanvas
import matplotlib  # 导入图表模块
import matplotlib.pyplot as plt  # 导入绘图模块


class PlotCanvas(FigureCanvas):

    def __init__(self, parent=None, width=0, height=0, dpi=100):
        # 避免中文乱码
        matplotlib.rcParams['font.sans-serif'] = ['SimHei']
        matplotlib.rcParams['axes.unicode_minus'] = False


    # 显示出版社占有比例的水平条形图
    def bar(self, number, press, title):
        """
        绘制水平条形图方法 barh()
        参数一：y 轴
        参数二：x 轴
        """
        # 设置图表跨行跨列
        plt.subplot2grid((12, 12), (1, 2), colspan=12, rowspan=10)
        # 从下往上绘制水平条形图
        plt.barh(range(len(number)), number, height=0.3, color='r', alpha=0.8)
        plt.yticks(range(len(number)), press)  # y轴显示出版社名称
        plt.xlim(0, 100)  # x轴的范围为 0～100
        plt.xlabel("比例/%")  # 比例文字
        plt.title(title)  # 图表标题文字
        # 显示具体比例
        for x, y in enumerate(number):
            plt.text(y + 0.1, x, '%s' % y + '%', va='center')
        plt.show()  # 显示图表


number = [9, 2, 44, 1, 1, 5, 11, 4, 23]  # 比例数据
# 出版社数据
press = ['中国水利水电出版社', '中国电力出版社', '人民邮电出版社', '北京大学出版社', '华中科技大学
出版社', '吉林大学出版社', '机械工业出版社', '清华大学出版社', '电子工业出版社']
```

```
p = PlotCanvas()    # 创建自定义画布对象
p.bar(number, press, "出版社占有比例")    # 调用显示水平条形图的方法
```

运行结果如图 14-5 所示。

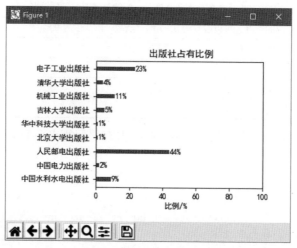

图 14-5　水平条形图运行结果

除了水平条形图，垂直条形图也是比较常用的，其使用方法与水平条形图的使用方法类似。绘制垂直条形图的示例代码如下。

```
import matplotlib.pyplot as plt    # 导入绘图模块
import matplotlib    # 导入图表模块
# 避免中文乱码
matplotlib.rcParams['font.sans-serif'] = ['SimHei']
matplotlib.rcParams['axes.unicode_minus'] = False
number = [9, 2, 44, 1, 1, 5, 11, 4, 23]    # 比例数据
# 出版社数据
press = ['中国水利水电出版社', '中国电力出版社', '人民邮电出版社', '北京大学出版社', '华中科技大学
出版社', '吉林大学出版社', '机械工业出版社', '清华大学出版社', '电子工业出版社']
"""
绘制垂直条形图方法 bar()
参数一: y轴
参数二: x轴
"""
bar=plt.bar(range(len(number)),number,color='r', alpha=0.8)    # 从左至右绘制垂直条形图
plt.xticks(range(len(number)), press)    # y轴显示出版社名称
plt.ylim(0, 100)    # x轴的范围为0~100
plt.ylabel("比例/%")    # 比例文字
plt.title("出版社占有比例")    # 图表标题文字
# 显示具体比例
for b in bar:
    height = b.get_height()
    plt.text(b.get_x() + b.get_width() / 2, height+1,'%s' % str(height) + '%', ha="center",
va="bottom")
plt.show()    # 显示图表
```

运行结果如图 14-6 所示。

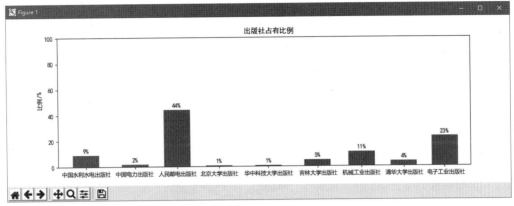

图 14-6　垂直条形图运行结果

14.4.4　使用 Matplotlib 模块绘制折线图

使用 Matplotlib
模块绘制折线图

折线图是利用直线将数据点连接起来的图表，它主要是依据自变量在 x 轴上的取值（可以是数值，也可以是文本标签），将对应的因变量数值作为 y 轴的数据点，然后依次用线段连接这些数据点来呈现数据的变化趋势。折线图通常用于观察数据随着时间变化的趋势，如常见的股票走势图、商品价格变化图等。

使用 pyplot 子模块绘制折线图时，直接调用 pyplot.plot() 函数绘制即可。该函数的语法格式如下。

```
matplotlib.pyplot.plot(*args, scalex=True, scaley=True, data=None, **kwargs)
```

通过该函数绘制折线图时常用参数的说明如表 14-7 所示。

表 14-7　plot() 函数绘制折线图时常用参数的说明

参数	说明
x	*args 位置参数，x 轴数据，可以是列表类型的数据
y	*args 位置参数，y 轴数据，可以是列表类型的数据
scalex	控制是否自动调整 x 轴的范围以适应数据
scaley	控制是否自动调整 y 轴的范围以适应数据
data	当传入一个数据对象时，可以使用列名来指定 x 轴数据和 y 轴数据，而不需要单独传入数组
linewidth	**kwargs 关键字参数，折线的宽度
color	**kwargs 关键字参数，折线的颜色
linestyle	**kwargs 关键字参数，折线的类型，默认为 "-"
marker	**kwargs 关键字参数，数据点的类型
markerfacecolor	**kwargs 关键字参数，数据点的实心颜色
markersize	**kwargs 关键字参数，数据点的大小

【例 14-8】　实现绘制"看店宝"项目中销量前 10 名商品的价格折线图。（实例位置：资源包\MR\源码\第 14 章\14-8）

代码如下。

```
# 图形画布
from matplotlib.backends.backend_qt5agg import FigureCanvasQTAgg as FigureCanvas
```

```
import matplotlib  # 导入图表模块
import matplotlib.pyplot as plt  # 导入绘图模块


class PlotCanvas(FigureCanvas):

    def __init__(self, parent=None, width=0, height=0, dpi=100):
        # 避免中文乱码
        matplotlib.rcParams['font.sans-serif'] = ['SimHei']
        matplotlib.rcParams['axes.unicode_minus'] = False


    # 显示销量前10名商品的价格折线图
    def broken_line(self, y):
        '''
        y: y轴数据，也就是价格
        linewidth: 折线的宽度
        color: 折线的颜色
        marker: 数据点的类型
        markerfacecolor: 数据点的实心颜色
        markersize: 数据点的大小
        '''
        x = ['1', '2', '3', '4', '5', '6', '7', '8', '9', '10']  # x轴数据，也就是排名
        plt.plot(x, y, linewidth=3, color='r', marker='o',
                markerfacecolor='blue', markersize=8)  # 绘制折线图，并设置数据点实心颜色为蓝色
        plt.xlabel('排名')
        plt.ylabel('价格/元')
        plt.title('销量前10名商品价格')  # 标题
        plt.grid()  # 显示网格
        plt.show()  # 显示折线图
y = [71.0, 94.1, 47.1, 72.4, 86.1, 79.0, 71.0, 73.3, 55.0, 39.1]  # y轴价格数据
p = PlotCanvas()  # 创建画布对象
p.broken_line(y)  # 调用绘制折线图的方法
```

运行结果如图14-7所示。

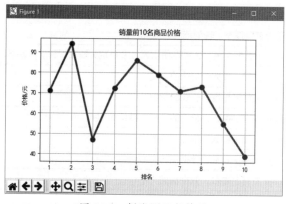

图14-7　折线图运行结果

14.4.5　使用 Matplotlib 模块绘制饼图

饼图的英文名称为 Sector Graph 或 Pie Graph，就是将各项数据按照比例显示在一个"饼"

形的图表当中，图表中的每项数据具有唯一的颜色或图案，并且在图表的图例中说明。饼图中的每项数据显示为占整个饼图的百分比，例如，查看某个行业中大规模公司占据市场的份额就可以通过饼图实现。

使用 pyplot 子模块绘制饼图时，可以使用 pyplot.pie()函数。该函数的语法格式如下。

```
matplotlib.pyplot.pie(x, explode=None, labels=None, colors=None, autopct=
None, pctdistance =0.6, shadow= False, labeldistance=1.1, startangle=None,
radius=None, counterclock=True, wedgeprops=None, textprops=None, center=(0,
0), frame=False, rotatelabels=False, *, data= None)
```

使用 Matplotlib 模块绘制饼图

通过该函数绘制饼图时常用参数的说明如表 14-8 所示。

表 14-8　pie()函数绘制饼图时常用参数的说明

参数	说明
x	设置绘制饼图的数据，也就是饼图中每个部分的大小
explode	设置饼图突出部分
labels	设置饼图各部分标签文本
labeldistance	设置饼图标签文本与圆心的距离，1.1 表示 1.1 倍半径
autopct	设置饼图内文本的显示方式
shadow	设置是否有阴影
startangle	设置起始角度，默认从 0 开始逆时针旋转
pctdistance	设置饼图内文本与圆心的距离
colors	设置饼图各部分颜色

【例 14-9】　实现绘制"看店宝"项目中评价比例的饼图。（实例位置：资源包\MR\源码\第 14 章\14-9）

代码如下。

```python
# 图形画布
from matplotlib.backends.backend_qt5agg import FigureCanvasQTAgg as FigureCanvas
import matplotlib  # 导入图表模块
import matplotlib.pyplot as plt # 导入绘图模块


class PlotCanvas(FigureCanvas):

    def __init__(self, parent=None, width=0, height=0, dpi=100):
        # 避免中文乱码
        matplotlib.rcParams['font.sans-serif'] = ['SimHei']
        matplotlib.rcParams['axes.unicode_minus'] = False

    # 显示评价比例的饼图
    def pie_chart(self, good_size, general_poor_size, title):
        """
        绘制饼图
        explode: 设置各突出部分
        labels: 设置各部分标签文本
        labeldistance: 设置标签文本与圆心的距离，1.1 表示 1.1 倍半径
        autopct: 设置饼图内文本的显示方式
        shadow: 设置是否有阴影
        startangle: 设置起始角度，默认从 0 开始逆时针旋转
```

```
                pctdistance: 设置饼图内文本与圆心的距离
                返回值
                l_text: 饼图内文本
                p_text: 饼图外文本
                """
                label_list = ['好评', '中差评']  # 各部分标签文本
                size = [good_size, general_poor_size]  # 各部分大小
                color = ['lightblue', 'red']  # 各部分颜色
                explode = [0.05, 0]  # 各部分突出值
                plt.pie(size, colors=color, labels=label_list, explode=explode, labeldistance= 1.1,
                        autopct="%1.1f%%", shadow=True, startangle=0, pctdistance=0.6)
                plt.axis("equal")  # 设置 x 轴和 y 轴大小相等，这样"饼"形才是圆的
                plt.title(title, fontsize=12)
                plt.legend()  # 显示图例
                plt.show()    # 显示饼图

p = PlotCanvas()  # 创建画布对象
p.pie_chart(99,1,'第1名：  Python 编程 从入门到实践 ')  # 调用绘制饼图的方法
```

运行结果如图 14-8 所示。

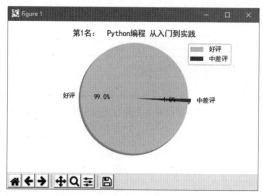

图 14-8　饼图运行结果

14.5 AI 帮你解决问题

　　我们在数据分析过程中经常会接触到统计学术语，其中常用的如平均值、中位数、方差、标准差等术语都不难理解，但是有一些术语，如置信区间、峰度、偏度、正态分布等不容易理解，这时可以向 AI 提问。

> **问题：**
> 什么是峰度，如何使用 pandas 计算峰度？
> **AI 建议：**
> 　　峰度（Kurtosis）是描述数据分布形态的一种统计量，特别用于描述数据分布的峰态。峰度是衡量数据分布尖锐程度的指标。
> 　　如果峰度>0，表示数据分布的峰态比正态分布更尖锐，称为尖峰分布（Leptokurtic）。
> 　　如果峰度=0，表示数据分布的峰态与正态分布相同，称为正态峰分布（Mesokurtic）。
> 　　如果峰度<0，表示数据分布的峰态比正态分布更平坦，称为平峰分布（Platykurtic）。

在 Python 中，可以使用 pandas 模块来计算数据集的峰度。pandas 提供了 kurtosis()方法，可以直接应用于 Series 或 DataFrame 对象。

下面是一个使用 pandas 计算峰度的示例：

```python
import pandas as pd
import numpy as np
# 创建一个示例数据集
data = {
    'values': np.random.randn(1000)  # 生成 1000 个标准正态分布随机数
}
# 将数据集转换为 DataFrame
df = pd.DataFrame(data)
# 计算峰度
kurtosis_value = df['values'].kurtosis()
print(f"The kurtosis of the dataset is: {kurtosis_value}")
```

追加问题：

将计算出的峰度转换为图表。

AI 建议：

要将计算出的峰度转换为图表，可以使用 Python 中的 Matplotlib 或 Seaborn 等模块来可视化数据分布及其峰度。下面是扩展的示例代码，它不仅计算了给定数据集的峰度，还绘制了直方图和密度图来展示数据的分布情况，从而直观地表示数据分布形态的尖锐或平坦程度。

```python
import pandas as pd
import numpy as np
import matplotlib.pyplot as plt
import seaborn as sns
# 创建一个示例数据集
data = {
    'values': np.random.randn(1000)  # 生成 1000 个标准正态分布随机数
}
# 将数据集转换为 DataFrame
df = pd.DataFrame(data)
# 计算峰度
kurtosis_value = df['values'].kurtosis()
print(f"The kurtosis of the dataset is: {kurtosis_value}")
# 绘制数据分布的直方图与密度图
plt.figure(figsize=(10, 6))
# 绘制直方图
sns.histplot(df['values'], bins=30, kde=True, color='darkblue')
# 添加标题和标签
plt.title('Distribution of Dataset with Kurtosis Value')
plt.xlabel('Value')
plt.ylabel('Frequency')
# 在图中添加峰度值
plt.axhline(y=0, color='gray', linestyle='--')  # 添加一条参考线
min_ylim, max_ylim = plt.ylim()
min_xlim, max_xlim = plt.xlim()
plt.text(max_xlim*0.5, max_ylim*0.9, f'Kurtosis: {kurtosis_value:.2f}', size=12,
ha='center')
# 显示图表
plt.show()
```

这段代码首先创建数据集并计算了数据集的峰度，然后使用 Seaborn 模块绘制了该数据集的直方图（展示了数据的分布）和密度图（展示了数据分布的趋势），最后在图表上标记了

计算得到的峰度值，以帮助查看者直观理解这个统计量对数据分布形态的影响。请注意，由于使用的是随机生成的数据，因此每次运行的结果可能会有所不同。

小结

本章首先介绍了什么是数据分析；然后对使用 Python 进行数据分析所用到的三大模块，即 NumPy 模块、pandas 模块和 Matplotlib 模块进行了详细讲解；最后演示了利用 AI 解决学习中的问题。其中，NumPy 模块支持大量的多维数组运算；pandas 模块可以为 Python 语言提供高性能、易于使用的数据结构和数据分析工具；Matplotlib 模块则可以将数据分析结果绘制成可视化图表。

上机指导

散点图又叫作散点分布图，其中的多个坐标点是由横向数据 x 与纵向数据 y 所构成的，通过观察坐标点的分布情况，可以判断多种数据之间是否存在某种关联。如果某一个坐标点或者几个坐标点偏离大多数坐标点，则可以迅速观察个别偏离坐标点是否会对整个数据造成影响。散点图通常用于比较跨类别的聚合数据。创建一个显示 a 与 b 两组数据的散点图，效果如图 14-9 所示。

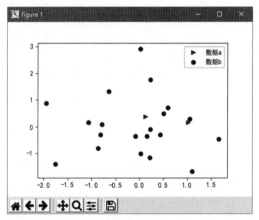

图 14-9　散点图运行结果

实现代码如下。

```python
import numpy as np                      # 导入函数模块
import matplotlib.pyplot as plt         # 导入绘图模块
import matplotlib                       # 导入图表模块

# 避免中文乱码
matplotlib.rcParams['font.sans-serif'] = ['SimHei']
matplotlib.rcParams['axes.unicode_minus'] = False
a = 2    # 数据 a
# 随机生成数据 a 的坐标点
x = np.random.randn(a)
y = np.random.randn(a)
```

```
b = 20  # 数据 b
# 随机生成数据 b 的坐标点
x_b = np.random.randn(b)
y_b = np.random.randn(b)

plt.scatter(x, y,c='r',marker='>')      # 绘制数据 a 的坐标点
plt.scatter(x_b, y_b,c='b',marker='o')  # 绘制数据 b 的坐标点
plt.legend(['数据 a','数据 b'])          # 添加图例
plt.show()                              # 显示散点图
```

习题

14-1 简述什么是数据分析。

14-2 NumPy 常用的数据类型都有哪些？答出 5 个以上即可。

14-3 简述 pandas 的数据结构。

14-4 在安装 Matplotlib 模块时采用哪种方式比较简单？

14-5 简述 pyplot 子模块的绘图流程。

第15章 常用 Web 框架

本章要点

- [ ] 什么是 Web 框架
- [ ] 创建虚拟环境并安装 Web 框架
- [ ] AI 帮你解决问题
- [ ] Python 中常用的 Web 框架
- [ ] Flask 框架的使用

如果我们从零开始建立一些网站，可能会不得不一次又一次地解决一些相同的问题。这样做是令人厌烦的，并且违反了良好编程的核心原则之一——DRY（Don't Repeat Yourself，不要重复你自己）。在大多数情况下，我们需要处理 4 项任务——数据的创建、读取、更新和删除，也称为 CRUD。幸运的是，Web 框架可以帮助我们解决这些问题、处理这些任务。

15.1 常用 Web 框架概述

15.1.1 什么是 Web 框架

Web 框架是用来简化 Web 开发的软件框架。框架的存在是为了避免重复劳动，并在用户创建一个新的网站时帮助减少一些开销。典型的 Web 框架提供了如下常用功能。

- [ ] 管理路由。
- [ ] 访问数据库。
- [ ] 管理会话和 cookie。
- [ ] 创建模板来显示 HTML 页面。
- [ ] 促进代码的重用。

什么是 Web 框架

事实上，框架根本就不是什么新的事物，它只是一些能够实现常用功能的 Python 文件。我们可以把框架看作工具的集合。Web 框架的存在使得建立网站更快、更容易，还促进了代码的重用。

15.1.2 Python 中常用的 Web 框架

时至今日，各种开源 Web 框架至少有上百个，关于 Python Web 框架优劣的讨论也仍在继续。作为初学者，我们应该选择一些主流的框架来学习和使用。这是因为主流框架文档齐全、技术积累较多、社区繁盛，并且能得到更好的支持。下面介绍 Python 中常用的几种 Web 框架。

Python 中常用的
Web 框架

1. Flask

Flask 是一个轻量级 Web 框架。它基本上就是一个微型的胶水框架。因为它把 Werkzeug 和

Jinja 黏合在一起，所以它很容易被扩展。Flask 也有许多扩展可供使用，还有一群忠诚的"粉丝"和不断增加的用户。它有一份很完善的文档，甚至还有唾手可得的常见范例。Flask 很容易使用，几行代码就可以写出一个"Hello World"程序。

2．Django

这可能是最广为人知和使用最广泛的 Python Web 框架之一了。Django 有较大的社区和较多的包。它的文档非常完善，并且提供了"一站式"的解决方案，包括缓存、ORM（Object Relational Mapping，对象关系映射）、管理后台、验证、表单处理等，使得开发复杂的由数据库驱动的网站变得简单。但是，Django 系统耦合度较高，替换内置的功能比较麻烦，所以学习曲线也有些陡峭。

除上面介绍的两种框架外，Python 还有许多其他 Web 框架，这里就不再介绍了。每种 Web 框架各有优劣，读者使用时需要根据应用场景选择适合的 Web 框架。

15.2 Flask 框架的使用

Flask 依赖两个外部库：Werkzeug 和 Jinja2。Werkzeug 是一个 WSGI（Web Server Gateway Interface，Web 服务器网关接口，在 Web 应用和多种服务器之间的标准 Python 接口）工具集。Jinja2 负责渲染模板。所以，在安装 Flask 之前，需要安装这两个外部库。而安装 Flask 最简单的方式之一就是使用 virtualenv 创建虚拟环境（Virtual Enviroment），然后在虚拟环境下安装 Flask。

使用虚拟环境的好处是可以为每个项目创建独立的 Python 解释器环境，因为通常情况下，不同的项目会依赖不同版本的库，甚至不同版本的 Python。使用虚拟环境可以保持全局 Python 解释器环境的纯净，避免包和版本混乱，并且可以方便地区分和记录每个项目的依赖，以便复现依赖环境。

15.2.1 安装 virtualenv 和创建虚拟环境

virtualenv 为每个项目提供一份 Python 用于安装，它并没有真正安装多个 Python 副本，但提供了一种巧妙的方式来让各项目的 Python 解释器环境保持独立。

安装 virtualenv 和
创建虚拟环境

1．安装 virtualenv

Python 开发者通常使用 pip 安装软件包。它的原理其实就是从 Python 的官方源下载软件包到本地，然后解压缩软件包并安装。对于国内开发者而言，访问 Python 的官方源速度很慢，而且很不稳定，所以，一些公司或机构为开发者提供了国内网站镜像（其内容是对原网站内容的复制），如豆瓣、阿里云和清华大学等，使用国内网站镜像可以加速安装过程。

下面介绍使用 pip、豆瓣镜像安装 virtualenv 的步骤。

（1）进入 C 盘中的用户文件夹，新建名为 pip 的目录，在 pip 目录下新建 pip.ini 文件，结果如图 15-1 所示。

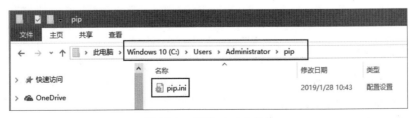

图 15-1　新建 pip.ini 文件

（2）设置豆瓣镜像。在 pip.ini 中添加如下代码。

```
[global]
index-url = https://pypi.douban.com/simple
[install]
trusted-host=pypi.doubanio.com
```

完成以上步骤后，使用如下命令安装 virtualenv。

```
pip install virtualenv
```

安装完成后，可以使用如下命令查看 virtualenv 版本。

```
virtualenv --version
```

如果运行效果如图 15-2 所示，则说明安装
成功。

2．创建虚拟环境

接下来，使用 virtualenv 命令在指定的项目
目录下创建 Python 虚拟环境。这个命令只有一

图 15-2　查看 virtualenv 版本

个必需的参数，即虚拟环境的名字。按照惯例，一般虚拟环境会被命名为 venv。创建虚拟环境
后，当前文件夹中会出现一个 venv 子文件夹，与虚拟环境相关的文件都保存在这个子文件夹中。

切换到指定目录（在本机中为 F:\MR\Chapter2\），运行如下命令。

```
virtualenv venv
```

创建成功后效果如图 15-3 所示。

图 15-3　创建虚拟环境

此时，在指定目录下，会新增一个 venv 子文件夹，它保存一个全新的虚拟环境，其中有一
个私有的 Python 解释器，如图 15-4 所示。

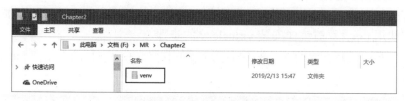

图 15-4　venv 子文件夹

3．激活虚拟环境

在使用这个虚拟环境之前，需要先将其"激活"。可以通过下面的命令激活这个虚拟环境。

```
venv\Scripts\activate
```

激活以后的效果如图 15-5 所示。

图 15-5　激活虚拟环境后的效果

15.2.2　安装 Flask

可以使用 pip 工具安装 Flask。为了对比 Flask 安装前后虚拟环境下已安装的包的变化，先使用 pip list 命令查看当前虚拟环境下已安装的包，如图 15-6 所示。

安装 Flask

图 15-6　查看虚拟环境下已安装的包

接下来，使用如下命令安装 Flask。

```
pip install -U flask
```

📖 **说明**　"pip install＋包名"命令用于安装相应包，-U 是--upgrade 的缩写，表示如果该包已安装就升级到最新版。

运行效果如图 15-7 所示。

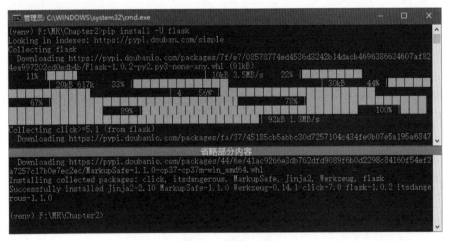

图 15-7　安装 Flask

安装完成以后，再次使用 pip list 命令查看所有已安装的包，运行结果如图 15-8 所示。

图 15-8　查看所有已安装的包

从图 15-8 中可以看到，Flask 已经成功安装，此外还安装了 Flask 的 5 个依赖包，依赖包及说明如表 15-1 所示。

表 15-1　Flask 的依赖包

依赖包	说明
Click（7.0）	命令行工具
itsdangerous（1.1.0）	提供加密和签名功能
Jinjia2（2.10）	模板渲染引擎
MarkupSafe（1.1.0）	HTML 字符转义（Escape）工具
Werkzeug（0.14.1）	WSGI 工具集，用于处理请求与响应，内置 WSGI 开发服务器、调试器和重载器

15.2.3　编写第一个 Flask 程序

一切准备就绪，现在开始编写第一个 Flask 程序。由于我们编写的是第一个 Flask 程序，因此从最简单的输出 "Hello World!" 开始。

【例 15-1】输出 "Hello World!"。（实例位置：资源包\MR\源码\第 15 章\15-1）
创建一个 hello.py 文件，代码如下。

编写第一个
Flask 程序

```python
from flask import Flask
app = Flask(__name__)


@app.route('/')
def hello_world():
    # return 'Hello World!'
    return '你好!'


if __name__ == '__main__':
    app.run()
```

运行 hello.py 文件，如图 15-9 所示。

图 15-9　运行 hello.py 文件

然后在浏览器的地址栏中输入"127.0.0.1:5000"并按〈Enter〉键，运行效果如图 15-10 所示。

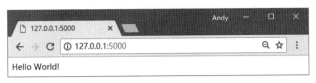

图 15-10　输出"Hello World!"

那么，这段代码做了什么？

（1）导入 Flask 核心类，该类封装了 WSGI 和路由系统。

（2）通过"Flask(__name__)"创建 Flask 程序实例，其中，"__name__"参数用于确定应用根目录，根目录主要用来帮助 Flask 自动定位模板和静态文件。

（3）使用@app.route()装饰器告诉 Flask 什么样的 URL 能触发函数，由于这里设置的路由为"/"，因此，在访问根目录时，函数 hello_world()返回的字符串会直接作为 HTTP 响应体。

（4）用 run()函数来让应用运行在本地服务器上。其中"if__name__=='__main__':"确保服务器只会在该脚本被 Python 解释器直接执行时运行，而不是在该脚本作为模块导入时运行。

> 📖 说明　服务器启动后会一直运行。如要关闭服务器，按快捷键〈Ctrl+C〉或快捷键〈Ctrl + Pause/Break〉即可。

15.2.4　开启调试模式

开启调试模式

在服务器启动以后，访问"127.0.0.1:5000"可以查看输出的页面内容。但是此时如果修改代码，例如，将"Hello World"修改为"你好"，然后刷新浏览器，页面并没有变化。要想看到修改后的效果，我们需要先关闭服务器，再启动程序。显然，这对于本地开发与调试来说非常不方便。此时，我们可以开启调试模式。开启调试模式后修改代码时，服务器会自动重新载入，并在发生错误时提供一个相当有用的调试器，方便开发者快速定位错误。

开启调试模式有两种途径。一种是直接在应用对象上开启。

```
app.debug = True
app.run()
```

另一种是将调试模式作为 run()方法的一个参数传入。

```
app.run(debug=True)
```

两种途径的效果完全相同。

> 📖 说明　在调试模式下，修改代码后，服务器会自动重启，刷新浏览器即可查看页面变化。当项目上线时，请关闭调试模式。

15.2.5　路由

路由

客户端（如浏览器）把请求发送给 Web 服务器，Web 服务器再把请求发送给 Flask 程序实例。程序实例需要知道针对每个 URL 请求运行哪些代码，所以保存了一个从 URL 到 Python 函数的映射关系。处理 URL 和 Python 函数之间关系的程序称为路由（Route），而这个 Python 函数被称为视图函数（View

Function ）。

在 Flask 程序中定义路由的最简便方式之一是，使用程序实例提供的@app.route()装饰器，把装饰的函数注册为路由。下面的例子说明了如何使用这个装饰器注册路由，代码如下。

```
@app.route('/hello')
def hello_world():
    return 'Hello World!'
```

在以上代码中，@app.route()装饰器把"/hello"和 hello_world()函数绑定，当在浏览器中访问"127.0.0.1:5000/hello"时，URL 就会触发 hello_world()函数，执行函数体中的代码。

📖 说明　装饰器是 Python 语言的标准特性，可以使用装饰器通过不同的方法修改函数的行为。常用方法是使用装饰器把函数注册为事件的处理程序。

此外，还可以构造含有变量部分的 URL，也可以在一个函数上附着多个规则。

1. 变量规则

要给 URL 添加变量部分，可以把这些特殊的字段标记为<variable_name>，这个部分将会作为命名参数传递给函数。我们可以用<converter:variable_name>指定一个可选的转换器。

【例 15-2】　根据参数输出相应信息。（实例位置：资源包\MR\源码\第 15 章\15-2）

创建 user.py 文件，定义两个函数分别显示用户名和文章 ID，关键代码如下。

```
@app.route('/user/<username>')
def show_user_profile(username):
    # 显示用户名
    return 'User: %s' % username

@app.route('/post/<int:post_id>')
def show_post(post_id):
    # 显示文章 ID, 文章 ID 是整型数据
    return 'Post ID: %d' % post_id
```

在以上代码中，show_user_profile()函数用于动态显示用户名，即在 URL 中匹配<username>变量，例如，访问"127.0.0.1:5000/user/andy"，那么<username>为"andy"。show_post()函数使用了转换器。它可以接收的数据有下面几种类型。

❑ int：整数。
❑ float：浮点数。
❑ path：文本路径，但也接收斜线。

代码中使用<int:post_id>将接收的数据类型设置为整型，即只接收整数，如果数据为其他类型，则提示"Not Found"。

运行 user.py 文件，运行结果如图 15-11 和图 15-12 所示。

图 15-11　获取用户名

图 15-12　获取文章 ID

2. 为视图函数绑定多个 URL

一个视图函数可以绑定多个 URL。例如，明日学院网首页为"www.mingrisoft.com"，而访

问"www.mingrisoft.com/index"同样也是访问明日学院网首页，那么可以将 2 个 URL 绑定到一个视图函数上。

【例 15-3】 为视图函数绑定多个 URL。（实例位置：资源包\MR\源码\第 15 章\15-3）

创建 index.py 文件，为 index()视图函数绑定"/"和"/index"2 个 URL，关键代码如下。

```
@app.route('/')
@app.route('/index')
def index():
    return "Welcome to Flask"
```

运行 index.py 文件，运行结果如图 15-13 和图 15-14 所示。

图 15-13 访问"/"运行结果

图 15-14 访问"/index"运行结果

3. 构造 URL

Flask 除了能够匹配 URL，还能构造 URL。Flask 可以用 url_for()来给指定的函数构造 URL。url_for()接收函数名作为第一个参数，也接收对应 URL 规则的变量部分的命名参数。未知变量部分会添加到 URL 末尾作为查询参数。

【例 15-4】 使用 url_for()函数构造 URL。（实例位置：资源包\MR\源码\第 15 章\15-4）

创建 post.py 文件，在该文件中定义一个 redirect_to_url()函数，代码如下。

```
from flask import Flask,url_for
app = Flask(__name__)

@app.route('/post/<int:post_id>')
def show_post(post_id):
    # 显示文章 ID，文章 ID 是整型数据
    return 'Post ID: %d' % post_id

@app.route('/url/')
def redirect_to_url():
    # 跳转到 show_post()视图函数
    return url_for('show_post', post_id=10)

if __name__ == '__main__':
    app.run(debug=True)
```

在以上代码中，当匹配到"/url/"路由时，执行 redirect_to_url()函数。其中，url_for('show_post',post_id=10)等价于"/post/10"，所以，程序跳转至"/post/<int:post_id>"路由，执行 show_post()函数。运行结果如图 15-15 所示。

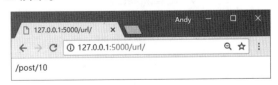

图 15-15 url_for()函数应用效果

4. HTTP 方法

HTTP（与 Web 应用会话的协议）有许多访问 URL 的方法。默认情况下，路由只回应 GET

请求，但是通过@app.route()装饰器传递 methods 参数可以改变这个行为，如以下代码。

```
@app.route('/login', methods=['GET', 'POST'])
def login():
    if request.method == 'POST':  # HTTP 方法为 POST
        do_the_login()
    else:                          # 默认 HTTP 方法为 GET
        show_the_login_form()
```

浏览器通过 HTTP 方法（也经常被叫作"谓词"）告知服务器，客户端想对请求的页面做些什么。常用的 HTTP 方法如表 15-2 所示。

表 15-2　常用的 HTTP 方法

HTTP 方法	说明
GET	浏览器告知服务器：只获取页面上的信息并发给我。这是最常用的方法之一
HEAD	浏览器告知服务器：欲获取信息，但是只关心消息头。应用像处理 GET 请求一样处理 HEAD 请求，但是不分发实际内容。在 Flask 中完全无须人工干预，由底层的 Werkzeug 库处理
POST	浏览器告知服务器：想在 URL 上发布新信息，并且服务器必须确保数据已存储且仅存储一次。这是 HTML 表单发送数据到服务器的常用方法
PUT	类似 POST，但是服务器可能多次触发了存储过程，多次覆盖旧值。你可能会问：该方法有什么用？考虑到传输中连接可能会丢失，在这种情况下，浏览器和服务器之间的系统需要安全地第二次接收请求，而不破坏其他事务。对于这种情况，因为 POST 只触发一次，所以用 POST 是不可能的，只能用 PUT
DELETE	删除给定位置的信息
OPTIONS	给客户端提供一个敏捷的途径来确定 URL 支持哪些 HTTP 方法。从 Flask 0.6 开始，实现了自动处理

15.2.6　模板

模板是一个包含响应文本的文件，其中有用占位变量表示的变量部分，其真实值只有在请求的上下文中才能知道。使用真实值替换变量，再返回最终得到的响应字符串，这一过程称为渲染。为了渲染模板，Flask 使用了一个名为 Jinja2 的强大模板引擎。

模板

1．渲染模板

默认情况下，Flask 在程序文件夹中的 templates 子文件夹中寻找模板。下面通过一个实例来介绍如何渲染模板。

【例 15-5】渲染模板。（实例位置：资源包\MR\源码\第 15 章\15-5）

创建 templates 子文件夹，在该子文件夹下创建 2 个文件，分别命名为 index.html 和 user.html。然后在 venv 同级目录下创建 app.py 文件，渲染这些模板。文件夹组织结构如图 15-16 所示。

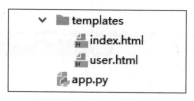

图 15-16　文件夹组织结构

templates/index.html 代码如下。

```
<!DOCTYPE html>
<html lang="en">
```

```
<head>
    <meta charset-"UTF-8">
    <title></title>
</head>
<body>
    <h1>Welcome to Flask</h1>
</body>
</html>
```

templates/user.html 代码如下。

```
<!DOCTYPE html>
<html lang="en">
<head>
    <meta charset="UTF-8">
    <title>Title</title>
</head>
<body>
    <h1>Hello, {{ name }}!</h1>
</body>
</html>
```

app.py 文件代码如下。

```
from flask import Flask,render_template
app = Flask(__name__)

@app.route('/')
def hello_world():
    return render_template('index.html') # 渲染模板

@app.route('/user/<username>')
def show_user_profile(username):
    # 显示用户名的用户信息
    return render_template('user.html', name=username) # 渲染模板

if __name__ == '__main__':
    app.run(debug=True)
```

Flask 提供的 render_template()函数把 Jinja2 模板引擎集成到了程序中。render_template()函数的第一个参数是模板的文件名。随后的参数都是键值对，表示模板中变量对应的真实值。在这段代码中，第二个参数收到一个名为 username 的变量。render_template()中的第二个参数的基本赋值运算符左边的"name"表示参数名，就是模板中使用的占位变量；右边的"username"是当前作用域中的变量，表示同名参数的值。在 user.html 模板中，username 的值会替换 {{ name }}。运行结果与【例 15-3】的运行结果相同。

2．变量

前面【例 15-5】在模板中使用的{{ name }}结构表示一个变量，它是一种特殊的占位变量，用于告诉模板引擎这个位置的值从渲染模板时使用的数据中获取。Jinja2 能识别所有类型的变量，甚至包括一些复杂类型的变量，如列表、字典和对象。在模板中使用变量的一些示例如下。

```
<p>从字典中取一个值: {{ mydict['key'] }}.</p>
<p>从列表中取一个值: {{ mylist[3] }}.</p>
<p>从列表中取一个带索引的值: {{ mylist[myintvar] }}.</p>
<p>从对象的方法中取一个值: {{ myobj.somemethod() }}.</p>
```

我们可以使用过滤器修改变量，过滤器名添加在变量名之后，中间使用竖线分隔。例如，

下述模板以首字母大写形式显示变量 name 的值。

```
Hello, {{ name|capitalize }}
```

Jinja2 提供的部分常用过滤器如表 15-3 所示。

表 15-3　部分常用过滤器

过滤器	说明
safe	渲染值时不转义
capitalize	把值的首字母转换成大写，其他字母转换成小写
lower	把值的字母转换成小写
upper	把值的字母转换成大写
title	把值中每个单词的首字母都转换成大写
trim	把值的首尾空格删除
striptags	渲染之前把值中所有的 HTML 标签都删除

safe 过滤器值得特别说明。默认情况下，出于安全考虑，Jinja2 会转义所有变量。例如，如果一个变量的值为 '<h1>Hello</h1>'，Jinja2 会将其渲染成'<h1>Hello</h1>'，浏览器能显示这个<h1>元素，但不会进行解释。很多情况下我们需要显示变量中存储的 HTML 代码，这时就可使用 safe 过滤器。

3．控制结构

Jinja2 提供了多种控制结构，可用来改变模板的渲染流程。下面使用简单的例子介绍其中常用的控制结构。

下面的例子展示了如何在模板中使用选择语句。

```
{% if user %}
Hello, {{ user }}!
{% else %}
Hello, Stranger!
{% endif %}
```

模板渲染的常见需求是在模板中渲染一组元素。下面的例子展示了如何使用 for 循环实现这一需求。

```
<ul>
{% for comment in comments %}
<li>{{ comment }}</li>
{% endfor %}
</ul>
```

Jinja2 还支持宏。宏类似于 Python 代码中的函数，如以下代码。

```
{% macro render_comment(comment) %}
<li>{{ comment }}</li>
{% endmacro %}
<ul>
{% for comment in comments %}
{{ render_comment(comment) }}
{% endfor %}
</ul>
```

为了重复使用宏，可以将其保存在单独的文件中，然后在需要使用的模板中导入。

```
{% import 'macros.html' as macros %}
<ul>
```

```
{% for comment in comments %}
{{ macros.render_comment(comment) }}
{% endfor %}
</ul>
```

需要在多处重复使用的模板代码片段可以写入单独的文件，再包含在所有模板中，以避免重复。

```
{% include 'common.html' %}
```

此外，重复使用代码的方式还包括模板继承，它类似于 Python 代码中的类继承，需要先创建一个名为 base.html 的基模板。

```
<html>
<head>
{% block head %}
<title>{% block title %}{% endblock %} - My Application</title>
{% endblock %}
</head>
<body>
{% block body %}
{% endblock %}
</body>
</html>
```

block 标签定义的元素可在衍生模板中修改。以上代码定义了名为 head、title 和 body 的块。注意，<title>包含在<head>中。下面这个例子是基模板的衍生模板。

```
{% extends "base.html" %}
{% block title %}Index{% endblock %}
{% block head %}
{{ super() }}
<style>
</style>
{% endblock %}
{% block body %}
<h1>Hello, World!</h1>
{% endblock %}
```

extends 指令声明这个模板继承自 base.html。在 extends 指令之后，基模板中的 3 个块被重新定义，模板引擎会将其插入适当的位置。注意新定义的<head>块，因为在基模板中其内容不是空的，所以使用 super()获取原来的内容。

15.3 AI 帮你解决问题

在我们学习 Python 编程的过程中，AI 可以提供有力的支持。下面介绍如何利用 AI 来帮助我们解决在开发 Web 应用时选择相应 Web 框架的问题。

以下是在 AI 工具中的一个可能出现的对话示例。

问题：
开发 Python Web 应用时，如何选择相应的 Web 框架？
AI 建议：
选择合适的 Web 框架对于开发 Python Web 应用至关重要。不同的框架有不同的特点和适用场景。以下是一些常用的 Python Web 框架及其特点，可以帮助你根据项目需求做出合适的选择。
1. Django
特点如下。

- 全栈框架：提供了一整套工具，包括 ORM、模板引擎、表单处理、认证系统、管理界面等。
- 安全性：内置了许多安全特性，如 CSRF 保护、SQL 注入防护等。
- 文档丰富：官方文档非常详细，社区活跃。
- 适合大型应用：适用于复杂的、数据驱动的应用。

适用场景如下。
- 大型企业级应用。
- 社区网站。
- 内容管理系统（CMS）。

2. Flask

特点如下。
- 轻量级：核心功能简单，易于学习和使用。
- 高度可定制：可以通过扩展插件添加所需功能。
- 灵活性高：适合快速原型开发和小型项目。
- 社区活跃：有大量的第三方扩展和教程。

适用场景如下。
- 小型应用。
- API 开发。
- 快速原型开发。

3. FastAPI

特点如下。
- 高性能：基于 Starlette 和 Pydantic，性能优越。
- 自动 API 文档：自动生成 Swagger 和 ReDoc 文档。
- 类型注解：使用 Python 类型注解，代码更清晰、更易维护。
- 异步支持：支持异步编程，适合 IO 密集型任务。

适用场景如下。
- 高性能 API 开发。
- 数据科学和机器学习项目。
- 异步应用。

4. Tornado

特点如下。
- 异步非阻塞：特别适合处理大量并发连接。
- 高性能：适用于实时应用和长轮询。
- 灵活：可以与其他库和框架结合使用。

适用场景如下。
- 实时应用（如聊天应用）。
- 长轮询应用。
- 高并发 Web 应用。

追加问题：
提供一下使用 Django 开始项目的基本思路。

AI 建议：

Django 是一个高级的 Python Web 框架，它鼓励快速开发和干净、实用的设计。使用 Django 开始一个项目的基本思路包括从项目的初始化到应用的创建、模型的设计、视图的编写、模板的制作以及静态文件的处理等。以下是基本流程。

1. 环境准备

确保你的开发环境已经安装了 Python 和 pip，然后通过 pip 安装 Django。

2. 创建 Django 项目

使用 django-admin startproject 命令来创建一个新的 Django 项目。

3. 创建 Django 应用

在 Django 中，"项目"由多个"应用"组成。每个应用负责特定的功能集。使用 python manage.py startapp 命令创建一个新的应用。注意：需要在项目的 settings.py 文件中注册新创建的应用。

4. 设计数据库模型

在 models.py 中定义数据结构。之后，执行命令来创建迁移文件，并将它们应用到数据库。

5. 编写视图函数

在 views.py 中编写逻辑来处理请求。

6. 配置 URL 路由

在应用目录下创建 urls.py 文件，并定义 URL 模式与视图函数之间的映射。同时，在项目的主 urls.py 文件中包含该应用的 URL 配置。

7. 创建模板

在应用目录下创建一个名为 templates 的文件夹，并在其中添加 HTML 文件。

8. 处理静态文件（可选）

如果有 CSS、JavaScript 或其他静态资源，可以在应用内创建一个 static 目录，并在 settings.py 文件中配置静态文件路径。

9. 运行服务器进行测试

使用 python manage.py runserver 命令运行 Django 开发服务器来查看工作成果。访问 http://localhost:8000/即可看到 Django 应用运行效果。

10. 持续迭代

根据需求持续优化和完善项目，如添加更多功能、提升用户体验、增强安全性等。

小结

本章首先介绍了什么是 Web 框架和 Python 中常用的 Web 框架；然后重点介绍了 Flask 框架的使用，Flask 框架可以在虚拟环境中使用 pip 工具安装，在使用 Flask 框架时，需要配置路由、模板等；最后演示了利用 AI 解决问题。读者在学习的过程中，要做到融会贯通、举一反三。

习题

15-1　简述什么是 Web 框架。

15-2　简述 Python 中常用的几个 Web 框架及它们的特点。

第16章 综合开发实例——学生信息管理系统

本章要点
- ☐ 系统业务流程
- ☐ 使用文本文件保存学生信息
- ☐ 将项目打包为.exe 文件
- ☐ 主函数的编写和功能菜单的显示
- ☐ 从文件中查找数据
- ☐ 利用 AI 分析优化项目

在科技日益发展的今天，学生是国家关注和培养的重点对象，衡量学生在校状态的重要指标就是学生的成绩。如今学生多，信息更新快，手动记录学生信息已经无法满足需求。手动作业容易出错，不能及时反映学生成绩的更新，不便于了解学生最近的状态，导致指导工作相对滞后。而智能化、信息化的学生信息管理系统可以更方便、快捷地统计学生的信息，记录学生的信息，及时更新学生的信息，使教师实时了解学生的动态，更好地管理学生，更准确地指引学生的学习方向。

本章使用 Python 开发一个学生信息管理系统。该系统可以帮助教师快速录入学生的信息，对学生的信息进行基本的增、删、改、查操作；还可以对学生成绩进行排序，使教师随时掌握学生近期的学习状态；并且能够实时地将学生的信息保存到磁盘文件中，方便查看。

16.1 需求分析

为了满足互联网时代用户获取数据的需求，学生信息管理系统应该具备以下功能。
- ☐ 录入学生信息。
- ☐ 将学生信息保存到文件中。
- ☐ 修改和删除学生信息。
- ☐ 查找学生信息。
- ☐ 根据学生成绩进行排序。
- ☐ 统计学生的成绩。

需求分析

16.2 系统设计

16.2.1 系统功能结构

学生信息管理系统的系统功能结构如图 16-1 所示。

系统设计

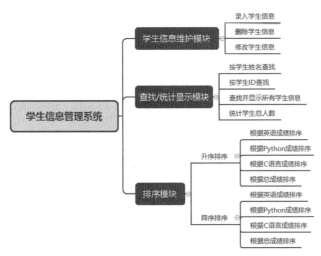

图 16-1　系统功能结构

> 📖 **说明**　如果你是第一次开发项目，可以借助大模型工具帮你设计项目的主要功能。例如，在腾讯元宝中输入相关提示，其会自动列出该项目的主要功能供你参考，如图 16-2 所示，这样可以提高项目的开发效率。

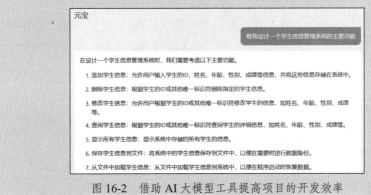

图 16-2　借助 AI 大模型工具提高项目的开发效率

16.2.2　系统业务流程

在开发学生信息管理系统前，需要先了解系统业务流程。根据学生信息管理系统的需求分析及功能结构，可设计出图 16-3 所示的系统业务流程。

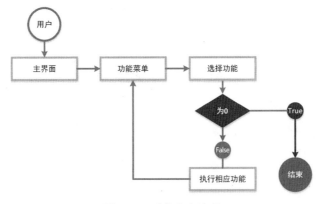

图 16-3　系统业务流程

16.2.3 系统预览

学生信息管理系统是一款在 IDLE 中运行的程序。程序开始运行时，首先进入的是系统主界面。该界面显示可选择的功能菜单，如图 16-4 所示。

在主界面输入 1 或者按键盘上的↑或↓方向键并按〈Enter〉键，选择"录入学生信息"功能，将进入录入学生信息界面。在该界面中，可以批量录入学生信息，如图 16-5 所示。

图 16-4　系统主界面

图 16-5　录入学生信息

在主界面输入 2 或者按键盘上的↑或↓方向键并按〈Enter〉键，选择"查找学生信息"功能，将进入查找学生信息界面。在该界面中，可以根据学生 ID 或者学生姓名查找学生信息，如图 16-6 所示。

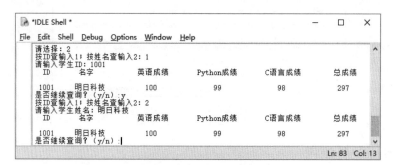

图 16-6　查找学生信息

在主界面输入 4 或者按键盘上的↑或↓方向键并按〈Enter〉键，选择"修改学生信息"功能，将进入修改学生信息界面。在该界面中，可以根据学生 ID 修改学生信息，如图 16-7 所示。

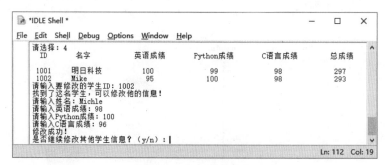

图 16-7　修改学生信息

在主界面输入 5 或者按键盘上的 ↑ 或 ↓ 方向键并按〈Enter〉键，选择"排序"功能，将进入对学生成绩进行排序的界面。在该界面中，可以对学生成绩进行升序或降序排列，如图 16-8 所示。

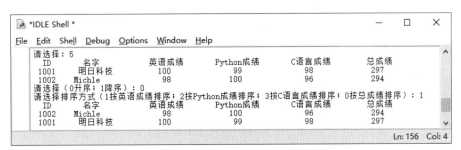

图 16-8　排序

16.3　系统开发必备

16.3.1　系统的开发及运行环境

本系统的开发及运行环境如下。

- ❑　操作系统：Windows 10 及以上。
- ❑　Python：Python 3.12.0。
- ❑　开发工具：Python IDLE。
- ❑　Python 内置模块：os、re。

系统开发必备

16.3.2　文件夹组织结构

学生信息管理系统的文件夹组织结构比较简单，项目的根目录下只有一个 Python 文件。程序运行时，会在项目的根目录下自动创建一个名为 students.txt 的文件，用于保存学生信息。文件夹组织结构如图 16-9 所示。

图 16-9　文件夹组织结构

16.4　主函数设计

16.4.1　功能概述

学生信息管理系统的主函数 main( )主要用于实现系统的主界面。主函数 main( )主要调用 menu( )函数生成功能菜单，并应用 if 语句控制各个子函数的调用，从而实现对学生信息的录入、查找、显示、保存、排序和统计等功能。系统主界面如图 16-10 所示。

主函数设计

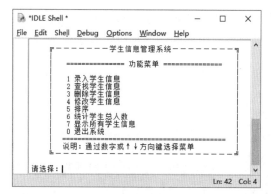

图 16-10　系统主界面

16.4.2　主函数的业务流程

在设计学生信息管理系统的主函数前，先要梳理出它的业务流程和实现技术。根据学生信息管理系统主函数要实现的功能，可以画出图 16-11 所示的业务流程。

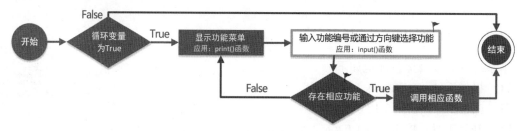

图 16-11　主函数的业务流程

（注：带▶的为重点或难点）

16.4.3　实现主函数

运行学生信息管理系统，首先将进入显示功能菜单的选择界面（主界面），用户可以根据需要输入功能对应的功能编号或者按键盘上的↑或↓方向键，并按〈Enter〉键选择功能。程序在 menu( ) 函数中主要使用 print( )函数在控制台输出由文字和特殊字符组成的功能菜单。当用户输入功能编号选择相应的功能后，程序会根据用户输入的功能编号调用不同的函数（如果通过↑或↓方向键选择相应的功能，程序会自动提取对应的功能编号）。具体功能编号表示的功能如表 16-1 所示。

表 16-1　功能菜单中的功能编号所表示的功能

功能编号	功能
0	退出系统
1	录入学生信息，调用 insert( )函数
2	查找学生信息，调用 search( )函数
3	删除学生信息，调用 delete( )函数
4	修改学生信息，调用 modify( )函数
5	对学生成绩进行排序，调用 sort( )函数
6	统计学生总人数，调用 total( )函数
7	显示所有学生信息，调用 show( )函数

主函数 main( )的实现代码如下。

```python
def main():
    ctrl = True                                    # 标记是否退出系统
    while (ctrl):
        menu()                                     # 显示功能菜单
        option = input("请选择: ")                  # 选择功能
        option_str = re.sub("\D", "", option)      # 提取功能编号
        if option_str in ['0', '1', '2', '3', '4', '5', '6', '7']:
            option_int = int(option_str)
            if option_int == 0:                    # 退出系统
                print('您已退出学生信息管理系统! ')
                ctrl = False
            elif option_int == 1:                  # 录入学生信息
                insert()
            elif option_int == 2:                  # 查找学生信息
                search()
            elif option_int == 3:                  # 删除学生信息
                delete()
            elif option_int == 4:                  # 修改学生信息
                modify()
            elif option_int == 5:                  # 排序
                sort()
            elif option_int == 6:                  # 统计学生总人数
                total()
            elif option_int == 7:                  # 显示所有学生信息
                show()
```

> 📖 **说明** main()函数分别调用了 insert( )、search( )、delete( )、modify( )、sort( )、total( )、show( ) 等函数，这些函数实现的功能将在后文详细介绍。

创建程序入口，然后调用主函数，代码如下。

```python
if __name__ == "__main__":
    main()
```

16.4.4 显示功能菜单

主函数 main( )首先调用了 menu( )函数。函数 menu( )用于显示功能菜单。它的具体代码如下。

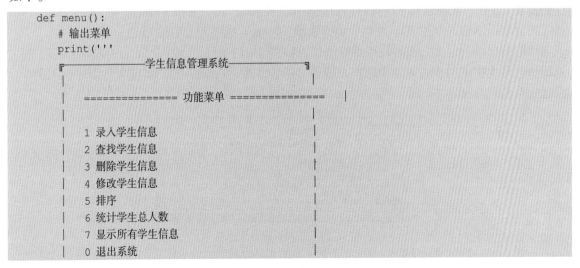

```
def menu():
    # 输出菜单
    print('''
    ╔═══════════════学生信息管理系统═══════════════╗
    │                                              │
    │       =============== 功能菜单 ===============  │
    │                                              │
    │     1 录入学生信息                            │
    │     2 查找学生信息                            │
    │     3 删除学生信息                            │
    │     4 修改学生信息                            │
    │     5 排序                                    │
    │     6 统计学生总人数                          │
    │     7 显示所有学生信息                        │
    │     0 退出系统                                │
```

```
|   =========================================      |
|   说明：通过数字或↑↓方向键选择菜单           |
|_____|
''')
```

16.5 学生信息维护模块设计

16.5.1 学生信息维护模块概述

学生信息维护
模块概述

学生信息管理系统的学生信息维护模块用于维护学生信息，主要包括录入学生信息、修改学生信息和删除学生信息。学生信息会被保存到磁盘文件中。

用户在主界面输入数字"1"或者按↑或↓方向键并按〈Enter〉键，选择"录入学生信息"功能，即可进入录入学生信息界面。在这里可以批量录入学生信息，并保存到磁盘文件中。

用户在主界面输入数字"3"或者按↑或↓方向键并按〈Enter〉键，选择"删除学生信息"功能，即可进入删除学生信息界面。在这里可以根据学生ID从磁盘文件中删除指定的学生信息，如图16-12所示。

图 16-12　删除学生信息

用户在主界面输入数字"4"或者按↑或↓方向键并按〈Enter〉键，选择"修改学生信息"功能，即可进入修改学生信息界面。在这里可以根据学生ID修改指定的学生信息。

16.5.2　实现录入学生信息功能

1．功能概述

录入学生信息功能主要获取用户在控制台上输入的学生信息，并把它们保存到磁盘文件中，从而达到永久保存的目的。在主界面输入1，并按〈Enter〉键，系统将分别提示输入学生ID、姓名、英语成绩、Python成绩和C语言成绩。输入正确的信息后，系统会询问是否继续添加，如图16-13所示。输入"y"，并按〈Enter〉键，系统将会再次提示用户输入学生信息；输入"n"，并按〈Enter〉键，系统会将用户输入的学生信息保存到磁盘文件中。

实现录入学生
信息功能

图 16-13　录入一条学生信息

2．业务流程

在实现录入学生信息功能前，先要梳理出它的业务流程和实现技术。根据要实现的功能，可以画出图 16-14 所示的业务流程。

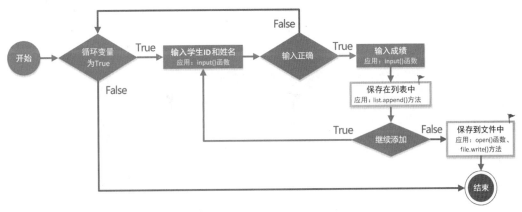

图 16-14　录入学生信息的业务流程

（注：带▶的为重点或难点）

3．具体实现

（1）编写一个向文件写入指定内容的函数，将其命名为 save( )，该函数有一个列表类型的参数，用于指定要写入的内容。save( )函数的具体代码如下。

```python
# 将学生信息保存到文件
def save(student):
    try:
        students_txt = open(filename, "a")      # 以追加模式打开
    except Exception as e:
        students_txt = open(filename, "w")      # 文件不存在，创建文件并打开
    for info in student:
        students_txt.write(str(info) + "\n")    # 按行存储，添加换行符
    students_txt.close()                        # 关闭文件
```

📖 **说明**　上面的代码将以追加模式打开一个文件，并且应用 try…except 语句捕获和处理异常。如果出现异常，则说明要打开的文件不存在，这时以只写模式创建并打开文件。接下来通过 for 语句将列表中的元素一行一行地写入文件，每行内容写入结束添加换行符。

（2）编写主函数中调用的录入学生信息的函数 insert( )。在该函数中，先定义一个保存学生信息的空列表，然后设置一个 while 循环。在 while 循环中程序通过 input( )函数要求用户输入学生信息（包括 ID、姓名、英语成绩、Python 成绩和 C 语言成绩）。如果这些内容都符合要求，则将它们保存到字典中，再将该字典添加到列表中，并且询问是否继续添加；如果不再添加，则结束 while 循环，并调用 save( )函数，将用户输入的学生信息保存到文件中。insert( )函数的具体代码如下。

```python
def insert():
    stdentList = []                         # 保存学生信息的列表
    mark = True                             # 是否继续添加
    while mark:
        id = input("请输入 ID（如 1001）: ")
        if not id:                          # ID 为空，跳出循环
```

```
        break
    name = input("请输入名字: ")
    if not name:                                         # 姓名为空，跳出循环
        break
    try:
        english = int(input("请输入英语成绩: "))
        python = int(input("请输入 Python 成绩: "))
        c = int(input("请输入 C 语言成绩: "))
    except:
        print("输入无效，不是整型数值……重新录入信息")
        continue
    # 将输入的学生信息保存到字典
    stdent = {"id": id, "name": name, "english": english, "python": python, "c":c}
    stdentList.append(stdent)                            # 将保存学生信息的字典添加到列表中
    inputMark = input("是否继续添加? (y/n):")
    if inputMark == "y":                                 # 继续添加
        mark = True
    else:                                                # 不继续添加
        mark = False
save(stdentList)                                         # 将学生信息保存到文件
print("学生信息录入完毕!!! ")
```

📖 **说明**　上面的代码中设置了一个标记变量 mark，用于控制是否退出循环。

（3）执行录入学生信息功能后，将在项目的根目录下创建一个名为 students.txt 的文件，该文件中保存着学生信息。例如，输入 2 条学生信息后，students.txt 文件的内容如图 16-15 所示。

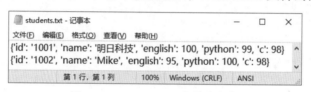

图 16-15　students.txt 文件的内容

16.5.3　实现删除学生信息功能

实现删除学生
信息功能

1．功能概述

　　删除学生信息功能主要根据用户在控制台上输入的学生 ID，到磁盘文件中找到对应的学生信息，并将其删除。在主界面输入 3，并按〈Enter〉键，系统将提示用户输入要删除的学生 ID，输入相应的学生 ID 后，系统会直接从文件中删除该学生信息，并提示是否继续删除，如图 16-16 所示。输入 "y"，并按〈Enter〉键，系统将会再次提示用户输入要删除的学生 ID；输入 "n"，并按〈Enter〉键，则退出删除学生信息功能。

图 16-16　删除一条学生信息

2. 业务流程

在实现删除学生信息功能前，先要梳理出它的业务流程和实现技术。根据要实现的功能，可以画出图 16-17 所示的业务流程。

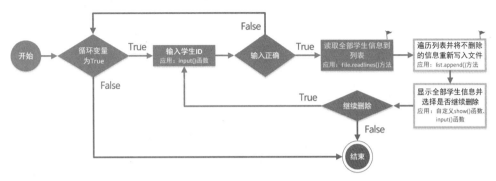

图 16-17　删除学生信息的业务流程

（注：带▶的为重点或难点）

3. 具体实现

编写主函数中调用的删除学生信息的函数 delete( )。在该函数中，设置一个 while 循环。在该循环中，程序首先通过 input( )函数要求用户输入要删除的学生 ID，然后以只读模式打开保存学生信息的文件，并且读取其内容，保存到一个列表中，再以只写模式打开保存学生信息的文件，并且遍历保存学生信息的列表，将每个元素转换为字典，从而便于根据输入的学生 ID 判断某条学生信息是否为要删除的信息，如果不是要删除的信息，则将其重新写入文件。delete( )函数的具体代码如下。

```python
def delete():
    mark = True                                    # 标记是否循环
    while mark:
        studentId = input("请输入要删除的学生ID: ")
        if studentId is not "":                    # 判断是否输入了要删除的学生 ID
            if os.path.exists(filename):           # 判断文件是否存在
                with open(filename, 'r') as rfile: # 打开文件
                    student_old = rfile.readlines()# 读取全部内容
            else:
                student_old = []
            ifdel = False                          # 标记是否删除
            if student_old:                        # 如果存在学生信息
                with open(filename, 'w') as wfile: # 以只写方式打开文件
                    d = {}                         # 定义空字典
                    for list in student_old:
                        d = dict(eval(list))       # 将字符串转换为字典
                        if d['id'] != studentId:
                            wfile.write(str(d) + "\n")  # 将一条学生信息写入文件
                        else:
                            ifdel = True           # 标记已经删除
                    if ifdel:
                        print("ID为 %s 的学生信息已经被删除……" % studentId)
                    else:
                        print("没有找到 ID 为 %s 的学生信息……" % studentId)
            else:                                  # 不存在学生信息
                print("无学生信息……")
```

```
        break                                          # 退出循环
    show()                                             # 显示全部学生信息
    inputMark = input("是否继续删除？（y/n）:")
    if inputMark == "y":
        mark = True                                    # 继续删除
    else:
        mark = False                                   # 退出删除学生信息功能
```

📖 说明　上面的代码调用了 show( )函数显示学生信息，该函数将在 16.6.4 小节中介绍。

16.5.4　实现修改学生信息功能

1．功能概述

修改学生信息功能主要根据用户在控制台上输入的学生 ID，到磁盘文件中找
到对应的学生信息，再对其进行修改。在主界面输入 4，并按〈Enter〉键，系统
首先显示全部学生信息列表，再提示用户输入要修改的学生 ID，用户输入相应的学生 ID 后，系
统会在文件中查找该学生信息，如果找到，则提示修改相应的信息，否则不修改，最后提示是否
继续修改，如图 16-18 所示。输入"y"，并按〈Enter〉键，系统将会再次提示用户输入要修改的
学生 ID；输入"n"，并按〈Enter〉键，则退出修改学生信息功能。

实现修改学生
信息功能

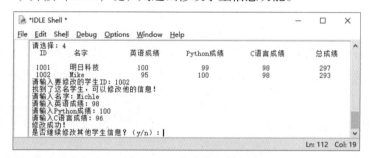

图 16-18　修改学生信息

2．业务流程

在实现修改学生信息功能前，先要梳理出它的业务流程和实现技术。根据要实现的功能，可
以画出图 16-19 所示的业务流程。

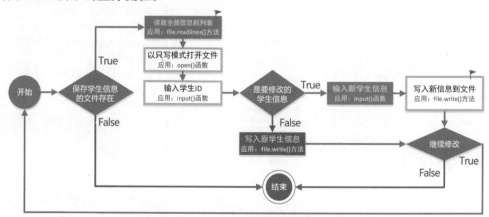

图 16-19　修改学生信息的业务流程

（注：带📕的为重点或难点）

3. 具体实现

编写主函数中调用的修改学生信息的函数 modify( )。该函数调用 show( )函数显示全部学生信息，之后判断保存学生信息的文件是否存在，如果存在，则以只读模式打开文件，并读取全部学生信息保存到列表中，否则返回。接下来提示用户输入要修改的学生 ID，并且以只写模式打开文件。打开文件后，遍历保存学生信息的列表，将每个元素转换为字典，再根据输入的学生 ID 判断某条学生信息是否为要修改的信息，如果是要修改的信息，则提示用户输入新的信息，并保存到文件，否则直接将其写入文件。modify( )函数的具体代码如下。

```python
def modify():
    show()                                    # 显示全部学生信息
    if os.path.exists(filename):              # 判断文件是否存在
        with open(filename, 'r') as rfile:    # 打开文件
            student_old = rfile.readlines()   # 读取全部内容
    else:
        return
    studentid = input("请输入要修改的学生 ID: ")
    with open(filename, "w") as wfile:        # 以只写模式打开文件
        for student in student_old:
            d = dict(eval(student))           # 将字符串转换为字典
            if d["id"] == studentid:          # 是否为要修改的学生信息
                print("找到了这名学生，可以修改他的信息! ")
                while True:                    # 输入要修改的信息
                    try:
                        d["name"] = input("请输入名字: ")
                        d["english"] = int(input("请输入英语成绩: "))
                        d["python"] = int(input("请输入 Python 成绩: "))
                        d["c"] = int(input("请输入 C 语言成绩: "))
                    except:
                        print("您的输入有误，请重新输入。")
                    else:
                        break                  # 跳出循环
                student = str(d)               # 将字典转换为字符串
                wfile.write(student + "\n")    # 将修改的信息写入文件
                print("修改成功! ")
            else:
                wfile.write(student)           # 将未修改的信息写入文件
    mark = input("是否继续修改其他学生信息? （y/n): ")
    if mark == "y":
        modify()                               # 重新执行修改操作
```

> 📖 **说明** 上面的代码调用了 eval( )函数，用于执行一个字符串表达式，并返回表达式的值。例如，下面的代码执行后，将抛出图 16-20 所示的异常。
>
> ```python
> print(dict("{'name':'无语'}"))
> ```
>
> ```
> Traceback (most recent call last):
>   File "C:\python\Python37\demo.py", line 7, in <module>
>     print(dict("{'name':'无语'}"))
> ValueError: dictionary update sequence element #0 has length 1; 2 is required
> >>>
> ```
>
> 图 16-20　抛出异常

使用 eval( )函数进行类型转换后，再执行代码就不会抛出异常，并且字符串被正常转换

为字典。修改后的代码如下。

```python
print(dict(eval("{'name':'无语'}")))
```

运行结果如下：

```
{'name': '无语'}
```

16.6 查找/统计/显示模块设计

查找/统计/显示
模块概述

16.6.1 查找/统计/显示模块概述

在学生信息管理系统中，查找/统计/显示模块用于查找、统计和显示学生信息，主要包括根据学生 ID 或姓名查找学生信息、统计学生总人数和显示所有学生信息。在显示获取到的学生信息时，该模块会自动计算该学生的总成绩。

用户在主界面中输入数字"2"或者按↑或↓方向键并按〈Enter〉键，选择"查找学生信息"功能，即可进入查找学生信息界面。在这里可以根据学生 ID 或姓名查找学生信息，如图 16-21 所示。

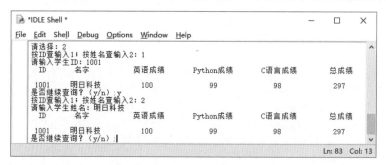

图 16-21　查找学生信息

用户在主界面中输入数字"6"或者按↑或↓方向键并按〈Enter〉键，选择"统计学生总人数"功能，即可进入统计学生总人数界面。在这里可以统计并显示一共有多少名学生，如图 16-22 所示。

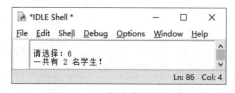

图 16-22　统计学生总人数

用户在主界面中输入数字"7"或者按↑或↓方向键并按〈Enter〉键，选择"显示所有学生信息"功能，即可进入显示所有学生信息界面。在这里可以显示全部学生信息（包括学生的总成绩），如图 16-23 所示。

图 16-23　显示所有学生信息

16.6.2　实现查找学生信息功能

1．功能概述

查找学生信息功能主要根据用户在控制台上输入的学生 ID 或姓名，到磁盘文件中查找对应的学生信息。在主界面输入 2，并按〈Enter〉键，系统将要求用户选择是按学生 ID 查找还是按学生姓名查找。如果用户输入 1，则要求用户输入想要查找的学生 ID。系统查找该学生信息，如果找到则显示，如图 16-24 所示；否则显示"(o@.@o) 无数据信息 (o@.@o)"，如图 16-25 所示。最后提示是否继续查找。输入"y"，并按〈Enter〉键，系统将再次提示用户选择查找方式；输入"n"，并按〈Enter〉键，则退出查找学生信息功能。

图 16-24　通过学生 ID 查找学生信息

图 16-25　未找到符合条件的学生信息

2．业务流程

在实现查找学生信息功能前，先要梳理出它的业务流程和实现技术。根据要实现的功能，可以画出图 16-26 所示的业务流程。

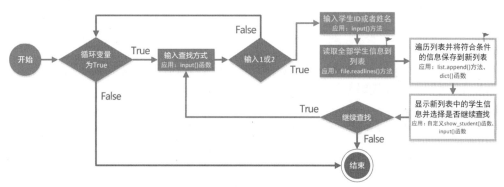

图 16-26　查找学生信息的业务流程

（注：带▶的为重点或难点）

3．具体实现

编写主函数中调用的查找学生信息的函数 search( )。在该函数中，设置一个循环。该循环先判断保存学生信息的文件是否存在，如果不存在，则给出提示并返回；否则提示用户选择查找方式，之后根据选择的方式，在保存学生信息的文件中查找对应的学生信息，并且调用 show_student( )函数显示查找结果。search( )函数的具体代码如下。

```python
def search():
    mark = True
    student_query = []                          # 保存查找结果的列表
    while mark:
        id = ""
        name = ""
```

```
        if os.path.exists(filename):              # 判断文件是否存在
            mode = input("按 ID 查输入 1；按姓名查输入 2: ")
            if mode == "1":                        # 按学生 ID 查找
                id = input("请输入学生 ID: ")
            elif mode == "2":                      # 按学生姓名查找
                name = input("请输入学生姓名: ")
            else:
                print("您的输入有误，重新输入！")
                search()                           # 重新查找
            with open(filename, 'r') as file:      # 打开文件
                student = file.readlines()         # 读取全部内容
                for list in student:
                    d = dict(eval(list))           # 将字符串转换为字典
                    if id is not "":               # 判断是否按 ID 查找
                        if d['id'] == id:
                            student_query.append(d) # 将找到的学生信息保存到列表中
                    elif name is not "":           # 判断是否按姓名查找
                        if d['name'] == name:
                            student_query.append(d) # 将找到的学生信息保存到列表中
                show_student(student_query)        # 显示查找结果
                student_query.clear()              # 清空列表
                inputMark = input("是否继续查询？（y/n）:")
                if inputMark == "y":
                    mark = True
                else:
                    mark = False
        else:
            print("暂未保存数据信息……")
            return
```

上面的代码调用了函数 show_student( )，用于将获取的列表中的数据按指定格式显示出来。show_student( )函数的具体代码如下。

```
# 将保存在列表中的学生信息显示出来
def show_student(studentList):
    if not studentList:                    # 如果没有要显示的数据
        print("(o@.@o) 无数据信息 (o@.@o) \n")
        return
    # 定义标题显示格式
    format_title = "{:^6}{:^12}\t{:^8}\t{:^10}\t{:^10}\t{:^10}"
    print(format_title.format("ID", "名字", "英语成绩", "Python 成绩",
        "C 语言成绩", "总成绩"))   # 按指定格式显示标题
    # 定义具体内容显示格式
    format_data = "{:^6}{:^12}\t{:^12}\t{:^12}\t{:^12}\t{:^12}"
    for info in studentList:               # 通过 for 循环将列表中的数据全部显示出来
        print(format_data.format(info.get("id"),
            info.get("name"), str(info.get("english")), str(info.get("python")),
            str(info.get("c")),
            str(info.get("english") + info.get("python") +
            info.get("c")).center(12)))
```

📖 **说明**　上面的代码使用了字符串的 format( )方法对其进行格式化。在指定字符串的显示格式时，数字表示所占宽度；符号"^"表示居中显示；"\t"表示添加一个水平制表符。

16.6.3 实现统计学生总人数功能

实现统计学生
总人数功能

1．功能概述

统计学生总人数功能主要统计保存学生信息的文件中保存的学生信息条数。在主界面输入数字 6，并按〈Enter〉键，选择"统计学生总人数"功能，系统将自动统计出学生总人数并显示，如图 16-27 所示。

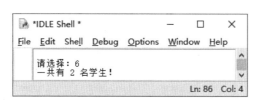

图 16-27　统计学生总人数

2．业务流程

在实现统计学生总人数功能前，先要梳理出它的业务流程和实现技术。根据要实现的功能，可以画出图 16-28 所示的业务流程。

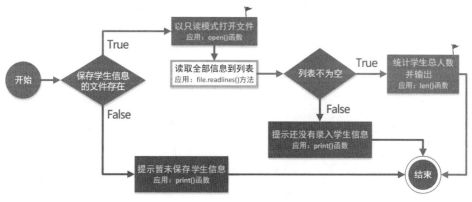

图 16-28　统计学生总人数的业务流程

（注：带▶的为重点或难点）

3．具体实现

编写主函数中调用的统计学生总人数的函数 total( )。在该函数中，添加一个 if 语句，用于判断保存学生信息的文件是否存在，如果存在，则以只读模式打开该文件，并读取该文件的全部内容保存到一个列表中，然后应用 len( )函数统计该列表的元素个数，即可得到学生的总人数。total( )函数的具体代码如下。

```
def total():
    if os.path.exists(filename):                    # 判断文件是否存在
        with open(filename, 'r') as rfile:          # 打开文件
            student_old = rfile.readlines()         # 读取全部内容
            if student_old:
                print("一共有 %d 名学生！" % len(student_old)) # 统计学生总人数
            else:
                print("还没有录入学生信息！")
```

```
    else:
        print("暂未保存数据信息……")
```

16.6.4 实现显示所有学生信息功能

实现显示所有学生信息功能

1. 功能概述

显示所有学生信息功能主要获取保存学生信息的文件中保存的全部学生信息并显示。在主界面输入数字 7，并按〈Enter〉键，选择"显示所有学生信息"功能，系统将获取并显示全部学生信息，如图 16-29 所示。

图 16-29　显示所有学生信息

2. 业务流程

在实现显示所有学生信息功能前，先要梳理出它的业务流程和实现技术。根据要实现的功能，可以画出图 16-30 所示的业务流程。

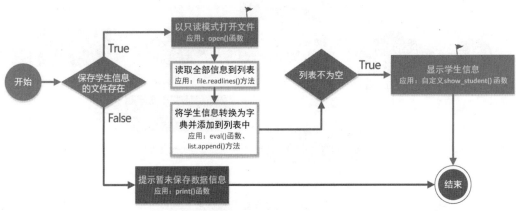

图 16-30　显示所有学生信息的业务流程

（注：带╹的为重点或难点）

3. 具体实现

编写主函数中调用的显示所有学生信息的函数 show( )。在该函数中，首先添加一个 if 语句，用于判断保存学生信息的文件是否存在，如果存在，则以只读模式打开该文件，并读取该文件的全部内容到一个列表中，然后遍历该列表，并将其元素转换为字典，再添加到一个新列表中，最后调用 show_student( )函数显示新列表中的信息。show( )函数的具体代码如下。

```python
def show():
    student_new = []
    if os.path.exists(filename):          # 判断文件是否存在
        with open(filename, 'r') as rfile:  # 打开文件
```

```
        student_old = rfile.readlines()        # 读取全部内容
    for list in student_old:
        student_new.append(eval(list))         # 将找到的学生信息保存到列表中
    if student_new:
        show_student(student_new)
    else:
        print("暂未保存数据信息……")
```

📖 **说明**　上面的代码调用了 show_student( )函数将列表中的学生信息显示到控制台。
show_student( )函数已经在 16.6.2 小节创建。

16.7　排序模块设计

16.7.1　排序模块概述

在学生信息管理系统中，排序模块用于对学生信息按成绩进行排序，主要
包括按英语成绩、Python 成绩、C 语言成绩和总成绩升序或降序排列。用户在主界面中输入数
字"5"或者按↑或↓方向键并按〈Enter〉键，选择"排序"功能，即可进入排序界面。在这里，
系统先按录入顺序显示学生信息（不排序），然后要求用户选择排序方式，再根据选择的方式进
行排序并显示，如图 16-31 所示。

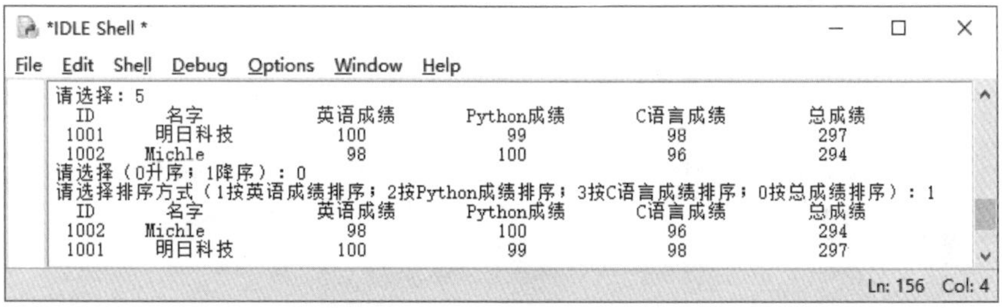

```
📄 *IDLE Shell *                                                    —    □    ×
File  Edit  Shell  Debug  Options  Window  Help
请选择：5
    ID         名字         英语成绩        Python成绩      C语言成绩       总成绩
    1001       明日科技       100            99            98            297
    1002       Michle        98             100           96            294
请选择（0升序；1降序）：0
请选择排序方式（1按英语成绩排序；2按Python成绩排序；3按C语言成绩排序；0按总成绩排序）：1
    ID         名字         英语成绩        Python成绩      C语言成绩       总成绩
    1002       Michle        98             100           96            294
    1001       明日科技       100            99            98            297
                                                                          Ln: 156  Col: 4
```

图 16-31　按英语成绩升序排列

16.7.2　实现按学生成绩排序

1．功能概述

按学生成绩排序功能主要将学生信息按英语成绩、Python 成绩、C 语言成绩或总成绩升序
或降序排列。输入 5，并按〈Enter〉键，系统将先显示不排序的全部学生信息，然后提示用户
选择排序方式，假设用户输入 0，并按〈Enter〉键，选择升序排列，再输入 1，并按〈Enter〉
键，系统会将学生信息按英语成绩升序排列并显示。

2．业务流程

在实现按学生成绩排序功能前，先要梳理出它的业务流程和实现技术。根据要实现的功
能，可以画出图 16-32 所示的业务流程。

排序模块设计

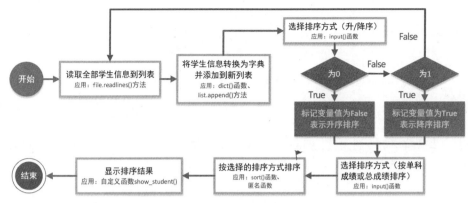

图 16-32 按学生成绩排序的业务流程

（注：带▶的为重点或难点）

3．具体实现

编写主函数中调用的排序的函数 sort( )。在该函数中，首先打开该文件读取全部学生信息，并将每一名学生的信息转换为字典保存到一个新的列表中，然后获取用户输入的排序方式，并据此进行相应的排序，最后调用 show_student( ) 函数显示排序结果。sort( ) 函数的具体代码如下。

```python
def sort():
    show()                                    # 显示全部学生信息
    if os.path.exists(filename):              # 判断文件是否存在
        with open(filename, 'r') as file:     # 打开文件
            student_old = file.readlines()    # 读取全部内容
            student_new = []
            for list in student_old:
                d = dict(eval(list))          # 将字符串转换为字典
                student_new.append(d)         # 将转换后的字典添加到列表中
    else:
        return
    ascORdesc = input("请选择（0升序；1降序）: ")
    if ascORdesc == "0":                      # 按升序排序
        ascORdescBool = False
    elif ascORdesc == "1":                    # 按降序排序
        ascORdescBool = True
    else:
        print("您的输入有误，请重新输入！")
        sort()
    mode = input("请选择排序方式（1按英语成绩排序；2按 Python 成绩排序；3按 C 语言成绩排序；0按总成绩排序）: ")
    if mode == "1":                           # 按英语成绩排序
        student_new.sort(key=lambda x: x["english"] , reverse=ascORdescBool)
    elif mode == "2":                         # 按 Python 成绩排序
        student_new.sort(key=lambda x: x["python"] , reverse=ascORdescBool)
    elif mode == "3":                         # 按 C 语言成绩排序
        student_new.sort(key=lambda x: x["c"] , reverse=ascORdescBool)
    elif mode == "0":                         # 按总成绩排序
        student_new.sort(key=lambda x: x["english"] + x["python"] + x["c"] , reverse=ascORdescBool)
    else:
        print("您的输入有误，请重新输入！")
        sort()
    show_student(student_new)                 # 显示排序结果
```

16.8 打包为 .exe 文件

打包为 .exe 文件

Python 项目编写完成后，可以将其打包成 .exe 可执行文件（简称 .exe 文件），这样就可以在其他计算机上运行该项目了。即使其他计算机上没有搭建 Python 开发环境也仍然可以运行该项目。

打包 .exe 文件时，需要使用 PyInstaller 模块，该模块为第三方模块，所以需要单独安装。PyInstaller 模块支持多种操作系统，如 Windows、Linux、macOS 等，但是该模块并不支持跨平台。在 Windows 操作系统下打包的 .exe 文件只能在 Windows 环境下运行，其他操作系统也是如此。

这里以 Windows 操作系统为例，介绍 PyInstaller 模块的安装。安装 PyInstaller 模块最简单的方式之一就是在命令提示符窗口中输入 "pip install pyinstaller" 命令，如图 16-33 所示。升级或者更新该模块可以使用 "pip install --upgrade pyinstaller" 命令。

图 16-33　安装 PyInstaller 模块

📖 **说明** 在 Windows 操作系统中，使用 "pip" 或 "easy_install" 命令安装 PyInstaller 模块时，会自动安装 pywin32。

📖 **说明** PyInstaller 模块安装完成以后，可以在命令提示符窗口中输入 "pyinstaller --version" 命令，通过查询 PyInstaller 模块版本的方式检测安装是否成功。

PyInstaller 模块安装完成以后，就可以打包 .py 文件为 .exe 文件了。具体方法如下。

（1）通过 cmd 命令打开命令提示符窗口，在当前光标位置输入命令 "pyinstaller + -F+要打包的 .py 文件的绝对路径"。例如，该文件保存在 E:\tmp\studentsystem 目录中，则可以使用下面的命令对其进行打包。

```
pyinstaller -F E:\tmp\studentsystem\studentsystem.py
```

📖 **说明** 在上面的命令中，参数-F 表示只生成一个扩展名为.exe 的文件。

（2）输入上面的命令并按〈Enter〉键，将自动生成.exe 文件，具体过程如图 16-34 所示。

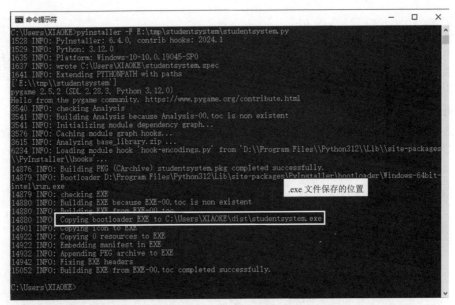

图 16-34　生成.exe 文件的具体过程

（3）在图 16-34 所示的.exe 文件的保存位置下找到生成的.exe 文件，双击该文件即可运行本项目，如图 16-35 所示。

📖 **说明** 在使用本节介绍的 PyInstaller 模块打包项目时，并不能把项目中应用的图片、文本文件、音频、视频等资源打包到.exe 文件中。因此，在打包后还需要把这些资源复制到.exe 文件所在的目录中。

图 16-35　通过.exe 文件运行项目

16.9　利用 AI 分析优化项目

在 Python 开发中，我们可以利用 AI 分析优化项目。以下是在 AI 工具中的对话示例。

16.9.1 AI 提供项目开发思路

问题：

请提供用 Python 开发一个控制台版学生信息管理系统的基本思路。

AI 建议：

开发一个控制台版学生信息管理系统是一个很好的练习项目，可以帮助你熟悉 Python 编程的基础知识以及如何管理数据。以下是基本的开发思路。

1. 需求分析

首先明确系统需要完成的功能，举例如下。

- 添加学生信息（如姓名、年龄、学号等）。
- 查看所有学生信息。
- 根据条件（如学号）查询特定学生的信息。
- 修改学生的某些信息。
- 删除某个学生的信息。

2. 设计数据结构

考虑使用何种数据结构来存储学生信息。最简单的方法是使用字典（dictionary），其中每个学生的学号作为键，值为包含其他信息（如姓名、年龄等）的另一个字典或自定义对象。

```
students = {
    '20250001': {'name': '张三', 'age': 20, 'major': '计算机科学'
},
    # 其他学生信息···
}
```

3. 编写功能函数

根据需求分析的结果，编写实现各项功能的函数，举例如下。

- 添加学生信息：add_student(students, student_id, name, age, major)。
- 查看所有学生信息：view_students(students)。
- 查询学生信息：find_student(students, student_id)。
- 修改学生信息：update_student(students, student_id, field, new_value)。
- 删除学生信息：delete_student(students, student_id)。

4. 主程序循环

创建一个主程序循环，提供一个简单的文本界面供用户选择要执行的操作，并调用相应的函数处理用户请求。可以使用 while True 循环结合 input()函数获取用户输入。

5. 异常处理和用户体验优化

添加适当的异常处理逻辑，确保当用户输入错误或不存在的数据时程序不会崩溃，并给出友好的提示。

6. 数据持久化（可选）

如果希望在系统关闭时能保存学生信息，可以考虑将数据保存到文件中（如 JSON、CSV 格式文件），并在系统启动时加载这些数据。

16.9.2 借助 AI 优化项目代码

问题：

优化以下添加学生信息的代码。

```
def insert():
    stdentList = []# 保存学生信息的列表
    mark = True # 是否继续添加
    while mark:
        id = input("请输入 ID（如 1001）: ")
        if not id:  # ID 为空，跳出循环
            break
        name = input("请输入名字: ")
        if not name: # 名字为空，跳出循环
            break
        try:
            english = int(input("请输入英语成绩: "))
            python = int(input("请输入 Python 成绩: "))
            c = int(input("请输入 C 语言成绩: "))
        except:
            print("输入无效，不是整型数值……重新录入信息")
            continue
        # 将输入的学生信息保存到字典
        stdent = {"id": id, "name": name, "english": english, "python": python, "c":c}
        stdentList.append(stdent) # 将保存学生信息的字典添加到列表中
        inputMark = input("是否继续添加?（y/n）:")
        if inputMark == "y": # 继续添加
            mark = True
        else: # 不继续添加
            mark = False
    save(stdentList) # 将学生信息保存到文件
    print("学生信息录入完毕！！！")
```

AI 建议：

为了优化 insert()函数，我们可以从几个方面入手：提高代码的可读性、增强输入验证、处理异常情况，以及确保数据的一致性和持久化。下面是改进后的版本。

```
def insert():
    student_list = []  # 保存学生信息的列表
    while True:
        id = input("请输入 ID（如 1001）: ").strip()
        if not id:  # ID 为空，跳出循环
            break
        name = input("请输入名字: ").strip()
        if not name:  # 名字为空，跳出循环
            print("名字不能为空，请重新输入! ")
            continue
        try:
            english = int(input("请输入英语成绩: ").strip())
            python = int(input("请输入 Python 成绩: ").strip())
            c = int(input("请输入 C 语言成绩: ").strip())
        except ValueError:
            print("输入无效，成绩应为整型数值……请重新录入信息")
            continue
        # 将输入的学生信息保存到字典
        student = {"id": id, "name": name, "english": english, "python": python, "c": c}
        student_list.append(student)  # 将保存学生信息的字典添加到列表中
        input_mark = input("是否继续添加?（y/n）:").strip().lower()
        if input_mark not in ['y', 'n']:
```

```
                print("输入错误，请输入'y'继续或'n'结束")
                continue
        elif input_mark == 'n':
                break
    save(student_list)  # 假设save()函数已经定义好，用于将学生信息保存到文件
    print("学生信息录入完毕！！！"
)
# 示例save()函数，根据实际需求调整
def save(data):
    import json
    with open('students.json', 'w', encoding='utf-8') as f:
        json.dump(data, f, ensure_ascii=False, indent=4)
```

改进点总结如下。

- 输入清理：使用.strip()去除用户输入的首尾空格。

- 增强输入验证：对每个输入字段进行非空检查和格式验证，特别是在成绩部分尝试转换为整数时捕获 ValueError 异常。

- 用户提示：对不合法的输入给出明确的提示，并允许用户纠正错误。

- 控制流简化：通过提前判断和直接 break/continue 来简化控制逻辑，使代码更易读。

- 数据持久化：示例代码中的 save()函数演示了如何将数据以 JSON 格式保存到文件中。根据实际需求，你可能需要调整文件路径和格式。

16.9.3　借助 AI 完善项目

问题：

本次开发的学生信息管理系统主要提供了以下功能，后续如何使该项目更加完善？

- 添加学生及成绩信息。

- 将学生信息保存到文件中。

- 修改和删除学生信息。

- 查询学生信息。

- 根据学生成绩进行排序。

- 统计学生的分数。

AI 建议：

为了使你的学生信息管理系统更加完善，针对你提到的功能（添加学生及成绩信息、将学生信息保存到文件中、修改和删除学生信息、查询学生信息、根据学生成绩进行排序、统计学生的分数），你可以从以下几个方面进行扩展和完善。

1. 数据结构优化

增强数据模型：确保每个学生的信息不仅包括基本信息（如姓名、年龄等），还包括成绩信息。可以将成绩作为一个字典或列表存储在每个学生的数据中，便于后续处理。

```
students = {
    '20250001': {'name': '张三', 'age': 20, 'major': '计算机科学', 'grades': {'数学': 90,
'英语': 85}},
    # 其他学生信息…
}
```

2. 文件操作

保存与加载：以 JSON 格式保存和加载学生信息，以便于数据的持久化。

使用 json 模块来序列化和反序列化数据。

3. 功能实现

- 添加成绩信息：当添加学生时，同时提供输入成绩的接口；或者为已有学生添加或更新成绩。

- 修改和删除学生信息：实现相应的函数来修改或删除学生的信息，包括其成绩。

- 查询学生信息：提供多种查询方式，比如按名字、学号或成绩范围查询。

- 根据成绩排序：实现一个函数，可以根据特定课程的成绩对学生进行排序。

- 统计学生的分数：计算总分、平均分等统计信息。

以下是一些代码片段，展示了如何实现上述部分功能。

```python
# 添加成绩信息
def add_student_grades(student_id, course, grade):
    if student_id in students:
        students[student_id]['grades'][course] = grade
    else:
        print("学生不存在")
# 根据成绩排序
def sort_students_by_grade(course):
    sorted_students = sorted(students.items(), key=lambda x: x[1]['grades'].get(course, 0), reverse=True)
    for student in sorted_students:
        print(f"学号: {student[0]}, 名字: {student[1]['name']}, {course}成绩: {student[1]['grades'].get(course, '无')}")
# 统计学生的分数
def calculate_statistics():
    total_scores = {}
    for student_id, info in students.items():
        total_score = sum(info['grades'].values())
        avg_score = total_score / len(info['grades'])
        total_scores[student_id] = {'total': total_score, 'average': avg_score}
    return total_scores
```

4. 进一步改进

- 用户界面优化：提高菜单设计和输入验证的质量，使得用户交互更加友好。

- 异常处理：对可能发生的错误（如文件读写失败、找不到学生等）增加适当的异常处理机制。

- 安全性考虑：如果系统用于多人使用场景，考虑添加权限控制和数据加密等功能。

通过逐步实现这些改进，你的学生信息管理系统将会变得更加完善和实用。

小结

本章主要使用 Python 的基本语法开发了一个学生信息管理系统，项目的核心是对文件、列表和字典进行操作。其中，对文件进行操作是为了永久保存学生信息；而将学生信息以字典的形式保存在列表中，是为了方便对学生信息进行查找、修改和删除等操作。通过对本章的学习，读者首先应该熟练掌握对文件进行创建、打开和修改等操作的方法，其次应该掌握对字典和列表进行操作的方法，尤其是对列表进行自定义排序，这是本项目的难点，需要读者仔细体会，并做到融会贯通。

第17章 课程设计——玛丽冒险游戏

本章要点

- ❑ 使用 Pygame 开发游戏的过程
- ❑ 加载游戏地图
- ❑ 游戏逻辑的开发
- ❑ 游戏窗体的编写
- ❑ 为游戏添加音效

我们小时候玩过很多经典的游戏,《超级马里奥兄弟》就是其中之一。Python 在游戏开发方面也是比较强大的,本课程设计就使用 Python 通过模拟实现一个名为"玛丽冒险"的小游戏。

17.1 课程设计的目的

本课程设计将制作一个小游戏——玛丽冒险。通过对该游戏的设计和制作,读者能够熟悉使用 Python 开发游戏的基本流程,并在开发过程中熟练掌握 Pygame 模块的基本用法,包括使用该模块绘制游戏窗体、加载地图、添加音效、对键盘按键进行控制等。

课程设计的目的

17.2 功能概述

通过模拟实现的玛丽冒险游戏具备以下功能。

- ❑ 场景不断变化,并且随机生成管道与导弹作为障碍物。
- ❑ 播放与停止背景音乐。
- ❑ 自动累加分数并且显示分数。
- ❑ 跳跃躲避障碍物。
- ❑ 检测是否碰撞障碍物。
- ❑ 游戏音效。

游戏的主界面如图 17-1 所示。

功能概述

图 17-1 玛丽冒险游戏的主界面

17.3 设计思路

设计思路

在开发游戏前，我们需要先梳理开发流程。开发玛丽冒险游戏主要有绘制游戏窗体、实现随机出现障碍物、实现躲避障碍物及碰撞检测、实现累加分数等步骤，具体的设计思路如图 17-2 所示。

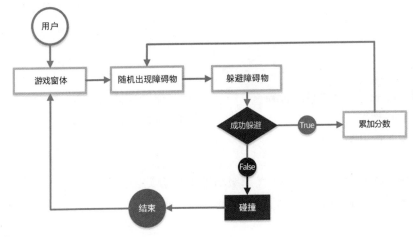

图 17-2　设计思路

17.4 设计过程

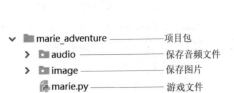

设计过程

17.4.1　搭建开发及运行环境

本课程设计开发及运行环境如下。

- ❑ 操作系统：Windows 10 及以上。
- ❑ Python：Python 3.12.0。
- ❑ 开发工具：PyCharm。
- ❑ Python 内置模块：itertools、random。
- ❑ 第三方模块：Pygame。

17.4.2　准备资源

在实现本游戏前，需要先设计项目文件结构，并准备游戏所需的图片、音频文件等资源文件。在玛丽冒险游戏中，audio 文件夹用于保存音频文件，image 文件夹用于保存图片。项目文件结构如图 17-3 所示。

图 17-3　项目文件结构

17.4.3　实现代码

1．游戏窗体的实现

首先定义窗体的宽度与高度，以及更新窗体的时间；然后通过 Pygame 模块中

实现代码

的 init( )方法，实现初始化功能；接下来创建循环，在循环中通过 update( )函数不断更新窗体；最后判断用户是否单击了关闭窗体的按钮，如果单击了该按钮，则关闭窗体，否则继续循环更新窗体。

玛丽冒险游戏窗体的业务流程如图 17-4 所示。

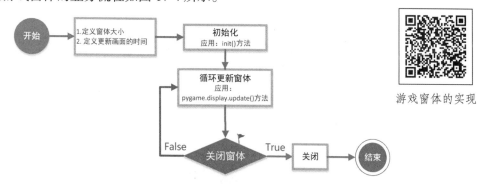

游戏窗体的实现

图 17-4　玛丽冒险游戏窗体的业务流程

（注：带▶的为重点或难点）

通过 Pygame 模块实现玛丽冒险游戏窗体的具体步骤如下。

（1）首先创建名为 "marie_adventure" 的项目文件夹，然后在该文件夹中分别创建两个文件夹，一个命名为 "audio"，用于保存游戏中的音频文件，另一个命名为 "image"，用于保存游戏中所使用的图片。最后在项目文件夹内创建 marie.py 文件，在该文件中保存实现玛丽冒险游戏的代码。

（2）导入 Pygame 模块与 Pygame 模块中的常量，然后定义窗体的宽度与高度，以及更新窗体的时间，代码如下。

```python
import pygame                       # 将 Pygame 模块导入 Python 程序
from pygame.locals import *         # 导入 Pygame 中的常量
import sys                          # 导入系统模块

SCREENWIDTH = 822                   # 窗体宽度
SCREENHEIGHT = 199                  # 窗体高度
FPS = 30  # 更新窗体的时间
```

（3）创建 mainGame( )方法，在该方法中首先进行 Pygame 的初始化工作，然后创建时间对象用于更新窗体中的画面，再创建窗体实例并设置窗体的标题文字，最后通过循环实现窗体的显示与更新。代码如下。

```python
def mainGame():
    score = 0  # 分数
    over = False  # 游戏结束标记
    global SCREEN, FPSCLOCK
    pygame.init()  # 经过初始化以后我们就可以尽情地使用 Pygame 了
    # 先创建时间对象
    # 控制每个循环多长时间运行一次
    FPSCLOCK = pygame.time.Clock()
    # 通常来说我们需要先创建一个窗体，方便我们与程序交互
    SCREEN = pygame.display.set_mode((SCREENWIDTH, SCREENHEIGHT))
    pygame.display.set_caption('玛丽冒险')  # 设置窗体标题
    while True:
        # 获取单击事件
        for event in pygame.event.get():
            # 如果单击了关闭窗体的按钮，就将窗体关闭
```

```
        if event.type == QUIT:
            pygame.quit()   # 退出窗体
            sys.exit()   # 关闭窗体


    pygame.display.update()   # 更新整个窗体
    FPSCLOCK.tick(FPS)   # 循环应该多长时间运行一次


if __name__ == '__main__':
    mainGame()
```

运行效果如图 17-5 所示。

图 17-5　运行效果

2. 地图的加载

在实现一个循环移动的地图时，首先需要渲染两张地图背景图片（即地图 1 和地图 2），然后将地图 1 展示在窗体中，而地图 2 在窗体的外面进行准备，如图 17-6 所示。

接下来两张地图背景图片同时以相同的速度向左移动，窗体外的地图 2 跟随地图 1 进入窗体，如图 17-7 所示。

地图的加载

图 17-6　移动地图的准备工作

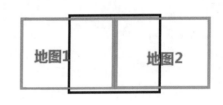

图 17-7　地图 2 进入窗体

当地图 1 完全离开窗体时，将该图片的坐标设置为准备状态的坐标，如图 17-8 所示。地图加载与移动效果的业务流程如图 17-9 所示。

图 17-8　地图 1 离开窗体后的位置

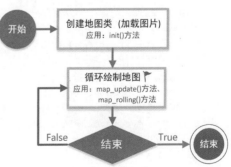

图 17-9　地图加载与移动效果的业务流程
（注：带🚩的为重点或难点）

通过不断平移并切换两张图片，用户眼前就出现了不断移动的地图。通过代码实现移动地图的具体步骤如下。

（1）创建一个名为 MyMap 的移动地图类，然后在该类的初始化方法中加载地图背景图片，并定义 x 坐标与 y 坐标，代码如下。

```python
# 定义一个移动地图类
class MyMap():

    def __init__(self, x, y):
        # 加载背景图片
        self.bg = pygame.image.load("image/bg.png").convert_alpha()
        self.x = x
        self.y = y
```

（2）在 MyMap 类中创建 map_rolling( )方法，在该方法中根据地图背景图片的 x 坐标判断其是否移出窗体，如果移出就给图片设置一个新的坐标，否则以每次 5 像素的速度向左移动，代码如下。

```python
def map_rolling(self):
    if self.x < -790:   # 小于-790 说明地图已经移动完毕
        self.x = 800    # 给地图一个新的坐标
    else:
        self.x -= 5     # 向左移动 5 像素
```

（3）在 MyMap 类中创建 map_update( )方法，在该方法中实现地图不断移动的效果，代码如下。

```python
# 更新地图
def map_update(self):
    SCREEN.blit(self.bg, (self.x, self.y))
```

（4）在 mainGame( )方法中设置窗体标题的代码下面创建两个地图对象，代码如下。

```python
# 创建地图对象
bg1 = MyMap(0, 0)
bg2 = MyMap(800, 0)
```

（5）在 mainGame( )方法的循环中，实现循环移动的地图，代码如下。

```python
if over == False:
    # 绘制地图起到更新地图的作用
    bg1.map_update()
    # 地图移动
    bg1.map_rolling()
    bg2.map_update()
    bg2.map_rolling()
```

运行效果如图 17-10 所示。

图 17-10　运行效果

3. 玛丽跳跃功能

首先制定玛丽的固定坐标，也就是玛丽默认显示在地图上的固定位置，然后判断用户是否按了〈Space〉键，如果按了就开启玛丽的跳跃开关，让玛丽向上移动 5 像素。当玛丽到达窗体顶部的边缘时，再让玛丽向下移动 5 像素，然后关闭跳跃开关。

玛丽跳跃功能

玛丽跳跃功能的业务流程如图 17-11 所示。

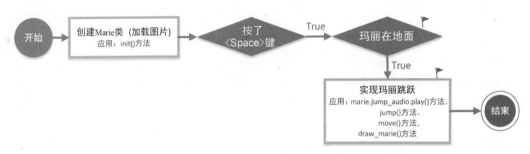

图 17-11　玛丽跳跃功能的业务流程

（注：带▶的为重点或难点）

玛丽跳跃功能的具体实现步骤如下。

（1）导入迭代工具，创建一个名为 Marie 的玛丽类，在该类的初始化方法中首先定义玛丽跳跃时所需要的变量，然后加载实现玛丽跑动的 3 张图片，最后加载玛丽跳跃时的音效并设置玛丽的固定坐标，代码如下。

```python
from itertools import cycle  # 导入迭代工具

# 玛丽类
class Marie():
    def __init__(self):
        # 初始化玛丽的矩形区域
        self.rect = pygame.Rect(0, 0, 0, 0)
        self.jumpState = False    # 跳跃开关
        self.jumpHeight = 130     # 跳跃的高度
        self.lowest_y = 140       # 最低坐标
        self.jumpValue = 0        # 跳跃增变量
        # 玛丽动图索引
        self.marieIndex = 0
        self.marieIndexGen = cycle([0, 1, 2])
        # 加载实现玛丽跑动的 3 张图片
        self.adventure_img = (
            pygame.image.load("image/adventure1.png").convert_alpha(),
            pygame.image.load("image/adventure2.png").convert_alpha(),
            pygame.image.load("image/adventure3.png").convert_alpha(),
        )
        self.jump_audio = pygame.mixer.Sound('audio/jump.wav')  # 跳跃时的音效
        self.rect.size = self.adventure_img[0].get_size()
        self.x = 50;  # 绘制玛丽的 x 坐标
        self.y = self.lowest_y;  # 绘制玛丽的 y 坐标
        self.rect.topleft = (self.x, self.y)
```

（2）在 Marie 类中创建 jump( )方法，通过该方法实现开启跳跃开关，代码如下。

```
# 跳跃开关
def jump(self):
    self.jumpState = True
```

（3）在 Marie 类中创建 move( )方法，在该方法中判断玛丽的跳跃开关是否开启，再判断玛丽是否在地面（其坐标是否为固定坐标），如果满足这两个条件，玛丽就向上移动 5 像素。玛丽到达窗体顶部的边缘时向下移动 5 像素，玛丽回到地面后关闭跳跃开关，代码如下。

```
# 玛丽移动
def move(self):
    if self.jumpState:  # 起跳的时候
        if self.rect.y >= self.lowest_y:  # 如果站在地上
            self.jumpValue = -5  # 向上移动5像素
        if self.rect.y <= self.lowest_y - self.jumpHeight:  # 玛丽到达顶部回落
            self.jumpValue = 5  # 向下移动5像素
        self.rect.y += self.jumpValue  # 通过循环改变玛丽的y坐标
        if self.rect.y >= self.lowest_y:  # 如果玛丽回到地面
            self.jumpState = False  # 关闭跳跃开关
```

（4）在 Marie 类中创建 draw_marie( )方法，在该方法中首先匹配玛丽跑步的动图，然后进行玛丽的绘制，代码如下。

```
# 绘制玛丽
def draw_marie(self):
    # 匹配玛丽跑步的动图
    marieIndex = next(self.marieIndexGen)
    # 绘制玛丽
    SCREEN.blit(self.adventure_img[marieIndex],
            (self.x, self.rect.y))
```

（5）在 mainGame( )方法中创建地图对象的代码下面添加代码，创建玛丽对象，代码如下。

```
# 创建玛丽对象
marie = Marie()
```

（6）在 mainGame( )方法的 while 循环中判断是否关闭窗体的代码下面添加代码，判断是否按了〈Space〉键，如果按了就开启玛丽跳跃开关并播放跳跃音效，代码如下。

```
# 按键盘上的〈Space〉键，开启跳跃开关
if event.type == KEYDOWN and event.key == K_SPACE:
    if marie.rect.y >= marie.lowest_y:  # 如果玛丽在地面
        marie.jump_audio.play()  # 播放玛丽跳跃音效
        marie.jump()  # 玛丽跳跃
```

（7）在 mainGame( )方法中绘制地图的代码下面添加代码，实现玛丽的移动与绘制功能，代码如下。

```
# 玛丽移动
marie.move()
# 绘制玛丽
marie.draw_marie()
```

按〈Space〉键，运行效果如图 17-12 所示。

图 17-12　跳跃的玛丽

4．随机出现的障碍物

在实现随机出现的障碍物时，首先需要考虑到障碍物的大小不能相同，如果每次出现的障碍物的大小都是相同的，该游戏将失去趣味性。所以需要加载两个大小不同的障碍物的图片，然后随机抽选并显示，还需要通过计算来设置多久出现一个障碍物，并将障碍物显示在窗体中。

随机出现的障碍物的业务流程如图 17-13 所示。

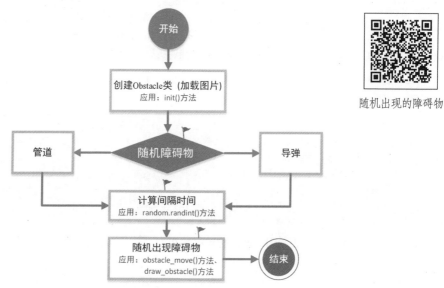

随机出现的障碍物

图 17-13　随机出现的障碍物的业务流程

（注：带 ▶ 的为重点或难点）

随机出现障碍物的具体实现步骤如下。

（1）导入随机数模块，创建一个名为 Obstacle 的障碍物类，在该类中定义一个分数，然后在初始化方法中加载障碍物图片、分数图片以及加分音效。创建 0 和 1 随机数，根据该数字抽选障碍物是管道还是导弹，最后根据图片的宽度和高度设置障碍物矩形区域的大小并设置障碍物的绘制坐标，代码如下。

```python
import random  # 随机数模块
# 障碍物类
class Obstacle():
    score = 1  # 分数
    move = 5  # 移动距离
    obstacle_y = 150  # 障碍物 y 坐标
    def __init__(self):
        # 初始化障碍物矩形区域
        self.rect = pygame.Rect(0, 0, 0, 0)
```

```
# 加载障碍物图片
self.missile = pygame.image.load("image/missile.png").convert_alpha()
self.pipe = pygame.image.load("image/pipe.png").convert_alpha()
# 加载分数图片
self.numbers = (pygame.image.load('image/0.png').convert_alpha(),
                pygame.image.load('image/1.png').convert_alpha(),
                pygame.image.load('image/2.png').convert_alpha(),
                pygame.image.load('image/3.png').convert_alpha(),
                pygame.image.load('image/4.png').convert_alpha(),
                pygame.image.load('image/5.png').convert_alpha(),
                pygame.image.load('image/6.png').convert_alpha(),
                pygame.image.load('image/7.png').convert_alpha(),
                pygame.image.load('image/8.png').convert_alpha(),
                pygame.image.load('image/9.png').convert_alpha())
# 加载加分音效
self.score_audio = pygame.mixer.Sound('audio/score.wav')   # 加分
# 0 和 1 随机数
r = random.randint(0, 1)
if r == 0:   # 如果随机数为 0 显示导弹障碍物
    self.image = self.missile     # 显示导弹障碍物
    self.move = 15                # 移动速度加快
    self.obstacle_y = 100         # 导弹坐标在天上
else:
    self.image = self.pipe        # 显示管道障碍物
# 根据障碍物图片的宽度和高度来设置矩形区域的大小
self.rect.size = self.image.get_size()
# 获取图片的宽度和高度
self.width, self.height = self.rect.size
# 障碍物绘制坐标
self.x = 800
self.y = self.obstacle_y
self.rect.center = (self.x, self.y)
```

（2）在 Obstacle 类中首先创建 obstacle_move( )方法用于实现障碍物的移动，然后创建 draw_obstacle( )方法用于实现障碍物的绘制，代码如下。

```
# 障碍物移动
def obstacle_move(self):
    self.rect.x -= self.move
# 绘制障碍物
def draw_obstacle(self):
    SCREEN.blit(self.image, (self.rect.x, self.rect.y))
```

（3）在 mainGame( )方法中创建玛丽对象的代码下面定义添加障碍物的时间与障碍物对象列表，代码如下。

```
addObstacleTimer = 0   # 添加障碍物的时间
list = []   # 障碍物对象列表
```

（4）在 mainGame( )方法中绘制玛丽的代码下面添加代码，计算障碍物出现的间隔时间，代码如下。

```
# 计算障碍物出现的间隔时间
if addObstacleTimer >= 1300:
    r = random.randint(0, 100)
    if r > 40:
        # 创建障碍物对象
        obstacle = Obstacle()
```

```
        # 将障碍物对象添加到列表中
        list.append(obstacle)
    # 重置添加障碍物的时间
    addObstacleTimer = 0
```

（5）在 mainGame( )方法中计算障碍物出现的间隔时间的代码下面添加代码，遍历障碍物并进行障碍物的移动和绘制，代码如下。

```
# 遍历障碍物
for i in range(len(list)):
    # 障碍物移动
    list[i].obstacle_move()
    # 绘制障碍物
    list[i].draw_obstacle()
```

（6）在 mainGame( )方法中更新整个窗体的代码上面添加代码，增加添加障碍物的时间，代码如下。

```
addObstacleTimer += 20  # 增加添加障碍物的时间
```

运行效果如图 17-14 所示。

图 17-14　随机出现的障碍物

5．背景音乐的播放与停止

在实现背景音乐的播放与停止时，需要在窗体中设置一个按钮，单击按钮控制背景音乐的播放与停止。

背景音乐播放与停止的业务流程如图 17-15 所示。

背景音乐的播放
与停止

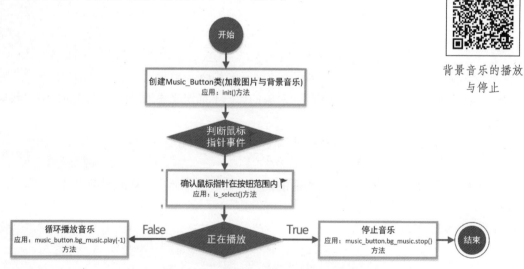

图 17-15　背景音乐播放与停止的业务流程

（注：带 ▶ 的为重点或难点）

背景音乐播放与停止的具体实现步骤如下。

（1）创建 Music_Button 类，在该类中首先初始化背景音乐的音效文件与按钮图片，然后创建 is_select( )方法用于判断鼠标指针是否在按钮范围内。代码如下。

```python
# 背景音乐按钮
class Music_Button():
    is_open = True     # 背景音乐的标记
    def __init__(self):
        self.open_img = pygame.image.load('image/btn_open.png').convert_alpha()
        self.close_img = pygame.image.load('image/btn_close.png').convert_alpha()
        self.bg_music = pygame.mixer.Sound('audio/bg_music.wav')   # 加载背景音乐
    # 判断鼠标指针是否在按钮的范围内
    def is_select(self):
        # 获取鼠标指针的坐标
        point_x, point_y = pygame.mouse.get_pos()
        w, h = self.open_img.get_size()                  # 获取按钮图片的大小
        # 判断
        in_x = point_x > 20 and point_x < 20 + w
        in_y = point_y > 20 and point_y < 20 + h
        return in_x and in_y
```

（2）在 mainGame( )方法中的障碍物对象列表代码下面添加代码，创建背景音乐按钮对象，然后设置按钮默认图片，最后循环播放背景音乐。代码如下。

```python
music_button = Music_Button()       # 创建背景音乐按钮对象
btn_img = music_button.open_img     # 设置背景音乐按钮的默认图片
music_button.bg_music.play(-1)      # 循环播放背景音乐
```

（3）在 mainGame( )方法中通过 while 循环获取单击事件的代码下面添加代码，实现单击按钮控制背景音乐的播放与停止功能。代码如下。

```python
if event.type == pygame.MOUSEBUTTONUP:          # 判断鼠标指针事件
    if music_button.is_select():                # 判断鼠标指针是否在按钮范围内
        if music_button.is_open:                # 判断背景音乐状态
            btn_img = music_button.close_img    # 单击后显示关闭状态的图片
            music_button.is_open = False        # 关闭背景音乐状态
            music_button.bg_music.stop()        # 停止背景音乐的播放
        else:
            btn_img = music_button.open_img
            music_button.is_open = True
            music_button.bg_music.play(-1)
```

（4）在 mainGame( )方法中添加障碍物的时间的代码下面添加代码，绘制背景音乐按钮。代码如下。

```python
SCREEN.blit(btn_img, (20, 20)) # 绘制背景音乐按钮
```

背景音乐播放时，运行效果如图 17-16 所示。背景音乐停止时，运行效果如图 17-17 所示。

6．碰撞和加分

在实现碰撞和加分时，需要判断玛丽与障碍物的两个矩形区域是否发生了碰撞。如果发生了碰撞，游戏结束；否则判断玛丽是否跃过了障碍物，确认跃过后进行加分操作，并将分数显示在窗体顶部右侧的位置。

碰撞和加分的业务流程如图 17-18 所示。

碰撞和加分

图 17-16　背景音乐播放

图 17-17　背景音乐停止

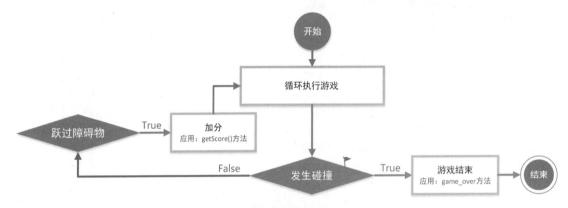

图 17-18　碰撞和加分的业务流程

（注：带▶的为重点或难点）

实现碰撞和加分功能的具体步骤如下。

（1）在 Obstacle 类中 draw_obstacle( )方法的下面创建 getScore( )方法，用于获取分数并播放加分音效，然后创建 showScore( )方法用于在窗体顶部右侧的位置显示分数，代码如下。

```python
# 获取分数
def getScore(self):
    self.score
    tmp = self.score;
    if tmp == 1:
        self.score_audio.play()    # 播放加分音效
    self.score = 0;
    return tmp;

# 显示分数
def showScore(self, score):
    # 获取分数数字
    self.scoreDigits = [int(x) for x in list(str(score))]
    totalWidth = 0   # 要显示的所有数字的总宽度
    for digit in self.scoreDigits:
        # 获取加分图片的宽度
        totalWidth += self.numbers[digit].get_width()
    # 分数横向位置
    Xoffset = (SCREENWIDTH - (totalWidth+30))
    for digit in self.scoreDigits:
        # 绘制分数
        SCREEN.blit(self.numbers[digit], (Xoffset, SCREENHEIGHT * 0.1))
```

```
# 随着数字增加改变位置
Xoffset += self.numbers[digit].get_width()
```

（2）在 mainGame( )方法的最外层创建 game_over( )方法，在该方法中首先加载与播放撞击音效，然后获取窗体的宽度与高度，最后加载游戏结束的图片并将该图片显示在窗体的中间位置，代码如下。

```
# 实现游戏结束的方法
def game_over():
    bump_audio = pygame.mixer.Sound('audio/bump.wav')  # 撞击
    bump_audio.play()  # 播放撞击音效
    # 获取窗体的宽度、高度
    screen_w = pygame.display.Info().current_w
    screen_h = pygame.display.Info().current_h
    # 加载游戏结束的图片
    over_img = pygame.image.load('image/gameover.png').convert_alpha()
    # 将游戏结束的图片绘制在窗体的中间位置
    SCREEN.blit(over_img, ((screen_w - over_img.get_width()) / 2,
                           (screen_h - over_img.get_height()) / 2))
```

（3）在 mainGame( )方法中绘制障碍物的代码下面添加代码，判断玛丽与障碍物是否发生碰撞，如果发生了碰撞，就开启游戏结束的开关，并调用实现游戏结束的方法显示游戏结束的图片，否则判断玛丽是否跃过了障碍物，跃过就加分并显示当前分数。代码如下。

```
# 判断玛丽与障碍物是否发生碰撞
if pygame.sprite.collide_rect(marie, list[i]):
    over = True  # 碰撞后开启结束开关
    game_over()  # 调用实现游戏结束的方法
    music_button.bg_music.stop()
else:
    # 判断玛丽是否跃过了障碍物
    if (list[i].rect.x + list[i].rect.width) < marie.rect.x:
        # 加分
        score += list[i].getScore()
# 显示分数
list[i].showScore(score)
```

（4）为了实现游戏结束后再次按〈Space〉键时重新启动游戏，需要在 mainGame( )方法中开启玛丽跳跃开关的代码下面添加代码，判断游戏结束的开关是否开启，如果开启将调用 mainGame( )方法重新启动游戏，代码如下。

```
if over == True:  # 判断游戏结束的开关是否开启
    mainGame()     # 如果开启将调用 mainGame()方法重新启动游戏
```

运行效果如图 17-19 所示。

图 17-19　碰撞和加分

小结

只有把理论知识同具体实践相结合，才能正确回答实践中的问题，扎实提升理论水平与实践能力。本课程设计主要使用 Python 的 Pygame 模块开发了一个玛丽冒险游戏。Pygame 模块为该项目的核心模块，另外还使用了 itertools 模块实现玛丽动图的迭代功能，使用了 random 模块产生随机数，实现障碍物的随机出现。在开发中，玛丽的跳跃、障碍物的移动以及玛丽与障碍物的碰撞是重点与难点，读者应认真查看源码中的计算方式，找到规律。